Vivre et travailler
dans les espaces à faible densité

GRALE

Responsable des publications : Maud Lesueur

Le GRALE (Groupement de Recherche sur l'Administration Locale en Europe) est un groupement d'intérêt scientifique (GIS), rattaché au CNRS, et fondé sur un contrat de quatre ans renouvelable associant au Centre national de la recherche scientifique plusieurs institutions ou entreprises : les universités Paris-I - Panthéon-Sorbonne, Reims - Champagne-Ardenne – CRDT, et Lille-II - Droit et Santé – CERAPS, l'Institut d'études politiques d'Aix-en-Provence, l'Assemblée des Régions de France ; le conseil régional d'Île-de-France, Électricité de France, le Centre national de la fonction publique territoriale, et d'autres institutions ou entreprises, en fonction des projets.

Le GRALE, qui réunit une quarantaine de centres de recherches et institutions scientifique nationales et internationales, a pour mission de promouvoir des recherches sur les collectivités locales, l'action publique territorialisée et des problèmes juridiques qui s'y rapportent. Il trouve sa raison d'être dans le réseau dense et diversifié des équipes de recherche ou associations scientifiques des diverses disciplines qu'il contribue à entretenir et à stabiliser. Ce réseau forme la base de l'Observatoire national de la décentralisation mis en place par le GRALE en 2004 en partenariat avec le ministère de l'Intérieur, et qui continue son activité de manière indépendante.

Le GRALE est également au centre d'un réseau international associant des chercheurs de plus de trente pays.

Contacts :
Université Paris I – 9 rue Malher – 75181 PARIS Cedex 04
Tél. : 01 44 78 33 44 ; Mel : grale@univ-paris1.fr, site : http://grale.univ-paris1.fr

Dernières parutions

– Thomas ALAM et Marion GURRUCHAGA (dir.), *Collectivités, territoires et santé. Regards croisés sur les frontières de la santé*, 2015
– Nadine DANTONEL-COR (dir.), *Les politiques publiques locales de sécurité intérieure*, 2015
– Danielle PERROT (dir.), *Collectivités territoriales et organisations régionales. De l'indifférence à l'interaction*, 2015
– Gérard MARCOU et Jacques FIALAIRE (dir.), *Trente ans de la fonction publique territoriale. Contradictions et adaptations*, 2014
– Jean-Philippe BROUANT† et Gérard MARCOU (dir.), *Les collectivités territoriales et la politique du logement*, 2014
– Cécile CLERGEAU et Jacques SPINDLER (dir.), *L'immatériel touristique*, 2014
– Marie-Christine STECKEL-ASSOUERE (dir.), *Regards croisés sur les mutations de l'intercommunalité*, 2014
– Laurence SOLIS-POTVIN (dir.), *Les effets du droit de l'Union européenne sur les compétences des collectivités territoriales*, 2013
– Bernard FATH, *L'intelligence territoriale, une nécessité*, 2013
– Gérard MARCOU et In-Soo PARK (dir.), *La décentralisation en Corée du Sud et l'expérience européenne*, 2013
– Jean-Luc PISSALOUX et Gérald ORANGE (dir.), *La ville durable après le Grenelle de l'environnement*, 2013

Sous la direction de

Claude Devès

Vivre et travailler dans les espaces à faible densité

Quelles stratégies de développement ?

Actes du colloque « Vivre et travailler dans les espaces à faible densité »,
29 et 30 novembre 2012, IADT, Clermont-Ferrand

L'Harmattan

5-7, rue de l'Ecole-Polytechnique, 75005 Paris

http://www.harmattan.fr
diffusion.harmattan@wanadoo.fr
harmattan1@wanadoo.fr

ISBN : 978-2-343-05609-8
EAN : 9782343056098

Remerciements

Avant d'entrer dans le vif du sujet, l'Institut d'Auvergne de Développement des Territoires (IADT) souhaite en ce début d'ouvrage adresser ses plus vifs remerciements à l'ensemble des personnes représentant les institutions qui ont permis l'organisation de ce premier colloque :

– M. René Souchon, Président de la Région Auvergne, représenté à l'ouverture du colloque par M. A. Bussière, Vice-président;
– M. Philippe Dulbecco, Président de l'université d'Auvergne;
– M. Mathias Bernard, Président de l'université Blaise Pascal.

Ces remerciements iront également aux personnes qui ont participé à la conception de ce colloque et à son animation.

Ainsi, l'IADT entend exprimer toute sa gratitude aux trois présidents des demi-journées qui ont su animer avec tact et mesure l'ensemble des débats, à savoir : M. C. Devès, professeur de droit public à l'université d'Auvergne, M. E. Kerrouche, professeur à Sciences Po Bordeaux, M. J. Fialaire, professeur à l'université de Nantes, ainsi qu'à M. M. Péraldi qui était, à l'époque du lancement du projet, directeur adjoint des services de la Région Auvergne. L'IADT tient ici à rappeler la part importante qu'il a prise dans la définition scientifique du projet.

L'Institut ne voudrait pas non plus oublier le travail accompli par le Groupement de Recherche sur l'Administration Locale en Europe (GRALE) dirigé par M. G. Marcou, professeur à l'université Paris I. Celui-ci a contribué grandement au succès du colloque en mobilisant nombre de ses correspondants en Europe et qui sont venus présenter à Clermont-Ferrand la situation de leur pays.

Les remerciements les plus sincères iront également à l'ensemble des intervenants : J.-L. Albert, C. Audoin, J.-Y. Bechler, V. Bielza de Ory, J.-F. Bizet, J.-M. Callois, A. M. Cecere, R. Chabrillat, M. Chahid, A. Charles, J. Chazalet, C. Devès, E. Durantin, D. Dürr, Ph. Estèbe, M. Fesneau, J. Fialaire, Y. Fournet-Fayard, R. Gardes, W. Gilles, E. Gløersen, D. Goussios, M. Guillot, V. Guiraud, P. Guittard, S. Houdemon, N. Kada, E. Kerrouche, G. Kotsos, A. Lognon, J.-F. Mamdy, G. Marcou, C. Moreau, A. Noury, A. Odouard, M. Péraldi, Ch. Quéva, L. Rieutort, S. Rognon, M. Sauvade, M. Schmit, M. Sechaud, R Souchon, O. Tsykaliuk, D. Vollet, V. Tolkovanov.

Leurs fonctions à la date du colloque sont indiquées à la page 9 de l'ouvrage. Tous ont permis, soit en remettant une communication écrite, soit en présidant ou en animant des tables rondes, soit enfin par leurs interventions orales de spécialistes ou de fins connaisseurs des questions du développement local de mieux connaître la place et le rôle de ces zones à faible densité dans l'architecture territoriale de la France, mais aussi de l'Europe.

Que soit également remercié l'ensemble des personnels qui a œuvré, souvent dans l'ombre, à la réussite de ce colloque et qui avait la lourde tâche d'en organiser la logistique (Maud Lesueur pour le GRALE, Marie Hergat et Grégoire Rouchit pour l'IADT).

IADT

Sommaire

QUELLES STRATÉGIES POUR LES ZONES NON DENSES ?

LES EXPÉRIENCES ÉTRANGÈRES. APPORTS ET LIMITES ?

RESTITUTION ET PERSPECTIVES

Intervenants

(Fonctions à la date du colloque)

– Jean-Luc Albert	Professeur, Université d'Auvergne
– Christian Audoin	Président de l'IPAMAC
– Jean-Yves Bechler	Commissaire à l'aménagement, au développement et à la protection du Massif central (DATAR)
– Vicente Bielza de Ory	Professeur, Université de Saragosse
– Jean-François Bizet	DS Avocat, Communauté de communes Sioulet-Chavanon
– Jean-Marc Callois	Directeur général adjoint « Formation qualité de la vie éducation », Conseil régional d'Auvergne (actuellement, Directeur du département Territoires, IRSTEA)
– Alfonso Maria Cecere	Professeur agrégé de droit des collectivités locales de l'université de Naples Federico II
– Rémi Chabrillat	ADEME
– Mohammed Chahid	Université Blaise Pascal, Mati Cabinet Conseil
– André Charles	Direction régionale de l'Alimentation, de l'Agriculture et de la Forêt d'Auvergne (DRAAF)
– Jacques Chazalet	Chambre régionale d'agriculture d'Auvergne
– Claude Devès	Professeur, Université d'Auvergne, IADT
– Élisabeth Durantin	Agence régionale de développement économique d'Auvergne
– Daniel Dürr	Maître de conférences en droit public, Université Lumière Lyon 2, EA n° 4573, Droits, Contrats et Territoires
– Philippe Estèbe	Institut des Hautes Études de Développement et d'Aménagement des Territoires en Europe (IHEDATE)
– Marc Fesneau	Représentant de l'Assemblée des Communautés de France
– Jacques Fialaire	Professeur, Université de Nantes, Codirecteur du GRALE
– Yves Fournet-Fayard	Président de la Spl Village de vacances LàÔ
– Roger Gardes	Maire de Saint-Genès-Champanelle, Président du Parc naturel régional des Volcans d'Auvergne, Vice-président de Clermont Communauté
– William Gilles	Maître de conférences (HDR) à l'École de Droit de la Sorbonne, Directeur du master Droit du numérique Administration-Entreprises

– Erik Gløersen	Université de Genève
– Dimitris Goussios	Université de Thessalie, Département d'Aménagement, d'Urbanisme et de Développement Régional, Laboratoire de l'Espace Rural – DYNTAR
– Marion Guillot	Ingénieure d'études, VetAgroSup, Campus agronomique de Clermont, UMR Métafort
– Véronique Guiraud	MACEO
– Pascal Guittard	Agence régionale de développement des territoires d'Auvergne (ARDTA)
– Samuel Houdemon	Pays Saint-Flour Haute-Auvergne
– Nicolas Kada	Professeur, Université de Grenoble, Vice-président du Conseil scientifique du GRALE
– Éric Kerrouche	Institut d'études politiques de Bordeaux, membre du Conseil scientifique du GRALE
– George Kotsos	Maire de Mouzaki
– Alain Lognon	Vice-président du conseil général de l'Allier
– Jean-François Mamdy	Professeur, VetAgroSup, Campus agronomique de Clermont, UMR Metafort
– Gérard Marcou	Professeur, Université Paris 1 – Panthéon-Sorbonne, Codirecteur du GRALE
– Chantal Moreau	Conseil régional d'Auvergne
– Arnauld Noury	Université Lille 2
– Albert Odouard	Conseiller délégué de Romagnat, Conseiller de Clermont Communauté
– Michel Péraldi	Ancien Sous-Préfet, Directeur du développement du territoire de la Région Auvergne
– Christophe Queva	Université Paris 1 – Panthéon-Sorbonne
– Laurent Rieutort	Directeur de l'Institut d'Auvergne du Développement des Territoires, Professeur de géographie, Clermont Université, Université Blaise Pascal
– Sophie Rognon	Conseil régional d'Auvergne
– Michel Sauvade	Maire de Marsac-en-Livradois, Président de la communauté de communes Livradois-Portes d'Auvergne
– Martial Schmit	Ancien Secrétaire général de la Chambre des métiers du Puy-de-Dôme

– Mathieu Séchaud	Chargé de mission études et formations, collectif Ville Campagne
– René Souchon	Président du conseil régional d'Auvergne
– Olesya Tsykaliuk	Agence nationale de la fonction publique, Kiev, Ukraine
– Dominique Vollet	Irstea (Institut national de recherche en sciences et technologies pour l'environnement et l'agriculture), UMR Métafort (Mutations des activités, des espaces et des formes d'organisation dans les territoires ruraux), Clermont-Ferrand
– Vyacheslav Tolkovanov	Docteur en droit de l'université de Strasbourg, Directeur de l'Agence nationale de la fonction publique d'Ukraine

Maquette, mise en pages, suivi éditeur : Maud Lesueur (*maud.lesueur@la poste.net*)

INTRODUCTION

par

Claude DEVÈS
Professeur émérite, Université d'Auvergne, IADT

Les 29 et 30 novembre 2012 se tenait le premier colloque de l'Institut d'Auvergne de Développement des Territoires d'Auvergne (IADT) « Vivre et travailler dans les espaces à faible densité ».

Depuis cette manifestation inaugurale, l'IADT a « grandi » et a pris la forme d'un groupement d'intérêt public (GIP). Sa création a été officialisée par un arrêté n° 2013.963 du Recteur de l'Académie de Clermont-Ferrand en date du 22 novembre 2013. Constitué par les deux universités clermontoises, le conseil régional d'Auvergne, VetAgro Sup ainsi que les conseils généraux du Puy-de-Dôme et de l'Allier, ce GIP a pour objet :

- d'exploiter les complémentarités qui existent entre les enseignements des différentes formations consacrées au développement des territoires et des écoles d'ingénieurs tout en conservant la spécificité et la diversité des formations existantes ;
- d'offrir aux étudiants un outil de formation performant exploitant *a maxima* les synergies disciplinaires ;
- de créer un *think tank* sur le site clermontois associant l'ensemble des acteurs du site (établissements d'enseignement supérieur, collectivités territoriales, agence de développement…) ;
- d'inscrire le dispositif d'enseignement supérieur en étroite relation avec les besoins et les projets des collectivités territoriales ;
- de constituer un pôle de compétences multi-établissements dans les domaines du développement des territoires au service des collectivités territoriales (assistance technique, réalisation d'études, gestion et exploitation de base de données…) ;
- de mettre en œuvre une stratégie de promotion coordonnée.

L'organisation de ce colloque se situait donc d'ores et déjà, avant même la consécration juridique de l'IADT, au centre des préoccupations de l'institut.

D'autres ont depuis suivi ou suivront, attestant ainsi le dynamisme de cette nouvelle structure.

Plus de deux ans se sont écoulés depuis la tenue de cette manifestation sans que les contributions des différents intervenants aient perdu de leur intérêt. Celui-ci se trouve même renforcé par l'éminence de la réforme territoriale et les questions que celle-ci suscite. Ainsi, la nouvelle carte des régions est dessinée sous l'influence évidente du courant métropolisateur, nouveau paradigme de l'aménagement des territoires et de l'urbanisation. Pourtant ces nouveaux territoires métropolitains aussi vastes soient-ils ne peuvent englober toute la réalité de la vie sociale. Des espaces demeurent ainsi à des degrés variés en dehors de ces tendances fortes à la polarisation urbaine.

C'est à ces territoires, dans leur diversité que ce colloque est dédié (rural profond, « tiers espace » ou périurbain, territoires en reconquête ou en déshérence) à travers l'analyse de géographes, économistes, juristes, politologues, mais aussi grâce à des perspectives comparatistes (Espagne, Italie, Ukraine, Grèce, pays nordiques).

Il est indéniable qu'aujourd'hui une certaine forme de résistance s'organise autour de ces territoires ruraux qui craignent de devenir des « sous-territoires » exclus de l'égalité républicaine (*Rapport Bertrand*, 30 juillet 2014, *www.territoires.gouv.fr)*.

L'état des lieux permet-il de confirmer cette vision pessimiste ou une analyse un peu plus fine n'encourage-t-elle pas à développer pour ces espaces non denses une vision plus optimiste ? Le pire n'est jamais sûr… Il est certain que la prochaine réforme territoriale au-delà de la simple question de la carte des régions peut inquiéter les élus et les acteurs locaux sur les moyens et les stratégies à appliquer. Quelles compétences, quels moyens pour gérer ces territoires interstitiels ? Sont-ils destinés à s'effacer ou à disparaître dans la logique irrésistible de la métropolisation ? Au contraire, ces espaces ne sont-ils pas de nature à satisfaire un « désir de campagne » qui d'après le rapport *Nouvelles ruralités* de 2013 ne cesserait de croître malgré le sentiment d'abandon et de relégation vécu par les populations de ces campagnes ?

Ce colloque avait pour objet de répondre, ou à tout le moins de défricher, ces questions fondamentales pour l'avenir de nos sociétés et de nos territoires. On espère que le lecteur y trouvera quelques pistes pour orienter sa réflexion.

Problématique générale

Vivre et travailler dans les espaces à faible densité

DE L'ESPACE À FAIBLE DENSITÉ À L'*ESPACE DIFFUS* : ESSAI DE DÉFINITION

par

Christophe QUÉVA

Université Paris 1 – Panthéon-Sorbonne
UMR Géographie-Cités 8504

Comment définir un « espace à faible densité » ?

Cette question inaugurale du colloque « Vivre et travailler dans les espaces à faible densité » semble *a priori* relativement simple : l'espace à faible densité est un espace peu peuplé – à la différence d'un espace à forte densité –, et il se définit quantitativement en fonction d'un seuil – car la densité se mesure – que l'Insee établit à « moins de 30 habitants au km^2 » (Barthe, Milian, 2011). Loin de se confondre totalement avec l'espace rural, que György Enyedi caractérisait déjà comme « l'espace de plus faible population, où tous les phénomènes se trouvent dilués » (Enyedi, 1976), il serait plutôt un *type* particulier d'espace rural, parfois qualifié en France de « rural isolé » (Boutet, 2006) ou de « rural profond » (Béteille, Montagné-Villette, 1996).

Cette première esquisse de définition est toutefois à nuancer largement, comme l'ont montré notamment nombre de recherches comparatives (Berger *et al.*, 2009 ; Depraz, 2007 et 2009 ; Quéva, 2007a). En effet, appliquer le seuil des 30 habitants au km^2 hors du contexte français relève très souvent du non-sens. Dans le cas de l'Allemagne par exemple, dont la densité nationale avoisine les 230 habitants/km^2, c'est ainsi un seuil maximal de 150 habitants/km^2 qui est généralement retenu pour parler d'espaces aux densités « faibles », qu'ils soient qualifiés d'espaces ruraux (*ländlische Räume*) ou périphériques (*periphere Räume*). Le seuil des 30 habitants au km^2 reste donc très relatif. Par ailleurs, le fait d'associer la faible densité d'un espace à l'idée de campagnes fragiles – voire en crise – doit également être largement nuancé. À cet égard, rappelons que dans sa typologie des espaces ruraux, et en combinant différents critères tels que le dynamisme démographique, le type d'activité dominante, ou encore la densité de population, la DATAR différencie trois grands types d'espaces ruraux, dont les « campagnes vieillies à très faible densité » (figure 1). Or, on ne peut pas dire que la faible densité soit nécessairement synonyme de déprise rurale : en effet, les campagnes agricoles de la Beauce, par exemple, sont certes faiblement peuplées, mais sont loin d'incarner l'idée de déprise. Par ailleurs, nombre d'espaces très faiblement peuplés sont aujourd'hui au cœur d'une valorisation touristique (tourisme vert, agro-tourisme, etc.), associée à une dynamique démographique de croissance, que ce soit dans l'arrière-pays provençal, les Alpes, ou encore le Massif central.

La notion d'« espace à faible densité » ne serait-elle pas dès lors à dépasser ? Cette notion présente l'avantage de spécifier un type d'espace, défini moins par sa relation à la ville – comme le propose l'Insee dans le cadre du zonage en aires urbaines, entre des « pôles » et leurs « couronnes », ou encore Jacques Lévy (2001), envisageant les campagnes comme des « figures de l'urbain » – que par son propre caractère d'espace faiblement peuplé. Il faut ici rappeler que la notion d'espace à faible densité n'est pas nouvelle et qu'elle a fait l'objet de nombreuses publications, en géographie notamment, à partir des travaux de Nicole Mathieu et Jean-Claude Bontron sur *La France des faibles densités* (1976), ou encore ceux de Roger Béteille sur *La France du vide* (1981). Ces travaux ont certes très souvent insisté sur les fragilités des espaces à faible densité – en lien avec un processus de déprise rurale assez fort à l'époque dans nombre de ces espaces. Mais dès la fin des années 1980, le mouvement de retour au rural a conduit les chercheurs à les envisager davantage sous l'angle de *La renaissance rurale*, pour reprendre le titre de l'ouvrage de Bernard Kayser (1989). À l'heure actuelle, les espaces à faible densité sont toujours dans l'actualité de la recherche et de l'aménagement, et l'on pourrait même dire qu'ils reviennent sur le devant de la scène ces dernières années. Les principaux enjeux qui sont alors identifiés sont de deux ordres. D'abord, celui de la délimitation et de la spécification des espaces à faible densité, notamment dans le cadre d'études comparatives. On pourrait ici citer les travaux de Laurent Rieutort et des chercheurs du CERAMAC[1] (Clermont-Ferrand), dont les recherches ont été synthétisées notamment lors d'un colloque intitulé « Habiter et vivre dans les campagnes de faible densité » (Barthe *et al.* 2007), ceux de Pascal Chevalier ou de Marc Dedeire du laboratoire ART-Dev[2] (Montpellier), ou encore ceux d'Erik Gløersen dans le cadre du groupe de travail ESPON – « Geospecs : perspective

1. Centre d'Études et de Recherches Appliquées au Massif central, à la moyenne montagne et aux espaces fragiles (CERAMAC, EA 997).

2. Acteurs, ressources et territoires dans le développement (Art-Dev, UMR 5281).

européenne sur des types spécifiques de territoires » (*European Perspective on Specific Types of Territories*)[3], identifiant une catégorie spatiale définie comme « aire de population éparse ». Le deuxième enjeu qui se dessine dans ces études actuelles sur les espaces à faible densité relève de l'étude des dynamiques de ces espaces et de leurs évolutions à venir, dans le cadre de scénarios de prospective, que ce soit dans l'étude de la DATAR, *Quelle France rurale pour 2020 ?* (2003), ou dans les travaux du groupe de prospective Territoires 2040, autour des recherches de Laurence Barthe et Johan Milian (2011).

C'est en prenant appui sur ces différentes recherches que je propose d'interroger la notion d'espace à faible densité, autour de deux questionnements problématiques. Tout d'abord, dans quelle mesure les espaces à faible densité présentent-ils des caractères territoriaux spécifiques qui permettraient d'en proposer une définition pertinente ? Par ailleurs, afin d'ouvrir les perspectives, d'autres critères que celui de la densité pourraient-ils être mobilisés pour définir, analyser voire aménager ces espaces ? Je propose à cet égard de mobiliser la notion d'*espace diffus*, en appréhendant les espaces à faible densité avant tout dans leur dimension morphologique – la densité ne constituant en fait qu'un critère parmi d'autres pour les définir.

3. *http://www.geospecs.eu/*.

Figure 1

Typologie des espaces ruraux à l'échelle des cantons

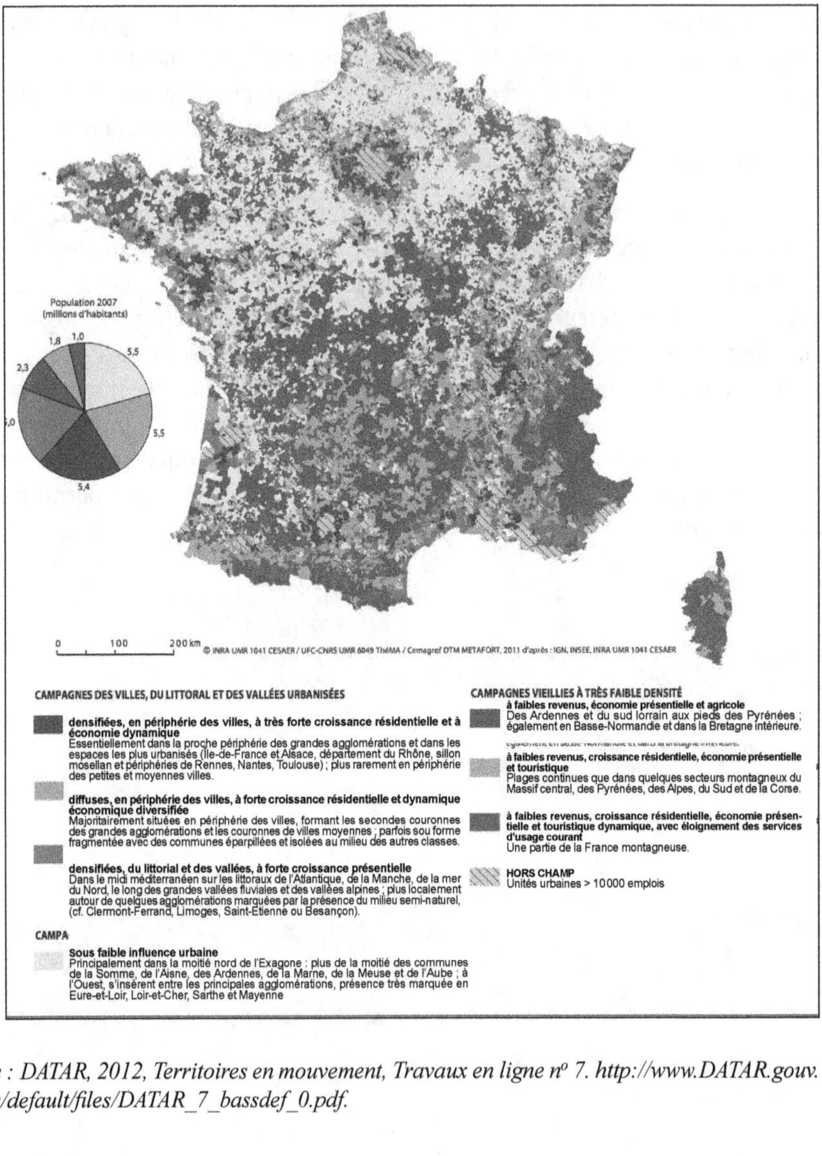

Source : DATAR, 2012, Territoires en mouvement, Travaux en ligne n° 7. http://www.DATAR.gouv.fr/sites/default/files/DATAR_7_bassdef_0.pdf.

I. Mesure et appréhension des espaces à faible densité

La première approche des espaces à faible densité, telle que nous l'avons présentée en introduction, invite à privilégier une double appréhension de ces espaces, à la fois quantitative et qualitative. Précisons tout de suite que la densité dont il est question est à la fois une densité de population, mais aussi, en lien avec cette population, une densité de services, de commerces, d'emplois, voire également une densité d'infrastructures de loisirs ou d'équipements.

Sur le plan quantitatif, c'est avant tout la densité de population qui permet de caractériser ces espaces, plusieurs seuils permettant de différencier des types d'espaces plus ou moins peuplés. À cet égard, en France, deux seuils sont retenus par l'Insee pour caractériser les espaces à faible densité : le premier, évoqué en introduction, concerne les espaces de moins de 30 hab./km^2, définissant les « espaces de faible densité » ; le second se rapporte aux espaces de moins de 10 hab./km^2, que l'Insee qualifie d'« espaces désertifiés » (Barthe, Milian, 2011). Ces seuils restent surtout indicatifs, pouvant évoluer selon les approches ou les études effectuées. Ainsi, l'Insee a pu parfois élargir ce seuil à 36 hab./km^2. De même, à l'échelle européenne, le groupe de travail Geospecs, précédemment cité, différencie selon d'autres seuils les espaces faiblement peuplés (entre 12,5 et 50 hab./km^2) et les espaces très faiblement peuplés (moins de 12,5 hab./km^2). Dans cette perspective, l'idée de seuils de densités présente surtout l'intérêt de permettre la différenciation des espaces à densité *faible* vis-à-vis des espaces à densité *forte* (on pourrait considérer – mais ce n'est qu'une proposition – que les espaces dont la densité est supérieure à la moyenne nationale relèvent de cette catégorie) et vis-à-vis des espaces de densité *intermédiaire*, peut-être les plus difficiles à définir et à délimiter (Quéva et Vergnaud, 2009). C'est ce qu'illustre la figure 2, faisant figurer sur un gradient de densités, différents types d'espaces définis selon ce critère.

Figure 2

Seuils et gradients de densités : l'intérêt de la différenciation des espaces

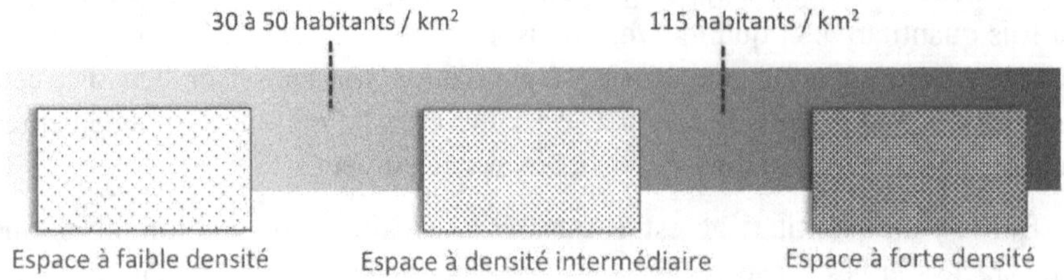

Source : Auteur.

Par ailleurs, au-delà de cette différenciation, ces seuils quantitatifs sont des indicateurs qui permettent notamment de dresser une cartographie de la France des faibles densités, comme l'illustre la figure 3. Sur cette carte, la densité est rapportée à la maille la plus fine – en l'occurrence la commune – afin de proposer la vision la plus précise possible des espaces de faible densité.

On peut les localiser principalement autour de la diagonale dite « du vide » ou « des faibles densités » – des Ardennes aux Pyrénées en passant par le Massif central et une grande partie du Sud-Ouest français –, mais aussi dans les Alpes, en Corse, ou encore dans une partie de la Bretagne ou de la Normandie.

Figure 3

Cartographie de la France des faibles densités

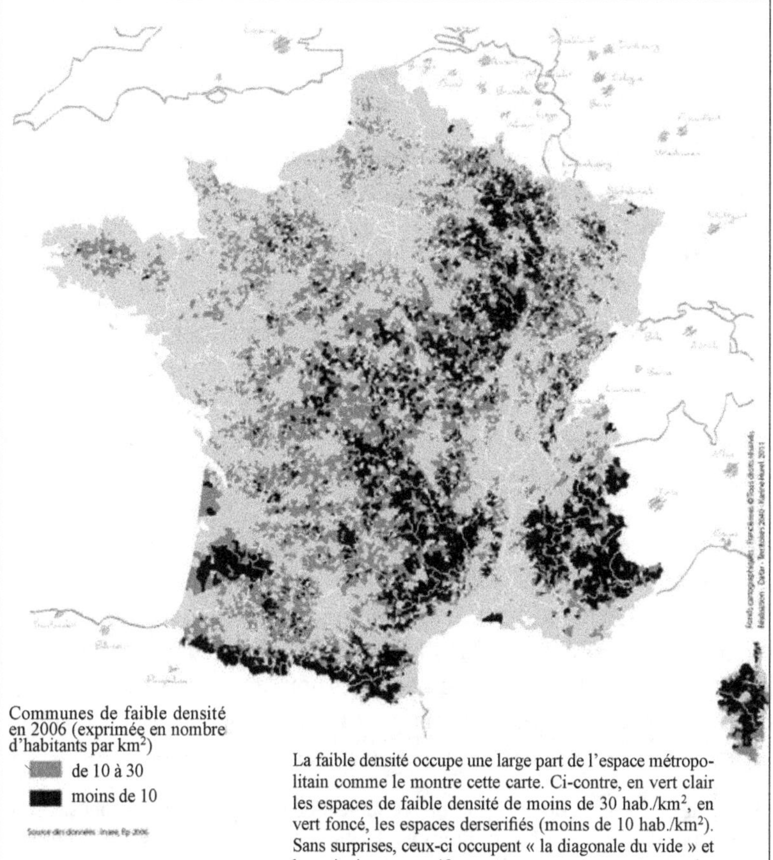

La faible densité occupe une large part de l'espace métropolitain comme le montre cette carte. Ci-contre, en vert clair les espaces de faible densité de moins de 30 hab./km^2, en vert foncé, les espaces derserifiés (moins de 10 hab./km^2). Sans surprises, ceux-ci occupent « la diagonale du vide » et les principaux massifs montagneux, notamment ceux des montagnes sèches.

Source : L. Barthe et al., *2011. http://territoires2040.DATAR.gouv.fr/spip.php?article89.*

Au-delà de cette première approche, quantitative, les espaces de faible densité se caractérisent également – et peut-être surtout – en termes qualitatifs. Sur un plan sociologique, comme le note Hervé Le Bras,

> « autant le chiffre abstrait du nombre d'habitants au km^2 ne dit rien sur la société, autant le fait de vivre isolé, en très petit groupe ou en masse plus compacte a des répercussions immédiates sur la sociabilité dont il constitue l'un des déterminants » (Le Bras, 1995).

Par ailleurs, sur un plan plus géographique, la faible densité s'associe à un « agencement socio-spatial singulier », marqué par les caractères suivants :

> « Occupation humaine distendue et faible empreinte des infrastructures, activités principales basées sur la valorisation agricole et forestière, importance des espaces ouverts et rapports privilégiés à la nature », etc. (Barthe et Milian, 2011).

À cet égard, les caractères économiques et paysagers des espaces à faible densité étaient autrefois souvent associés à l'idée de crise rurale, ces espaces étant considérés comme de véritables « synecdoques de la déprise rurale et agricole » (Clarimont *et al.*, 2006). Or, dans le contexte actuel, les études montrent que les espaces à faible densité connaissent des mutations pour le moins positives. Ainsi, après une longue phase d'exode rural, les « espaces ruraux isolés » se caractérisent depuis le tournant des années 1980-1990, par une croissance démographique, certes faible, mais régulière, fondée principalement sur des soldes migratoires positifs (figure 4). Par ailleurs, de nouvelles fonctions – environnementale, touristique, résidentielle, de loisirs, etc. – ont émergé dans les espaces à faible densité, s'associant à de nouvelles représentations spatiales, fondées notamment sur un idéal de quiétude, un besoin d'espace et d'accès à la nature. Au final, on peut parler d'un changement de regard et de posture vis-à-vis de ces espaces :

> « La faible densité, d'abord interprétée sur le mode négatif, assure la cohésion d'un groupe à la recherche de solutions […]. Elle n'est plus exclusivement définie en termes de problème, elle devient parfois un atout à valoriser, un élément fondateur de l'attractivité nouvelle de ces territoires ruraux » (Clarimont *et al.*, 2006.)

Figure 4

L'attractivité des espaces à faible densité

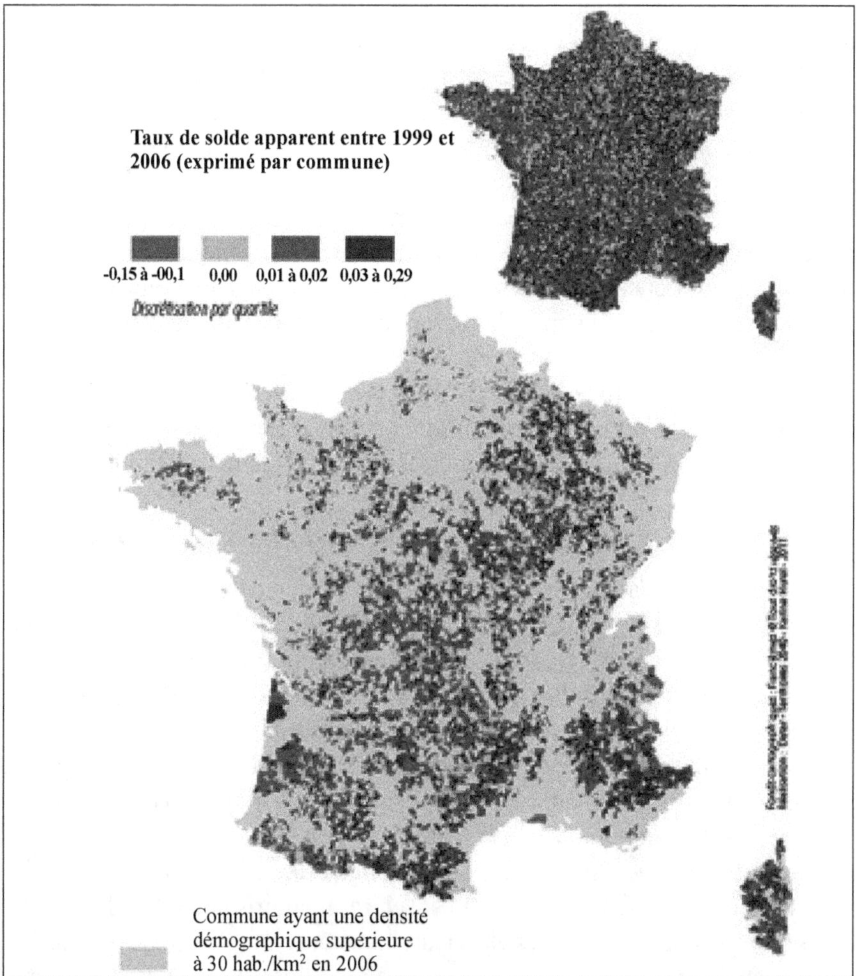

Source des données : Insee, p. 99, 2006.

La carte souligne les évolutions contrastées des différents secteurs de faible densité au cours de la période récente. Les espaces ruraux de la ceinture des Suds, de la partie méridionale du Bassin parisien et du Centre-Ouest attirent des populations. À l'inverse, les flux sont nuls ou négatifs pour les plateaux du Nord-Est, une grande partie de l'Auvergne, la Basse-Normandie intérieure et certains fonds de vallées des massifs de montagne.

Source : L. Barthe et al., *2011. http://territoires2040.DATAR.gouv.fr/spip.php?article89.*

Au final, la plupart des travaux récents sur les espaces à faible densité, analysant par ailleurs également les enjeux de valorisation et d'aménagement de ces espaces, insistent sur l'idée d'une spécificité à envisager non plus seulement comme une contrainte – dans une logique d'assistance par les politiques publiques –, mais aussi et surtout comme un atout à valoriser – dans le cadre de projets de développement local. Néanmoins, une fois dressé ce premier panorama des espaces à faible densité, il ressort de cela que la caractérisation de ces derniers se fonde moins sur le seul critère de la densité que sur une combinaison de critères, à la fois quantitatifs et qualitatifs. Surtout, ces espaces s'associent à une réelle diversité de situations, entre déprise et renaissance rurales, entre valorisations agricole, touristique, résidentielle, etc. En ce sens, la seule notion de densité gagnerait à être élargie pour mieux rendre compte de toute la spécificité de ces espaces, notamment en ce qui concerne leur agencement spatial. De fait, avec une densité identique – qu'elle soit forte ou faible –, des espaces peuvent présenter des morphologies différentes qui vont jouer un rôle majeur dans leur caractérisation et leurs dynamiques. Dans cette perspective, je propose de mobiliser la notion d'*espace diffus* pour tenter de cerner au plus près les caractères morphologiques des espaces à faible densité.

*II. De la faible densité à l'*espace diffus *: quelques propositions*

La notion d'*espace diffus* est souvent présente indirectement dans les travaux sur les espaces à faible densité : les chercheurs de l'UMR ACT-Dev, évoquée précédemment, proposent ainsi une typologie des espaces ruraux, avec une catégorie « rural diffus », mais la morphologie spatiale qui lui est associée n'est pas réellement précisée, le rural diffus étant défini uniquement en termes de densités. Par ailleurs, le terme de « ville diffuse » est également mobilisé dans d'autres recherches – sur les espaces périurbains notamment – pour analyser les formes spatiales associées au processus d'étalement urbain et d'urbanisation dans les espaces ruraux. La notion d'*espace diffus* est toutefois à différencier de celle de ville diffuse, dans la mesure où il ne s'agit pas de lire l'espace rural au prisme de la ville, mais au contraire de spécifier ces espaces dans leurs caractères morphologiques, dans leurs formes spatiales, l'espace diffus étant le contraire de l'espace polarisé ou concentré.

Pourquoi passer de l'*espace à faible densité* à l'*espace diffus* ? Dans la plupart des travaux sur les espaces de faible densité, celle-ci est bien souvent présentée comme un point de départ, comme un critère ou une entrée pour appréhender un type d'espace se caractérisant en fait par beaucoup plus que sa faible densité, comme nous l'avons précédemment évoqué. Au-delà de ces nombreux caractères, et au-delà de la diversité des espaces à faible densité, c'est la morphologie de ces espaces qui me semble déterminante pour les définir en premier lieu : les espaces à faible densité se caractérisent par la *dispersion* des éléments dans l'espace, qu'il s'agisse de l'habitat, des infrastructures, voire des ressources territoriales, dont ils disposent. Ils sont, en ce sens, des espaces que l'on pourrait qualifier de *diffus*. Cette dispersion, qui se définit comme l'« étalement d'une collection d'objets sur une grande étendue » (Brunet *et al.*, 2009), induit des distances relativement importantes entre les éléments et elle se traduit par de faibles densités (Figure 5).

Par ailleurs, et surtout, l'*espace diffus* n'est en rien statique – contrairement à ce que sous-tend la notion d'espace à faible densité. En effet, « la dispersion implique une diffusion en tous lieux, en toutes directions » (*ibid.*). Par sa morphologie dispersée, l'espace diffus s'associe donc à ce processus de *diffusion* (Figure 5), cette notion m'apparaissant particulièrement riche pour définir et analyser les changements à l'œuvre dans ce type d'espace. En effet, c'est la maîtrise de ce processus de diffusion par les populations ou les acteurs locaux qui est au fondement du dynamisme des espaces diffus. Si l'on reprend la définition de la diffusion, celle-ci s'associe justement à une logique positive et constructive : elle est l'« expansion d'un phénomène ou (la) propagation d'une innovation dans l'espace » (*ibid.*). Dans ce cadre, espace diffus et propagation des innovations se voient potentiellement reliés, alors que la seule notion de faible densité nous cantonne à une approche statique de ces espaces. En outre, R. Brunet (2009) précise que la diffusion dépend de trois éléments essentiels en termes de morphologie des espaces diffus :

- les réseaux existants, qu'il s'agisse des réseaux d'infrastructures, mais aussi et surtout des réseaux d'acteurs ;
- les configurations spatiales ou la morphologie de l'espace concerné ;
- et les proximités structurelles entre les lieux.

Ainsi, avec cette grille de lecture, les distances qui marquent l'espace diffus ne sont pas nécessairement une contrainte : même s'il existe une distance physique forte entre les lieux dans les espaces diffus, cette distance peut être compensée par les réseaux relationnels (réseaux d'acteurs, de connaissance, d'action, etc.).

Figure 5

Les espaces à faible densité, des espaces diffus *et de* diffusion

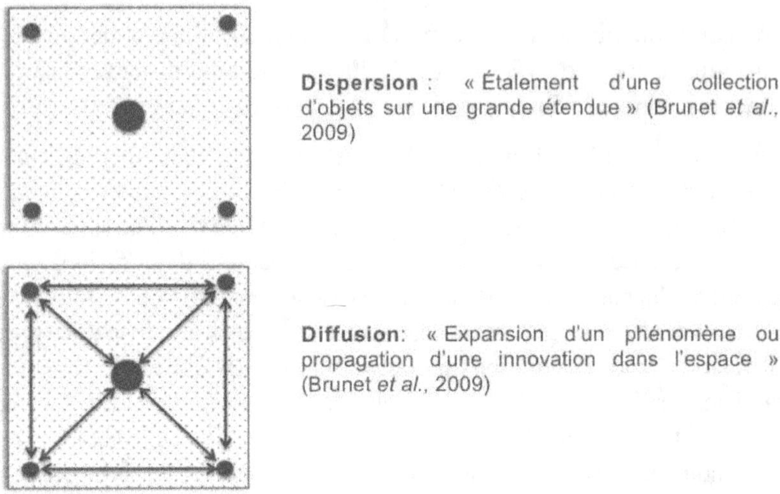

Source : Auteur.

Dans une perspective d'aménagement et de développement des territoires, les espaces diffus pourraient ainsi être considérés comme des laboratoires de développement local, dans la continuité des analyses de Laurence Barthe et Johan Milian (2011). Nous pourrions ici formuler deux hypothèses à ce sujet.

– La première est que la dispersion des ressources territoriales dans les espaces diffus – ou à faible densité – est potentiellement un atout pour ces espaces. En effet, ceux-ci sont marqués par le « déploiement d'une économie diffuse peu polarisée, mais structurante en matière de tissu d'activités et d'emplois, et donc de maintien d'une population permanente » (Barthe, Milian, 2011). L'absence ou la faiblesse de polarisation au sein des espaces diffus entraîne, de fait, une absence ou une faiblesse des logiques hiérarchiques au profit de logiques plus équilibrées entre les différentes composantes de ces espaces. Dans ce cadre, les enjeux de cohésion et d'équité territoriales se voient valorisés dans les espaces diffus, en lien avec leur morphologie spatiale équilibrée : les rapports hiérarchiques ou de domination sont *a priori* moins marqués que dans le cas d'espaces concentrés ou polarisés, où un centre, un pôle urbain, exerce une influence sur son espace environnant.

– La seconde hypothèse que nous pourrions formuler est que les fragilités des espaces diffus peuvent être propices à une réactivité forte de la part des populations et acteurs locaux :

> « L'inventivité, dans un contexte de fortes contraintes (économiques, politiques) traverse les pratiques sociales renforçant l'hypothèse que ces espaces pourraient être des laboratoires d'expérimentation dans différents registres à disposition de l'ensemble de la société. » (*Ibid.*)

Une situation « critique » – au sens étymologique de tournant, de rupture – est ainsi souvent un vecteur de mobilisation et de redynamisation des réseaux d'acteurs, qui vont alors chercher à se réapproprier et à valoriser les ressources de leur territoire. Inversement, une situation non critique, linéaire, peut conduire à ce que les acteurs locaux perdent petit à petit la main sur leurs ressources territoriales, par manque de réactivité, ou par démobilisation (Quéva, 2007b).

***
*

Ainsi, au regard de leur complexité, les espaces à faible densité se définissent moins par ce seul critère de la densité que par leur morphologie spécifique d'*espace diffus* – cette notion m'apparaissant plus riche pour rendre compte à la fois de leur organisation spatiale et des dynamiques qui les caractérisent, au-delà de leur seule appréhension statique et quantitative par la faible densité.

La définition de l'espace diffus pourrait alors être la suivante : il s'agit d'un espace à faible densité caractérisé par une dispersion de la population, de l'habitat et des activités, et marqué par des processus de diffusion dans l'espace. Dans ce cadre, la maîtrise de ces processus de diffusion par la population et les acteurs locaux permet de différencier des types d'espaces diffus, plus ou moins intégrés aux autres systèmes territoriaux, plus ou moins dynamiques sur les plans démographique et économique.

Cette définition permet d'envisager une pluralité de méthodes pour analyser les espaces diffus, qu'il s'agisse de méthodes quantitatives (calcul de densités de population, mais aussi analyses morphologiques des agrégats bâtis ou des infrastructures, etc.), de méthodes plus qualitatives (analyse des mobilités et des représentations des populations et des acteurs, par des entretiens ou des cartes mentales, etc.), ou encore de méthodes inspirées de la sociologie des réseaux (analyse de la morphologie des réseaux d'acteurs, de l'intensité des relations, par exemple grâce à la théorie des graphes, etc.). En proposant de recadrer la notion d'« espace à faible densité » sur celle de l'*espace diffus*, il ne s'agissait toutefois que de lancer le débat et les discussions sur un plan théorique, les terrains et les approches présentés dans le cadre des différentes contributions sur le thème « Vivre et travailler dans les espaces à faible densité » venant donner véritablement tout leur sens à ce type d'espaces.

Bibliographie

- BARTHE L., CAVAILLE F., EYCHENNE C., PILLEBOUE J., *Habiter et vivre dans les campagnes de faible densité*, Clermont-Ferrand, Presses de l'université Blaise Pascal, CERAMAC n° 23, 2007, 785 p.
- BARTHE L., MILIAN J., « Les espaces de la faible densité, processus et scénarios », *Territoires 2040*, n° 4, 2011, p. 151-183, *http://territoires2040.DATAR.gouv.fr/spip.php?article89.*
- BERGER A., CHEVALIER P., CORTES G., DEDEIRE M., *Héritages et trajectoires rurales en Europe*, Paris, L'Harmattan, 2009, 258 p.
- BÉTEILLE R., MONTAGNE-VILLETTE S., « Le "rural profond" français », *Dossiers des images économiques du monde*, Paris, SEDES, 1996, 166 p.
- BONTRON J.-Cl. et MATHIEU N., *La France des faibles densités*, tome I « Délimitation, problèmes, typologies », Paris, SEGESA-Ministère de l'Agriculture-ACEAR, 1977, 160 p.
- BOSCACCI F. *et al.* (dir.), *A typology of rural areas in Europe*, Study Programme on European Spatial Planning of the European Commission, Milan, École Polytechnique, 1999, 36 p.
- BOUTET D., « L'importance d'une dynamique résidentielle dans le rural isolé », *Économie régionale et urbaine*, n° 5, 2006, p. 781-798.
- BRUNET R., FERRAS R. et THÉRY H., *Les mots de la géographie*, Paris, La Documentation française, 2009, 518 p.
- CLARIMONT S., ALDHUY J., LABUSSIÈRE O., « Les recompositions territoriales face à la faible densité : comparaison des "pays" aquitains et des *comarcas* aragonaises », *Annales de géographie*, n° 647, 2006, p. 26-48.
- DATAR, *Quelle France rurale pour 2020 ? Contribution à une nouvelle politique de développement rural durable*, Paris, La Documentation française, 2003, 59 p.
- DEPRAZ S., « Quelle méthode d'analyse pour le rural centre-européen ? », *in* M.-C. MAUREL, G. LACQUEMENT (dir.), *Agriculture et ruralité en Europe centrale*, Éditions Aux lieux d'être, Paris, 2007, p. 16-39.

- DEPRAZ S., « Héritages et trajectoires rurales en Europe », *in* A. BERGER, P. CHEVALIER, G. CORTES, M. DEDEIRE, *Héritages et trajectoires rurales en Europe*, Paris, L'Harmattan, 2009, p. 85-108.
- ENYEDI G., *Rural Transformation in Hungary*, Budapest, Akadémiai Kiado, 1976, 116 p.
- GUMUCHIAN H., « Territorialités, partenariat et autre développement : les espaces à faible densité en situation périphérique », *Cahiers de géographie du Québec*, vol. 35, n° 95, 1991, p. 333-347.
- KAYSER B., *La renaissance rurale. Sociologie des campagnes du monde occidental*, Paris, Armand Colin, 1989, 316 p.
- LE BRAS H., « La densité a-t-elle une influence sur les comportements sociaux ? Des échelles territoriales différentes », *Les Annales de la Recherche Urbaine*, 67, 1995, p. 15-23.
- LÉVY J., « Les campagnes, figures de l'urbain », *Pouvoirs locaux*, n° 48, 2001, p. 32-36.
- PERRIER-CORNET Ph. (dir.), *Repenser les campagnes*, La Tour d'Aigues, Éditions de L'Aube/DATAR, 2002, 280 p.
- QUÉVA Ch., *Entre territoires et réseaux : la requalification des espaces locaux en France et en Allemagne. Jeux d'acteurs, d'échelles et de projets*, Thèse de géographie (dir. Guy Di Méo), Université de Bordeaux 3, 2 tomes, 2007a, 466 p. et 62 p.
- QUÉVA Ch., « Les espaces ruraux à l'épreuve du développement local en France et en Allemagne. Quels encadrements pour les espaces de projet (Pays et Projets de développement régional) ? », *in* C. BESSIÈRE, *et al.* (coord.), *Les Mondes ruraux à l'épreuve des sciences sociales*, Versailles, Éditions Quae, 2007b, p. 169-185.
- QUÉVA Ch., VERGNAUD G., « Du territoire à l'*intermédiarité* : essai de réflexions croisées sur les constructions territoriales locales en Allemagne, en France et en Espagne », *in* M. VANIER (dir.), *Territoires, territorialité, territorialisation. Controverses et perspectives*, Rennes, Presses Universitaires de Rennes, 2009, p. 141-150.

LE DÉVELOPPEMENT DURABLE DES ZONES À FAIBLE DENSITÉ : DU MONDE RURAL AUX TERRITOIRES SPACIEUX

par

Michel PÉRALDI[1]

Ancien Sous-Préfet

Directeur du développement du territoire de la Région Auvergne

D'abord de quoi parlons-nous ? du développement durable des zones de faible densité en France, en Europe ou de ses frontières, Norvège, Turquie, Ukraine, etc. Et quels sont les chiffres ?

Encadré 1

Du monde rural aux territoires spacieux

- Densité mondiale : 45 hab./km²
- Densité moyenne et européenne : entre 100 et 393 hab./km²
- Densité française : 115 hab./km²
- 4 régions françaises + 1 département > 200 hab/km²
- 14 départements < 40 hab./km²
- 42 % des communes < 30 hab./km²

La France est donc un pays assurément non dense (ou de faible densité selon les termes du précédent orateur, Christophe Quéva) dans une Europe à 27 également non dense. Nous ne sommes plus dans l'Europe des 6, industrielle (autour de la communauté du charbon et de l'acier : CECA) et structurée par des pôles urbains forts et en nombre limité (Paris et le désert français) mais dans une Europe beau-

1. Auteur de : *Ils ont volé la décentralisation*, éd. L'Harmattan, 2013.

coup plus vaste globalement peu dense structurée autour de villes moyennes de 100 000 à 500 000 habitants d'où émergent quelques métropoles, en France : Paris, Lyon, Marseille, et la conurbation autour de Lille.

Ces métropoles se développent mécaniquement, plus ou moins bien, mais leur attractivité pose la question du développement des espaces non métropolitains qui ne sont pas ou peu dans leur dynamique : les espaces à faible densité. L'Auvergne et le Massif central en sont l'illustration.

Mais où placer la faible densité ?

L'Europe dans certains de ses programmes parle de 12,5 habitants au km^2 la DATAR, dans sa prospective, étudie le seuil de 20 habitants au km^2 et Christophe Quéva de l'université Paris 1 suggérait 30 habitants au km^2 dans sa précédente intervention.

Pour moi qui ne suis ni chercheur ni géographe ni démographe, mais un praticien de l'aménagement du territoire, je ne parlerais pas en chiffres bruts, mais en poids démographique relatif. La faible densité ne se situe pas de mon point de vue en dessous d'un seuil, mais dans la relation entre la densité du territoire dont on a la charge et la densité moyenne d'un pays (ou d'un espace territorial dominant). Elle n'est pas la même dans un pays industrialisé dense comme l'Allemagne et dans des pays encore fortement agricoles comme la France, la Pologne, ou la Roumaine ou encore moins dans les pays nordiques.

Mais, on est toujours le non dense de quelqu'un.

Figure 1

Densité de population en Europe

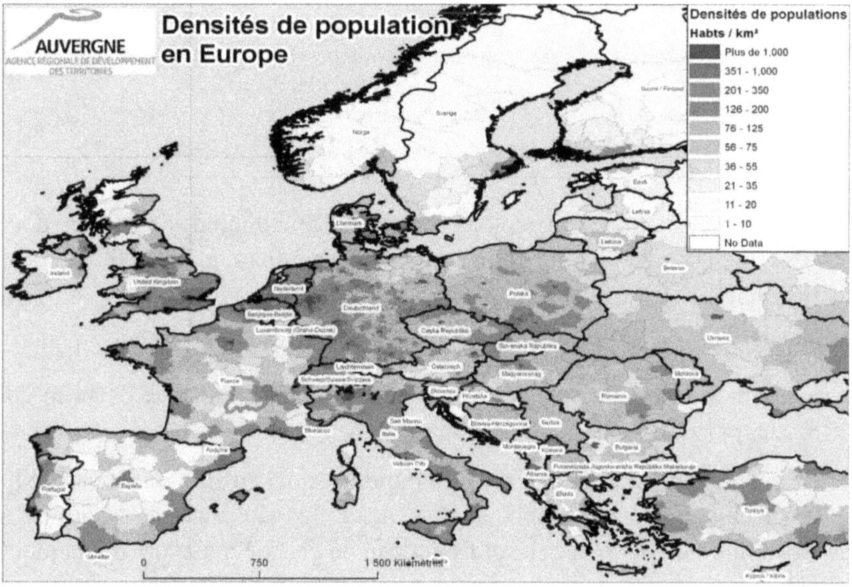

Source : DATAR, « Études prospectives ».

Il faut fixer un théorème. Je proposerai de parler de faible densité dès lors qu'un territoire se situe à la moitié de la démographie moyenne du territoire de référence. En France, où la densité moyenne est autour de 100 ha au km^2, je situerai le seuil en dessous de 50 hab./km^2. C'est en dessous de ce seuil que les politiques publiques deviennent indispensables pour empêcher le territoire de passer de la faible densité à la désertification.

Cela correspond à notre ex-monde rural. Car le monde rural est parti.

Le monde rural est parti parce qu'il a fini son œuvre, nourrir la France depuis le Moyen Âge et l'Europe depuis la fin de la dernière guerre mondiale.

Encadré 2

La fin inavouée du monde rural

– France :	– 26 % du nombre d'exploitations agricoles en dix ans
– Pays-Bas :	– 29 %
– Allemagne :	– 36 %

En France, le nombre des exploitations agricoles a diminué de 26 % en dix ans et l'emploi agricole a chuté de presque autant tombant à 750 000 équivalents temps-plein.

La France comptait en 2010 490 000 exploitations contre 663 000 en 2000.

Sur la même période, le nombre d'exploitations a diminué de 24 % en Italie, 29 % aux pays bas et 36 % en Allemagne.

Le monde rural s'en va de France comme il est déjà parti d'ailleurs ou le libéralisme économique a été appliqué plus vite et plus violemment ; des États-Unis au Royaume-Uni où le marché et l'industrie de l'agroalimentaire ont laminé les campagnes.

La fin du monde rural est irrémédiablement annoncée. Son modèle économique est révolu l'heure du développement métropolitain est arrivée.

Est-ce à dire que l'espace qu'il occupait va disparaître ou retourner à l'état de forêt primaire ? Certainement pas, d'autant qu'il est l'enjeu de multiples appétits.

Comme le note le géographe Michel Lussault dans sa contribution à la « Prospective 2040 » de la DATAR :

> « Les convoitises multiples dont peuvent faire l'objet les espaces de faible densité s'expriment partout dans le monde. Elles traduisent le renversement des valeurs attribuées à la faible densité dans l'ordre spatial. »

I. La course à la compétitivité et à la métropolisation

La victoire idéologique du *lobby* urbain fort des 80 % de la population qu'il accueille a longtemps été retardée en France par le poids des soutiens politiques et syndicaux de la ruralité. Elle s'est aussi appuyée sur une conception non aboutie de l'écologie et du développement durable stigmatisant les déplacements et condamnant de fait les zones excentrées des grandes agglomérations à un développement résiduel.

L'heure est à la compétitivité et à la métropolisation et les deux sont liés, car la métropole ou « l'hypermétropole » n'est que la traduction spatiale du néocapitalisme libéral financier et mondialisé comme la ville l'était de la bourgeoisie depuis le Moyen Âge.

La métropole est devenue le *nec plus ultra* de la compétitivité, si on en croit la DATAR qui s'y est convertie. Elle l'affirme en conclusion de ses études prospectives.

En est-on vraiment sûr quand on analyse les tableaux de développement qualitatif issus des critères élaborés par l'ONU sur le développement durable ou la Région Nord-Pas-de-Calais pour l'ISS (indicateur de santé sociale) ?

Figure 2

PIB et ISS

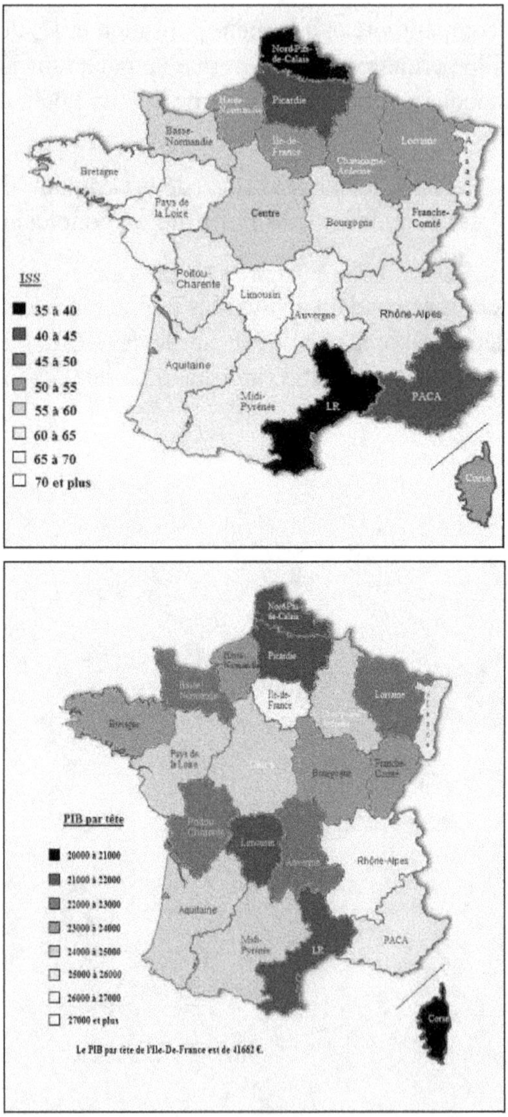

Source : Région Nord-Pas-de-Calais, Indicateurs de santé sociale.

Pour résumer et bien que cela nécessiterait des études bien plus affinées, s'il existe bien un lien entre urbanisation et croissance quantitative du PIB, il n'y en a plus dans les critères qualitatifs. Certaines régions à fortes urbanisation et croissance urbaine comme les Régions Nord-Pas-de-Calais ou Languedoc-Roussillon ont une faible santé sociale alors que des régions à faible présence métropolitaine comme le Limousin, l'Auvergne ou la Bretagne présentent des indicateurs de santé sociale bien meilleurs.

Il n'est pas question de dire que la métropolisation doit être freinée, mais de combattre l'idée dominante qu'elle est, en elle-même, modernité et garantie de compétitivité économique et de bonheur social sur les territoires.

La métropolisation se poursuivra de toute façon et nous aurons au niveau mondial avec l'explosion démographique et la poursuite de l'exode rural des mégapoles de plusieurs dizaines de millions d'habitants. Le problème est de savoir ce que nous voulons en France et en Europe et si nous sommes capables de bâtir des politiques d'aménagement et de développement des territoires pour les territoires qui ne sont pas dans la dynamique directe de la métropolisation : une politique pour permettre l'émergence ce que j'appelle « les territoires spacieux ».

II. De la France rurale aux territoires spacieux

Nous sommes rentrés, comme le montrent les statistiques, de déclin de l'activité agricole dans une France (et une Europe) post-rurale, une France qui a le choix entre s'arc-bouter pour le maintien d'une situation révolue ou s'inventer un futur différent et pas forcément décliniste.

Je ferai un parallèle un peu osé avec la fermeture des mines dans le Nord-Pas-de-Calais. Longtemps les politiques de tous bords ont refusé la réalité économique et assumé à coups de millions de déficits publics la fin de l'activité minière : presque trente ans. Et puis quelques visionnaires ont essayé de faire quelque chose d'autre pour tenter de donner un projet d'avenir, une autre âme plus culturelle et plus moderne à cette région industrielle. Il y a eu Lille 2004, capitale culturelle de l'Europe, la renaissance de Roubaix, la reconversion de l'industrie textile dans la haute technologie, l'inscription du bassin minier au patrimoine mondial de l'humanité projet auquel personne ne croyait et enfin, symbole de renaissance, le « Louvre 2 » sur le carreau de mine à Lens. Un Nouveau Monde se construit dans le Nord-Pas-de-Calais, construit dans la modernité, mais sur la mémoire et le génie de ses habitants et de leurs élus. C'est un défi du même type qui se présente pour ce monde post-rural, celui de ces territoires que je qualifie de « spacieux ».

III. Le territoire spacieux

Nous qualifions de « territoire spacieux » un espace « non dense » issu des marges délaissées de la métropolisation et la mondialisation. Le territoire spacieux ne se résume pas dans le rural en voie de disparition et dont la production était à dominante agricole. Il ne se résout pas non plus dans une zone « non urbaine » avec une économie purement résidentielle ou récréative. Les territoires spacieux sont des espaces générés, mais ignorés du modèle dominant concurrentiel et urbain de la mondialisation, mais qui ne sont pas dépourvus d'atouts de développement qualitatif...

La notion de territoire spacieux répond au besoin de renommer ces territoires de faible densité et de les repositionner comme concept géographique et économique face aux notions urbaines d'agglomérations de métropoles ou de mégapoles, elles, parfaitement définies.

Le territoire spacieux se caractérise non seulement par sa densité par définition relativement faible, mais surtout par l'impossibilité d'asseoir son développement par les simples mécaniques de la libre concurrence. Ce sont des territoires condamnés à sortir du développement, s'ils ne font pas l'objet de stratégies publiques privées ou mixtes de développement territorial spécifiques. La grande difficulté de les couvrir pour l'accès au numérique en très haut débit en est l'illustration actuelle. Entre un désert rural et un territoire spacieux, il y a (entre autres) l'accès au numérique.

Les zones spacieuses ne sont pas condamnées à être des zones défavorisées ou des zones à handicap permanent au sens que l'entend la Communauté européenne, mais doivent, pour se développer, adopter des stratégies adaptées aux spécificités de leurs territoires. Les politiques de montagne ont, en France depuis trente ans avec la loi Montagne, démontré que des stratégies territoriales adaptées pouvaient, lorsqu'elles étaient bien élaborées et suivies, créer de la richesse et inverser les flux démographiques dans des zones au départ défavorisées. Les parcs naturels nationaux souffrent parfois plus de sur-fréquentation que de désertification et les parcs naturels régionaux sont une vraie réussite d'apport d'ingénierie durable en zone de faible densité et commencent à souffrir d'une urbanisation pas toujours maîtrisée sur leur territoire.

L'application des principes de compétitivité et de concurrence semble condamner les territoires de faible densité puisque la systématisation idéologique de la concurrence pratiquée par les autorités européennes les exclut et exclut les opérateurs économiques de ces zones. Par contre, les recherches d'aménités, de qualité de vie ou de développement durable vont dans le sens de leur développement. Dans une démographie mondialement en explosion et une économie mondiale en forte progression, elles ne sont pas condamnées à la régression ou à la désertification. Elles peuvent être aussi des poches de développement durable à progression raisonnée à côté d'un modèle dominant à urbanisation débridée.

Nous ne sommes pas dans un modèle néorural défensif, mais dans un modèle de développement alternatif et qualitatif qui peut d'ailleurs être construit en partenariat ou complémentarité avec des pôles métropolitains.

Encadré 3

Du monde rural aux territoires spacieux

Les territoires spacieux : des territoires non denses attractifs et compétitifs.
Trois conditions incontournables :
– accessibilité aux territoires ;
– le service universel de culture et de communication ;
– la modernisation de la gouvernance.

IV. L'accessibilité aux territoires

Le XXe siècle a conjugué zone rurale et désertification, mais depuis peu, sur certaines zones, le phénomène s'inverse. La Bretagne a connu un fort développement depuis trente ans en s'appuyant sur des investissements exceptionnels d'infrastructure, une pratique nouvelle de développement territorial souvent en pointe par rapport aux autres régions et un réseau de villes dynamiques. L'Auvergne et le Limousin ont récemment inversé leurs tendances démographiques même si le vieillissement des populations de leurs zones de faible densité reste encore une forte préoccupation.

Les problématiques changent. Ce n'est plus Paris et le désert français, mais la recherche d'un équilibre entre un phénomène de métropolisation généralisé, mais plus disséminé autour des grandes agglomérations et une interrogation sur la gestion de nouveaux espaces de faible densité autour de bourgs et de petites villes : les territoires spacieux.

La première condition au développement de ces territoires reste l'accessibilité physique. C'est le plan autoroutier en Bretagne qui a permis que les territoires de l'Ouest connaissent depuis trente ans un développement que peu auraient imaginé dans les années 1970. C'est le désenclavement autoroutier de l'Auvergne et du Limousin par deux autoroutes qui a été déterminant pour transformer ces terres d'exode depuis un siècle en terre d'accueil de nouveaux habitants. Il faut poursuivre ces politiques de désenclavement en particulier au niveau européen et les développer sur les nouveaux modes de transports moins polluants et plus rapides. Il faut combattre cette idée à la mode qu'il n'est plus utile de faire des routes ou des TGV pour le développement. Ces investissements sont des conditions indispensables et dans cet esprit, il n'est pas pensable que l'Auvergne et le Massif central ne soient pas encore programmés pour être reliés d'une façon ou d'une autre au réseau TGV européen. Si ce n'est fait à un horizon de quinze ans, l'Auvergne et le Massif central reprendront le chemin du déclin.

V. L'accès aux services : condition d'émergence d'un territoire spacieux

Si les courbes démographiques s'inversent, le repli des services publics de l'État se poursuit et s'accélère. La réforme des finances publiques a entraîné la réduction des implantations des perceptions et des établissements de la Banque de France, la réforme de la carte judiciaire celle des tribunaux, la modernisation de l'armée celle des régiments, et dans la même logique, la réduction voire la suppression des sous-préfectures en sera l'inéluctable futur maillon. La révision générale des politiques publiques (RGPP) sans doute indispensable s'est faite sans aucune approche de développement territorial et a aggravé la fracture territoriale.

Ces territoires ont sans doute moins besoin des anciennes administrations régaliennes défendues bec et ongles par les élus ruraux que de nouveaux services culturels et de communication attendus par les jeunes, les nouveaux arrivants et les créateurs d'entreprise. S'il n'est certes pas indispensable d'avoir dans chaque arrondissement une perception, une agence de la banque de France, voire une sous-préfecture (dès lors que tous les titres sécurisés sont traités ailleurs), il est par contre vital d'avoir partout de l'accès au très haut débit, de l'enseignement à distance, de l'accès à la culture, un service de santé et à la personne de proximité, une autoroute ou une gare pas très loin.

Dans cette optique, l'Auvergne et le Limousin avec leur désenclavement autoroutier récent, leur fort investissement dans le numérique et leurs politiques d'accueil sont des régions (et elles ne sont pas les seules) qui ont commencé à constituer certains territoires en territoires spacieux qui attirent de nouvelles populations.

Au plan national ou européen, il faut sans doute aller plus loin pour l'accès au numérique et au très haut débit qui est la condition *sine qua non* au développement des territoires spacieux. On ne peut laisser s'installer la fracture numérique entre les territoires qui laisserait à l'abandon 80 % du territoire européen sous prétexte de libre concurrence entre les opérateurs. Les territoires doivent acquérir un droit à l'accès à la culture et à la communication, une sorte de service universel que devraient leur garantir les États nationaux ou l'Europe.

VI. La gouvernance des territoires spacieux

La gouvernance des territoires ruraux, depuis de la troisième République et jusqu'au début de la cinquième, c'était les cantons appuyés par les sous-préfectures. Les cantons ont disparu et les sous-préfectures n'ont plus la légitimité, depuis les lois de décentralisation, et encore moins les moyens. Seuls face à cet abandon restent les conseils généraux qui ont, aidés certes par quelques régions, tenu la tête hors de l'eau des zones non denses de notre pays depuis vingt ans. S'il est une seule raison de conserver les départements, c'est pour sauver les zones non denses de notre pays afin de se donner le temps de préparer pour elles une nouvelle gouvernance.

Car la gouvernance et l'ingénierie des territoires spacieux sont à construire. Il n'y a pas de développement possible sans bonne gouvernance et l'ingénierie qui va avec, et sur ce point les zones de faible densité ont un gros handicap par rapport aux villes ou métropoles.

Elle peut se faire au niveau des Parcs naturels régionaux qui ont prouvé leur pertinence, mais qui doivent être réservés pour les territoires d'exception. Elle devrait l'être également au niveau des pays pour les territoires plus communs en qualité environnementale et paysagère.

Les « Pays » issus des lois Pasqua et Voynet sont porteurs d'innovations, car ils sont plutôt à la bonne échelle pour conduire les politiques de développement territorial dans les zones de faible densité et les territoires spacieux (de 3 à 5 par départements et potentiellement 400 à 500 sur le territoire métropolitain) et sont dotés, à côté de l'instance des élus, d'un conseil de développement issu de la société civile qui ouvre l'instance politique vers le citoyen.

VII. Pour une approche européenne des territoires spacieux

Cette construction intellectuelle des territoires spacieux est certes fondée sur l'histoire de l'aménagement du territoire de ces trente dernières années en France, mais vaut également pour la grande majorité des pays européens qui sont aussi en faible densité par rapport à la diagonale urbaine dense qui va de l'Angleterre au nord de l'Italie.

L'Europe a, de longue date, soutenu ces zones dans le cadre du Feader, mais beaucoup plus sous l'angle agricole que celui d'un développement territorial diversifié.

Il y a certes les programmes Leader, mais ceux-ci restent encore à la marge des grandes logiques d'aménagement du territoire et d'une telle complexité qu'ils en découragent même les acteurs. Pourtant leurs expériences et initiatives échangées dans le cadre des programmes de coopération internationale sont un formidable enrichissement.

Au plan européen, les problématiques de développement des zones de faible densité sont assez peu portées et encore moins entendues.

Pourtant une approche et une intervention européenne sont indispensables pour que les erreurs commises pendant cinquante ans dans les pays les plus développés ne le soient pas chez les nouveaux entrants, et qu'à l'inverse les réussites des premiers profitent au second.

Dès lors qu'avec l'explosion démographique mondiale l'espace deviendra une rareté dans le siècle à venir, il serait certainement utile d'approfondir au niveau européen la réflexion sur les conditions de développement de ces espaces de faible densité et de leur qualification en « territoires spacieux » comme alternative d'enrichissement ou complément à la métropolisation annoncée.

LES TERRITOIRES EUROPÉENS À FAIBLE DENSITÉ À L'HORIZON 2040

par

Laurent RIEUTORT
Directeur de l'Institut d'Auvergne du Développement des Territoires
Professeur de géographie
Clermont Université, Université Blaise Pascal

En référence à l'exercice de prospective « Territoires 2040 » engagé par la DATAR en France, cet article propose une lecture des futurs possibles des espaces de faible densité démographique à l'échelle européenne et à travers le prisme des moyens de leur développement territorial. Encore faut-il tout d'abord, préciser les contours du sujet, souligner sa portée, bref, proposer un diagnostic de ces régions soumises à des inégalités de développement et à des processus de différenciations socio-spatiales particulièrement actifs (Sencébé, 2009). Dans un deuxième temps, la démarche consistera à mobiliser la méthode des « scénarios exploratoires », « tous tissés de leurs contradictions, avec leurs perspectives positives et leurs perspectives négatives, chaque acteur concerné ne les appréciant d'ailleurs pas forcément dans le même sens » (Vanier, 2010). Ces perspectives seront synthétisées dans une grille d'analyse croisant processus/dynamiques et effets, ce qui permet de dessiner, de « mettre en scène » quatre figures territoriales pour la faible densité. Cette différenciation conduit en outre à dégager des enjeux diversifiés pour l'action et la recherche.

I. Les espaces de faible densité : diagnostic et enjeux

Peut-on s'entendre, tout d'abord, sur la notion de « territoires de faible densité » ? Et en quoi, ceux-ci, en vertu des processus de différenciation socio-spatiale qui les affectent et qui les distinguent d'autres espaces, justifieraient, dans la perspective de stratégies futures de développement adaptées, des recherches scientifiques et des actions collectives particulières ?

A. Enjeux de définitions et de développement local

Nous n'insisterons pas sur la définition du territoire de faible densité, exercice particulièrement délicat et proposé par ailleurs.

– Si une *définition numérique* fondée sur un seuil de densité, au-dessous duquel se tiendraient les espaces qui nous intéressent, a son intérêt pour comparer différents espaces européens, elle a toutefois la limite de sa grande relativité. La basse densité se fixe-t-elle à moins de 30 habitants/km^2, ou à 10, ou bien encore à 50 ? Envisage-t-on le quasi-vide scandinave ou caussenard, ou de façon plus mesurée, des espaces faiblement peuplés dont les densités seraient inférieures à une moyenne nationale voire régionale ? Une telle approche exigerait de prendre en compte la complexité des réalités démographiques européennes entre des pays densément peuplés et urbanisés comme ceux situés sur le pourtour de la mer du Nord et ceux de la célèbre « diagonale du vide » qui court du pied des Vosges jusqu'aux Pyrénées et à l'Espagne intérieure, en passant par l'énorme ensemble du Massif central français. Ajoutons que tout territoire croise des dimensions « matérielles » résultant de l'aménagement de l'espace par les sociétés et des dimensions idéelles (l'espace vécu, perçu et imaginé par ses habitants) et organisationnelles (l'espace administré et régulé en vertu de rapports de domination, mais aussi de solidarité ou de complémentarité). Si la dimension matérielle peut être approchée superficiellement par des seuils démographiques, il en va tout différemment des autres dimensions. Ici, tout dépendra des représentations et des systèmes de gouvernance : l'histoire culturelle du peuplement, les liens établis plus ou moins précocement avec les villes ou métropoles périphériques, dessine des systèmes territoriaux fort différents ; ainsi, ce qui peut paraître comme correctement peuplé et attractif dans les Highlands britanniques sera dénoncé comme désertifié dans les Préalpes méditerranéennes... D'autres approches numériques peuvent tenter d'isoler les espaces de faible densité de deux façons. D'une part, en mesurant le degré de diffusion, de dispersion, des populations (par exemple en déterminant un nombre réduit de personnes reliées entre elles au sein d'un bassin de vie en tenant compte des distances-temps). D'autre part, en raisonnant de façon négative – mais de manière peut-être plus opérationnelle – en distinguant les espaces faiblement peuplés d'autres figures territoriales comme les campagnes périurbaines, à la population croissante et dense, revivifiées par des résidents pendulaires aux abords des villes, ou les campagnes « vivantes » (Croix, 2000), aux activités diversifiées ce qui permet de retenir des populations abondantes. Par opposition, les espaces de faible densité apparaissent alors comme des territoires qui souffrent soit d'un déficit dans le dialogue rural/urbain, soit d'une insuffisante multifonctionnalité... esquissant du même coup les enjeux du développement et les voies d'une politique d'aménagement du territoire...

– *Une définition plus qualitative* suppose de s'appuyer sur des caractères dominants ou spécifiques de ces espaces peu denses qui les distingueraient d'autres types de territoires, d'autant que la « faible densité » n'est pas seulement démographique, « mais également de constructions, d'emplois, d'équipements, de commerces, de services, de voies de communications et, plus généralement d'interconnections » (R. Chapuis). Il s'agit alors de réfléchir sur les effets de la faible densité sur les modes d'utilisation du sol (à forte composante agro-sylvo-pastorale), sur la vie sociale, sur les représentations souvent connotées par l'agriculture ou des valeurs environnementales, ou, enfin, sur des configurations spatiales spécifiques, notamment en termes d'isolement, de dispersion ou de diffusion des ressources.

Il apparaît alors de ce point de vue, que les espaces à faible densité ont longtemps été associés à une *singularité négative*, celle d'afficher des tendances récessives : recul démographique et déstructuration sociale, parfois de grande ampleur, et expliquant justement la faible densité d'aujourd'hui, fragilité économique et recul de l'emploi liés au déclin des activités « traditionnelles » (notamment agricoles et forestières) et à la faible diversification de celles-ci, récession de l'emprise humaine contribuant à une détérioration du paysage humanisé menacé par la friche et la forêt (Béteille, 1981). Comme le remarque Ch. Mignon (1998),

> « au total, ces espaces à faible densité, sont, le plus souvent, des "pays malades", des territoires fragiles dont les forces déclinent peu à peu. Ces déficiences spontanées, sensibles de longue date, ont été aggravées considérablement au cours des dernières décennies alors que les concurrences s'exacerbaient dans le contexte d'une économie libérale de plus en plus ouverte. Tandis que les hommes et les richesses tendent à se concentrer dans quelques foyers privilégiés, les zones faibles sont, elles, dépouillées et s'appauvrissent encore un peu plus ».

Il ajoute,

> « Trop affaiblies pour trouver en elles-mêmes les forces pour se sauver, ces régions sont aussi privées du recours extérieur des influences urbaines qui arrivent très amorties. On est donc en présence d'une sorte de processus cumulatif du déclin, d'un cercle vicieux qui ne saurait être rompu sans une intervention extérieure déterminée ».

On le voit, les territoires de faible densité ont longtemps été qualifiés de « malades », « périphériques », « handicapés » ou « défavorisés », et parfois même stigmatisés *via* un discours réducteur sur l'inégalité, lui-même producteur de fragilités, de représentations négatives y compris de la part d'acteurs locaux s'enfermant dans des cercles vicieux par immobilisme et manque d'ambition. Si les stratégies et les modèles d'aménagement ont varié selon les États et les périodes, ils ont souvent mobilisé fonds publics, développement d'infrastructures et volonté de diffusion d'activités et d'entreprises (tourisme, NTIC, services à la personne).

Or, cette vision pessimiste a été largement remise en cause dans la période récente par des travaux de chercheurs (Mathieu et Duboscq, 1985 ; Mathieu, 1996, Clarimont *et al.*, 2006, collectif, 2007) montrant que *le déclin des régions de faible densité n'a rien d'inéluctable*, y compris dans un contexte de métropolisation et de mondialisation. Parallèlement, le modèle du « développement durable » et les nouveaux critères de localisation des hommes et des activités – valorisation des ressources locales et aménités environnementales, patrimoniales ou culturelles – ont conduit à une attractivité résidentielle, à la multiplication d'initiatives locales, à des interrogations sur les politiques publiques « descendantes ». Des exemples nombreux montrent que bon nombre de territoires peu denses ont retrouvé une vitalité économique et démographique. Leurs ressources, parfois oubliées, sont mobilisées, valorisées et quelquefois « spécifiées » par des acteurs innovants. Enfin, et ce n'est pas la moindre des évolutions, comme le souligne Laurence Barthe (2011) :

> « Le puissant processus d'étalement urbain et le mitage de l'espace dans son sillage ont produit un renforcement de l'attractivité par effet d'exceptionnalité des espaces où l'occupation humaine reste discrète dans le marquage spatial, mais possible et acceptable en raison des conditions d'accessibilité et d'équipement ».
>
> Elle ajoute
>
> « Les espaces ruraux de faible densité demeurent donc aussi des lieux de vie, permanents ou temporaires pour des populations aux profils variés, dont la présence, à travers leurs usages et leurs pratiques des lieux, posent des questions quant aux conditions de l'habitabilité du monde de la faible densité. »

B. Des configurations spatiales diversifiées à l'échelle européenne

La lecture de quelques cartes européennes permet de montrer à la fois l'ampleur du phénomène et sa grande variété. Si l'on retient une valeur-limite de l'ordre de 50 hab./km^2, dans le seul but de fixer, par commodité, un ordre de grandeur, on remarque qu'une bonne partie de l'Europe occidentale appartient au domaine des basses densités. Trois grands axes géographiques sont aisément reconnaissables : celui des pays septentrionaux depuis l'Islande, les îles britanniques (Écosse hors la dépression de Glasgow, Pays de Galles, Irlande) et jusqu'à la Scandinavie (particulièrement en Norvège, Suède et Finlande), en passant par les grandes plaines du Nord européen (Mecklembourg, Mazurie, pays baltes). Une seconde écharpe, déjà évoquée, s'allonge de la Champagne-Ardenne française au sud de l'Espagne et du Portugal, touchant les archétypes que sont le Massif central, les Pyrénées, les Castilles ou l'Estremadura, ou, plus détachées, une partie des Alpes (méridionales françaises, suisses orientales ou du Piémont italien), la Corse et l'est de la Sardaigne. Enfin, un dernier axe de peuplement diffus se détache à l'Est, des montagnes balkaniques (Grèce, Bulgarie, Roumanie) à la Hongrie occidentale et à la Slovénie-Croatie (voir figures 1 et 2). Ainsi délimités, les espaces peu denses ne sont pas pour autant définis. Qu'offrent-ils de spécifique en termes d'organisation de l'espace, de relations ville/campagne ou de dynamiques socio-économiques ?

Écartons immédiatement une idée reçue : même si les zones de montagne occupent une place importante dans les aires de faible densité, elles sont loin de résumer à elles seules la situation européenne, d'une part parce que certains massifs sont densément peuplés (Jura et plateau suisse, piémonts alpin et carpatique, massifs rhénans…), d'autre part et surtout parce que des espaces de basse altitude sont également pauvrement peuplés (plaines du nord de l'Europe jusqu'aux États baltes, pays de la Haute-Saône ou plateaux meusiens, Landes de Gascogne, sud-ouest de l'Espagne…).

Figure 1

Les densités de population en Europe

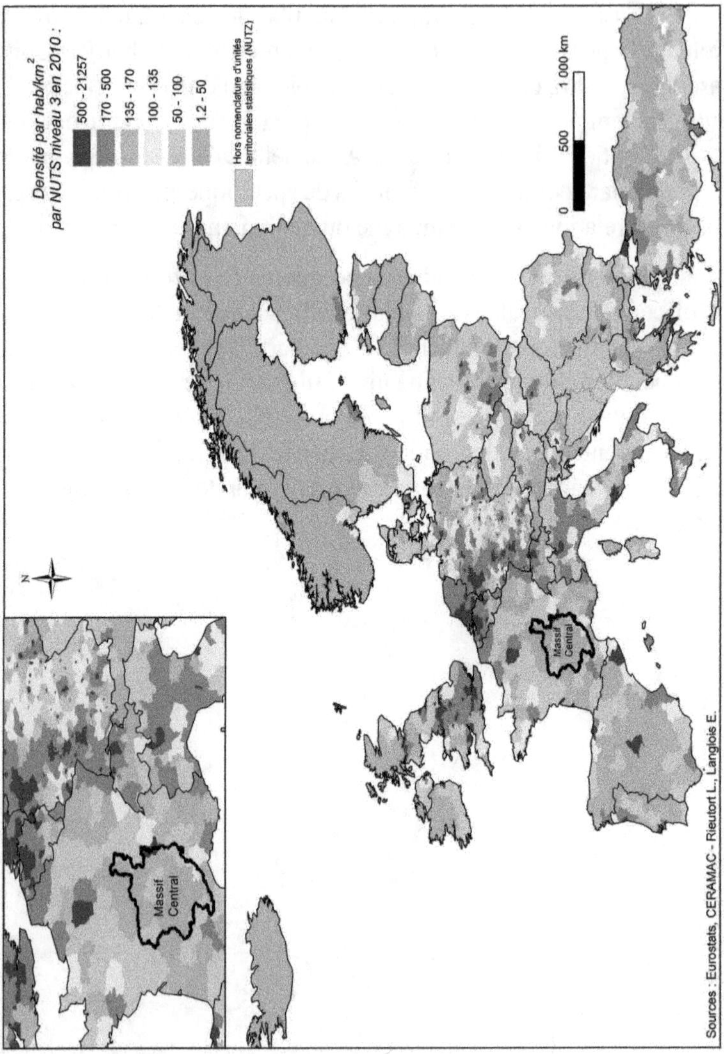

Source : Eurostats, CEMAMAC, L. Rieutort, E. Langlois.

Figure 2

Les espaces de faibles densités en Europe en 2010
Les territoires à moins de 50 hab./km²

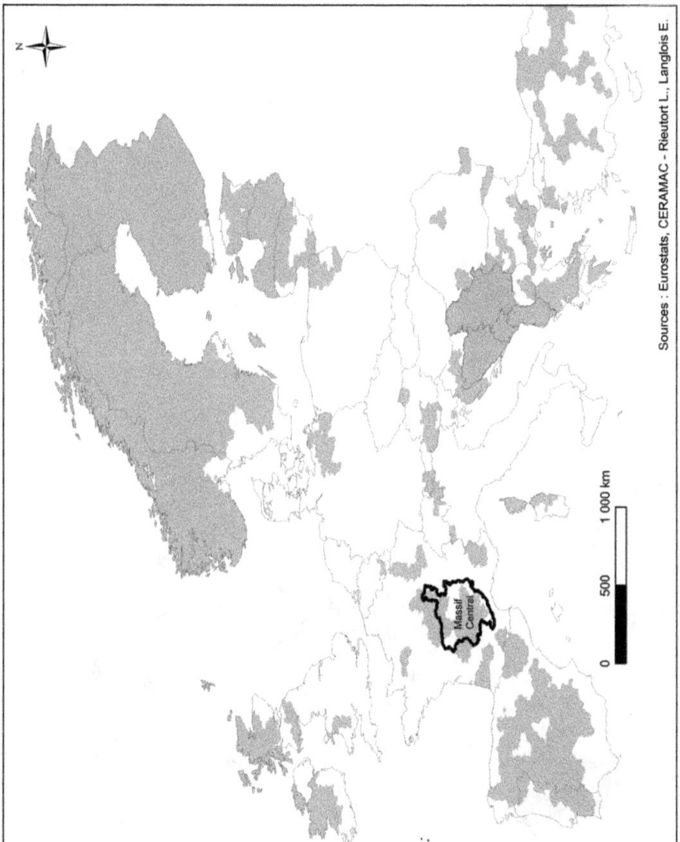

Source : Eurostats, CEMAMAC – L. Rieutort, E. Langlois.

Figure 3

Faible densité et montagne en Europe (zone NUTZ 3)

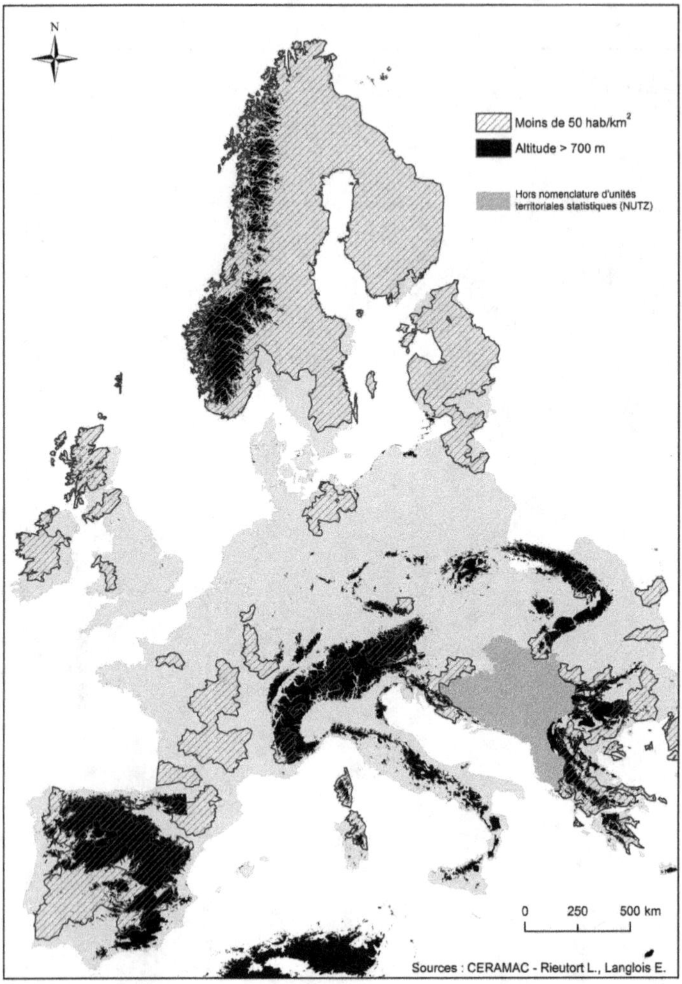

Source : Eurostats, CEMAMAC – L. Rieutort, E. Langlois.

Si l'on change d'échelle et que l'on observe à titre d'exemple la répartition des faibles densités dans un espace aussi vaste que le Massif central français, plusieurs configurations peuvent être distinguées :

- la situation de *vastes aires de basses densités rurales (type 1 sur la figure 4)*, parcourues de quelques axes de communication et où seuls émergent des points d'ancrage sous forme de petites villes, offrant souvent les services destinés aux populations et aux activités ; cette configuration est extrêmement fréquente sur les plateaux ibériques, en Scandinavie comme dans les Balkans ;
- la figure de la *faible densité en auréoles « périphérique » (type 2)* par rapport à des pôles urbains intermédiaires qui dessinent des aires d'influence en « vacuoles » ; ici, la population se dilue progressivement de façon radioconcentrique, au-delà des aires urbaines et périurbaines auxquelles elle est toutefois bien reliée ; on retrouve ce « modèle » notamment dans les piémonts alpins ou carpatiques ;
- enfin, une dernière configuration, qui recouvre partiellement la précédente, est celle de *gradients de faible densité (type 3)* à partir de vastes aires métropolitaines et d'un arrière-pays immédiat, intérieur ou montagnard, peu peuplé ; le contraste est parfois brutal, par exemple entre les plaines méditerranéennes et les hautes terres vidées par l'exode ou bien entre le littoral scandinave et les « périphéries » intérieures.

Figure 4

Les diverses configurations de la faible densité

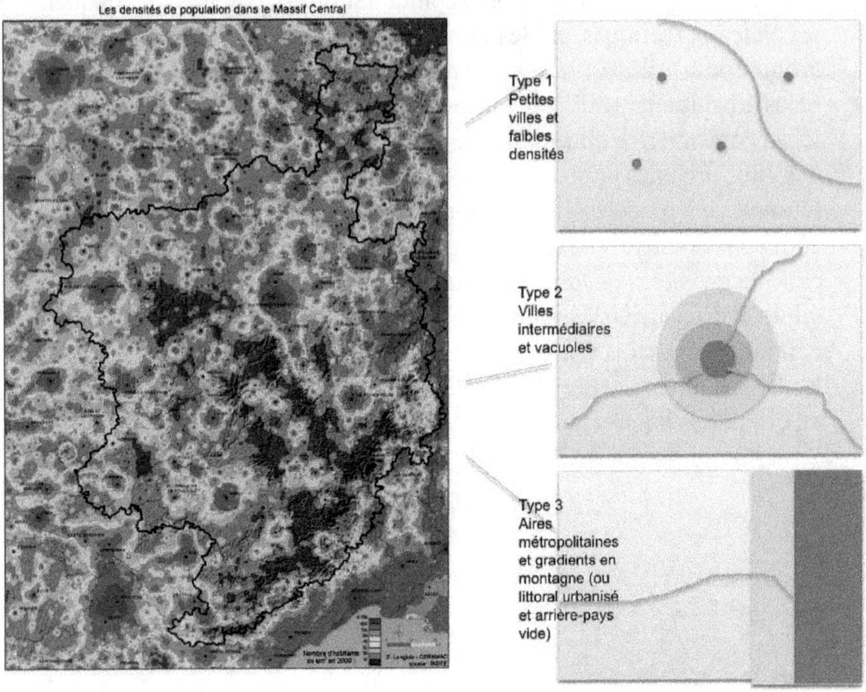

Source : Insee et L. Rieutort.

L'examen des *dynamiques démographiques* actuelles confirme le « retournement » territorial des espaces peu denses. En effet, une majorité de ces zones enregistre une croissance, aussi bien au nord (Îles britanniques, Scandinavie plus récemment) que dans les régions méridionales (centre et sud du Massif central, Alpes et îles méditerranéennes, cœur de la Castille). Les tendances restent cependant récessives en Islande, dans le Mecklembourg allemand, dans les États baltes, dans la partie occidentale de la Péninsule ibérique ou dans certains massifs balkaniques. Le regain s'explique largement par la nouvelle attractivité dont bénéficient la Scandinavie, l'Écosse, le Massif central français, les Alpes du Sud, les îles méditerranéennes ou le centre de l'Espagne.

Par contre, ces gains migratoires sont atténués par le déficit naturel qui caractérise encore certaines contrées dépeuplées et vieillies (nord de l'Allemagne, sud-est de la Finlande et États baltes, Massif central et hautes terres de l'Ouest ibérique, Balkans). Seules l'Islande, l'Irlande et la majeure partie des périphéries scandinaves affichent des balances naturelles excédentaires.

Figure 5

Croissance de la population par région NUTS 3 en 2010 dans les espaces de faibles densités (moins de 50 hab. au km²)

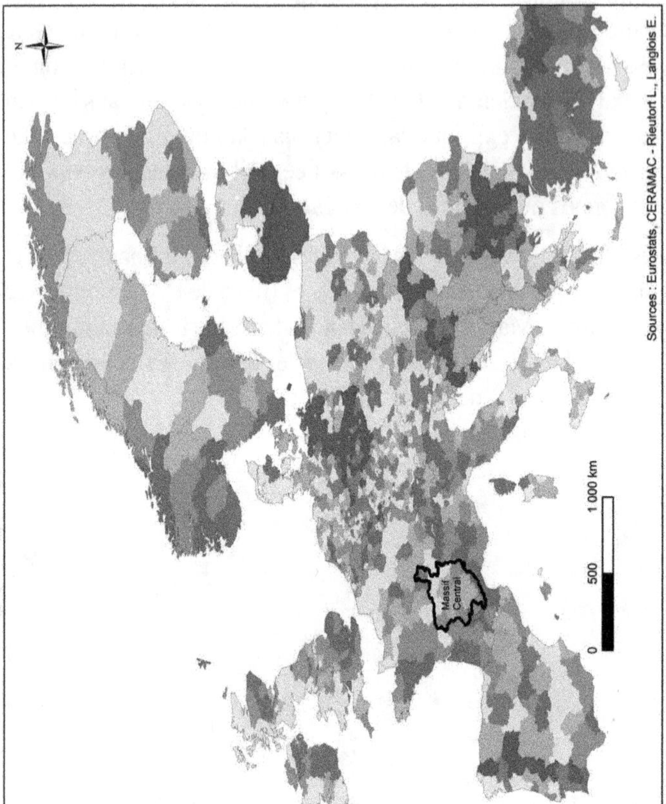

Source : Eurostats, CEMAMAC – L. Rieutort, E. Langlois.

Figure 6

Solde migratoire par région NUTS 3 en 2010 dans les espaces de faibles densités (moins de 50 hab. au km²)

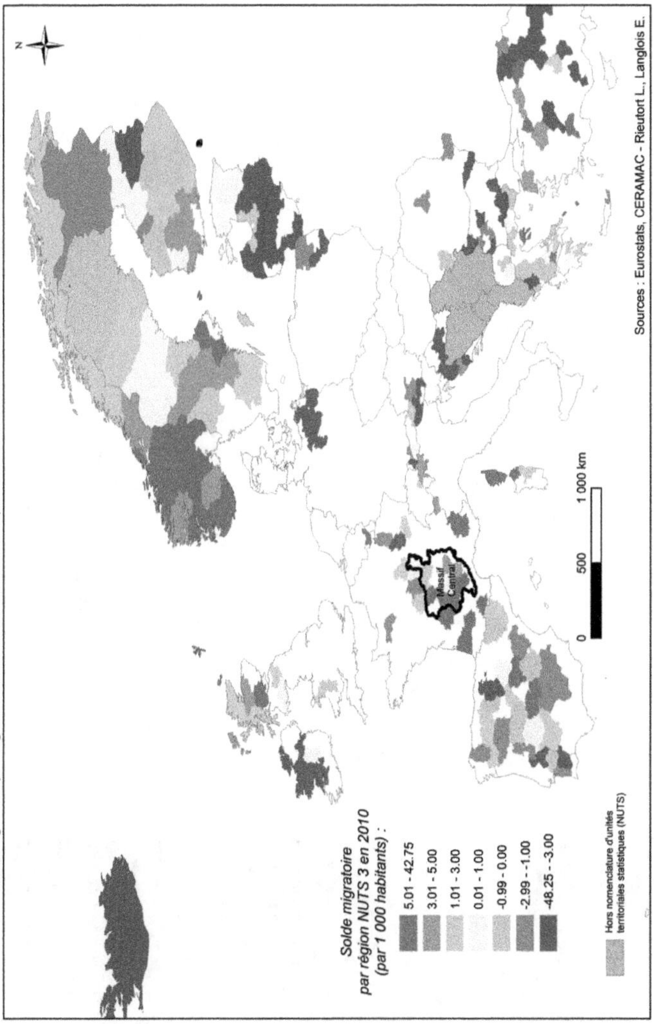

Source : Eurostats, CEMAMAC, L. Rieutort, E. Langlois.

Figure 7

Accroissement naturel de la population, par région NUTS 3 en 2010 dans les espaces de faible densité (moins de 50 hab. au km²)

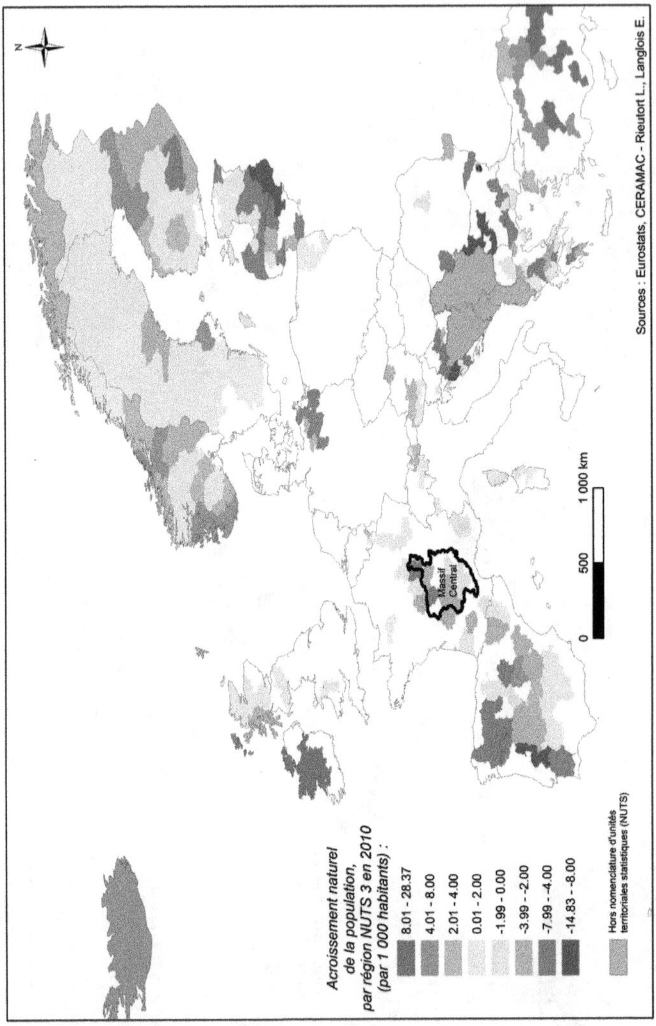

Source : Eurostats, CEMAMAC – L. Rieutort, E. Langlois.

Figure 8

Produit intérieur brut (PIB) par habitant, en standard de pouvoir d'achat (SPA) par région NUTS 3, 2009, en % de la moyenne UE-27, UE-27 = 100 dans les NUTZ de faible densité (moins de 50 hab. au km²)

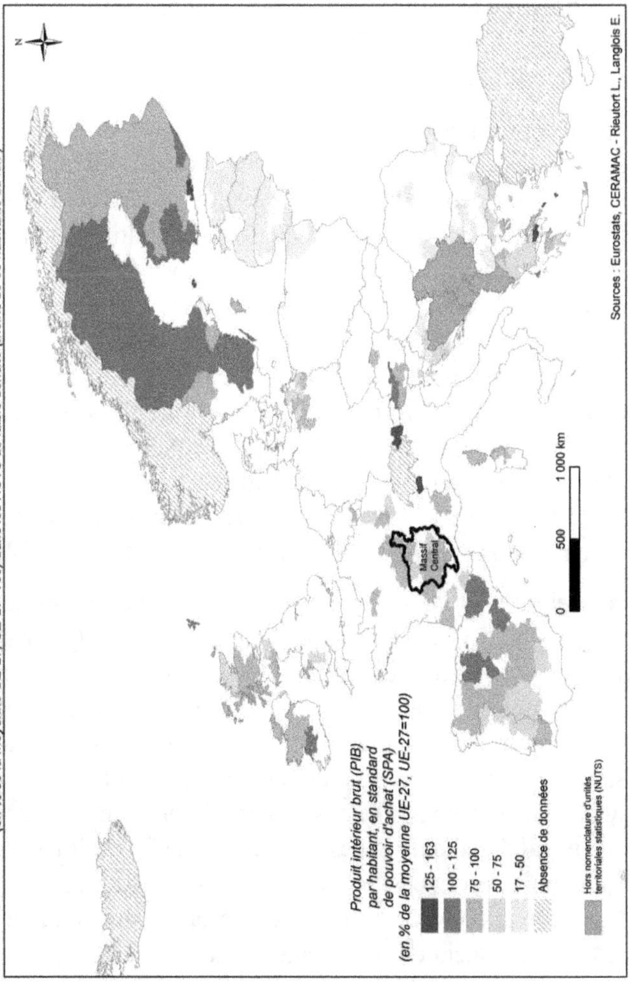

Source : Eurostats, CEMAMAC – L. Rieutort, E. Langlois.

Une dernière carte (Figure 8) montre que la faible densité n'est pas nécessairement synonyme de pauvreté et de récession économique. Certains espaces peu denses présentent ainsi des PIB moyens par habitant voisins ou supérieurs à la moyenne européenne (Scandinavie, nord de l'Espagne, Autriche…) même si des gradients classiques apparaissent entre la partie occidentale – plus riche – et les périphéries orientales plus défavorisées. En tout cas, rien ne justifie un discours uniformément négatif, voire catastrophiste, à propos des régions de faible densité.

C. Les enjeux de la multifonctionnalité

Par la diversité de leurs formes d'utilisation (habitat, agriculture, forêt, mines, biens de « nature »…), les espaces de faible densité assurent des fonctions et des usages multiples qui entraînent parfois concurrences et conflits d'usage, mais aussi souvent complémentarités et synergies autour d'une multifonctionnalité bien venue. La société « peu dense » est aujourd'hui souvent diversifiée : sauf exception, les agriculteurs sont minoritaires et des catégories sociales, comme les ouvriers ou les retraités, sont fortement représentées. En outre, les populations sont mobiles, d'origines diverses; il en découle des visions différentes de l'espace, mais aussi, comme on vient de le voir, un décloisonnement des territoires, des rapprochements dans les pratiques quotidiennes et les aspirations (particulièrement une montée en puissance des valeurs de patrimoine et de nature) même si les modes d'habiter restent encore originaux (Mathieu, 1996). À la suite de Ph. Perrier-Cornet (2002), on soulignera la mise en tension entre ces différentes fonctions et modalités d'action.

La *fonction résidentielle* et de « cadre de vie » se traduit par des soldes migratoires souvent positifs, des arrivées de populations diverses (jeunes adultes, retraités) motivées par des proximités urbaines, des arguments économiques ou des migrations d'agrément liées à l'image (« désir de campagne », « choix de la faible densité », rapport à l'isolement, à la rupture pour les individus et les activités professionnelles). Cependant, certaines zones peuvent encore conserver un caractère répulsif avec une poursuite des départs, notamment de jeunes actifs. L'impact est alors inégal : à côté de zones très peu denses et vieillies où se pose la question du maintien des services, on découvre des campagnes – parfois très proches – bénéficiant de la nouvelle attractivité migratoire qui entraîne à la fois une nouvelle « économie résidentielle », des attentes socioculturelles variées, mais souvent « urbaines » et une formidable diversification de la société locale (ménages aisés et phénomène de « gentrification », familles en difficulté, catégories sociales « moyennes » accédant à la propriété). L'exigence de qualité ou de diversité de l'offre de services est de plus en plus grande, mettant en concurrence les pôles ruraux et urbains même si se renforcent des solidarités organiques entre espaces de faible densité et espaces urbains proches ou plus lointains. Finalement, la faible densité peut être souhaitée par des résidents – qui mobilisent souvent des formes d'innovation sociale – ou, au contraire, subie lorsque l'isolement se transforme en une sorte d'enfermement territorial; partout, les forces d'intégration, d'ancrage local entrent en tension avec des formes d'hyper-mobilité profitant des équipements virtuels ou du développement des pratiques résidentielles « nomades ».

La *fonction productive* est marquée par un recul des surfaces et de l'emploi agricole sans baisse sensible de la production, un redéploiement et des spécificités de certaines entreprises (artisanat, petite industrie, tourisme), une tertiarisation progressive de l'emploi et un renforcement de l'économie résidentielle associée à l'attractivité. Pour autant, la faible densité se caractérise souvent par la petite taille de l'économie locale, la fuite de la valeur ajoutée vers d'autres espaces et une pression vigoureuse sur les ressources (agricoles, foncières, minerais, énergie, biodiversité…). Les acteurs hésitent entre les voies des filières longues banalisées et celles de la diversification ou de la spécification. Dans ce cadre, les tendances récentes confirment la mise en place de plateformes productives (agricoles, minières, énergétiques, forestières) et le redéploiement de certaines industries ou activités minières profitant de la mise en place de « corridors de transport » et de la révolution numérique; la réorientation de la PAC vers le second pilier et la dimension environnementale va de pair avec la reconstruction de marchés de proximité et un dynamisme entrepreneurial (création de très petites entreprises) soutenu par des apports extérieurs y compris ceux des « diasporas » (les « originaires » ayant migré à l'extérieur). Parmi les tendances émergentes, on évoquera aussi l'apparition de nouveaux systèmes agricoles (plus économes et productifs à destination des marchés internationaux ou visant des « niches » sous signes officiels de qualité et d'origine et relevant de circuits courts) et industriels (circuits de proximité), tandis que l'on assiste au développement du tourisme culturel ou de nature, des activités récréatives, des parcs d'attractions. Soulignons néanmoins que les nouvelles populations ont parfois du mal à s'intégrer dans des campagnes qui offrent peu d'emplois, où les municipalités ont peu de moyens, et où les propositions de logements sont, somme toute, réduites.

La *fonction de nature* profite évidemment du fort capital environnemental des zones peu denses, constituant souvent des « points chauds » de la biodiversité. Leur image intègre d'ailleurs ces valeurs de nature, d'autant que la déprise humaine s'est souvent traduite par une extension des espaces forestiers perçus comme « naturels ». Dans le contexte de l'affirmation de leurs services écosystémiques, du renforcement des politiques européennes en faveur de l'environnement et d'une forte demande de biens de nature – à la fois privés et publics – dans les sociétés urbaines, les territoires de faible densité sont de plus en plus soumis à des dispositifs de surveillance et de protection, voire de sanctuarisation des ressources. Ces logiques se heurtent alors occasionnellement à la spécialisation agricole, à la volonté de développer les énergies renouvelables (éoliennes, photovoltaïque, micro-centrales hydrauliques), à l'attractivité résidentielle et à certaines fonctions industrielles ou touristiques : bien que peu peuplés, ces territoires sont aussi des hauts lieux des conflits d'usage.

La *gouvernance* des espaces peu denses est caractérisée tout à la fois par des permanences inquiétantes (la faiblesse démographique va souvent de pair avec un manque de ressources humaines et d'ingénierie de développement territorial) et par un contexte changeant : réforme/regroupement des collectivités, renforcement des autonomies locales et des niveaux de gouvernance « intermédiaires », territorialisation des politiques publiques, forces centrifuges et dynamiques de métropolisation *via* des connexions physiques et immatérielles renforcées à l'armature urbaine. Les tensions « classiques » entre dynamiques endogènes et captation exogène des initiatives se doublent de faits émergents : logiques concurrentielles et compétitions entre territoires, affaiblissement financier de nombreuses collectivités rurales, formes renouvelées de partenariat rural/urbain (y compris dans le cadre de « politiques d'accueil » cherchant à attirer des citadins dans des zones rurales de faible densité), stratégies actives des acteurs politiques et privés autour de projets de territoire mobilisant des ressources propres et un capital social et relationnel, formel ou informel, sans négliger les autres échelles d'intervention et les équipements structurants. Comme le remarque Y. Sencébé (2009),

> « plus que des ressources qui seraient données par l'histoire ou la géographie, les dynamiques locales d'acteurs, appuyées sur les politiques publiques qui leur donnent les moyens et la légitimité d'agir, sont les éléments principaux de l'orientation des espaces vers l'une ou l'autre de ces fonctions. Ainsi, le même lieu peut-il être revendiqué comme espace résidentiel, productif, naturel ou patrimonial selon les groupes qui parviennent à faire valoir leurs revendications comme légitimes ».

Toutes ces forces contribuent à une complexification des territoires de faible densité même si on assiste à des initiatives européennes de partage, de capitalisation des expériences et des enjeux de développement, à l'image des programmes Leader.

II. Quelle prospective pour les espaces de faible densité européens ?

Ces fonctions, brièvement esquissées, montrent les incertitudes qui existent quant aux régulations (des marchés, de l'action publique, des politiques environnementales, de l'attractivité) et les convoitises que l'on ne manque pas de constater (à propos des filières économiques, des aménités, ou encore entre les espaces). Tout montre qu'il y a incontestablement un renversement de la valeur de la faible densité dans l'organisation des territoires. Toutefois, cette tendance complexe n'est pas toujours liée, ni à un développement de nature durable, ni à une maîtrise réelle des processus par les sociétés locales. C'est là tout l'enjeu de promouvoir une démarche prospective et partagée.

A. Élaborer des scénarios exploratoires : questions de méthode

En prenant appui sur la méthodologie développée dans le cadre de l'exercice de prospective de la DATAR, *Territoires 2040*, on doit rappeler en préambule que « faire de la prospective », c'est explorer des futurs possibles, et pas seulement prolonger des tendances observées aujourd'hui. La méthode « classique » tente de mobiliser des variables quantitatives et qualitatives, d'identifier des tendances lourdes, mais aussi des faits émergents, de rechercher des ruptures ou des bifurcations des systèmes spatiaux et tenter enfin d'écrire des scénarios exploratoires. On part donc du présent pour explorer, imaginer, évaluer. Cette méthode des scénarios exploratoires permet l'expression des tendances d'évolution et de futurs possibles, au travers de l'analyse de variables (Destatte, 2009). Elle tente de répondre à la question « Que peut-il advenir ? » (Cohen et Hernandez, 2008). Pour cela, elle stimule l'initiative des acteurs, fournit des leviers de changements, décèle les signaux faibles dont notamment des transformations déjà à l'œuvre, mais non perçues. Ainsi, les scénarios proposés s'appuieront également sur des variables exogènes au système, que les acteurs ne contrôlent pas directement, comme le changement climatique, la mondialisation... Les tendances sont également analysées. Elles sont définies comme prévisibles, durables et porteuses de conséquences pour l'ensemble du territoire (Durance *et al.*, 2008). Elles peuvent être des tendances inéluctables, des tendances lourdes (qui affectent un phénomène au cours d'une longue période) caractérisant un futur probable, et des tendances porteuses d'avenir (signe infime sur le présent, mais avec de grandes conséquences supposées sur le futur). Comme le souligne M. Vanier (2010), la construction de ces scénarios doit surtout éviter des figures caricaturales, comme le scénario tendanciel dit *« au fil de l'eau »*, qui ignore la capacité de mobilisation des acteurs locaux, le scénario catastrophe dit *« de l'inacceptable »* trop univoque ou le scénario médian *« du souhaitable »*, *« qui empiète déjà sur l'acte stratégique »*. Il s'agit alors de s'engager dans la voie de la créativité, en produisant un petit nombre de scénarios cohérents, contrastés et hétérogènes, par combinaison de processus avec des « déclencheurs », des « conséquences » et des enjeux stratégiques. À partir de problématiques du temps présent, on se projette à moyen ou long termes, puis, en fonction des perspectives produites, on envisage des processus, on retrace des « groupes de conséquences » qui pourraient y conduire : on renverse délibérément la logique des causalités pour mieux se défaire des tendances d'aujourd'hui. Enfin, en combinant les visions prospectives et les processus repérés, on imagine un petit nombre de scénarios prospectifs.

B. L'approche du groupe de prospective DATAR « Territoires 2040 »

C'est donc dans ce cadre que la prospective « Territoires 2040 » de la DATAR, publiée en 2011, a construit des scénarios exploratoires pour sept systèmes spatiaux, dont celui des « espaces de la faible densité ». Ces derniers avaient été qualifiés à partir de problématiques appréhendées comme des controverses, c'est-à-dire comme des alternatives qui restaient en débat :

- pourquoi les hommes s'installent dans les espaces de faible densité et s'y maintiennent-ils ?
- comment vivra-t-on dans les territoires de faible densité ?
- que fera-t-on dans les territoires de faible densité ?
- qui gérera en 2040 les territoires de faible densité ?
- comment les territoires de faible densité vont-ils se différencier ?

Ces chantiers problématiques renvoyaient à la fois aux changements démographiques et sociaux affectant les zones peu denses, à la recomposition de leur base économique, à leur attractivité dans un système global (force des liens urbain/rural, articulation aux différentes échelles régionales, nationales ou internationales d'organisation et de décision) et à leurs modalités de gouvernance/régulation et donc de maîtrise par les sociétés locales des mécanismes du changement.

Bien que réduits sur le plan démographique (6,5 % de la population métropolitaine en prenant le seuil de moins de 30 hab./km^2), ces territoires sont essentiels dans la structuration de l'espace national, ne serait-ce que par leur place en surface (plus de 48 % du territoire métropolitain) mais aussi du fait de leurs ressources agricoles (destinées à l'alimentation), agronomiques et forestières (dédiées à la production de matières premières végétales non alimentaires) ou environnementales (consacrées à la production d'énergies renouvelables, à la protection de la qualité et l'accès aux biens essentiels renouvelables, comme l'eau, la biodiversité, l'air). Or, ces ressources ont acquis un caractère désormais hautement stratégique et les zones peu denses sont devenues des espaces « ouverts » sur les grands « marchés » internationaux. Ajoutons que ces territoires sont aussi des lieux de vie, permanents ou temporaires, pour des populations aux profils, usages et pratiques variés tandis que l'arrivée de migrants engendre des situations de cohabitations inédites, sources de tensions, mais aussi d'une sociabilité locale réinventée.

Le scénario 1 envisage des « *archipels communautaires* », issus de processus globaux de dérégulation, de renchérissement des coûts de l'énergie, mais aussi de recul des politiques publiques (négligeant alors les principes d'égalité et de cohésion territoriale et délaissement des services publics) et de recherche de l'isolement par certaines catégories de population (y compris « exclus » urbains). Se réorganisent alors des territoires où les innovations sociales se multiplient, à l'image de la mise en place de circuits d'approvisionnement locaux, de nouvelles solidarités communautaires consolidées prioritairement dans les populations les plus aisées et dans les plus pauvres ou marginalisées. Si les espaces de nature s'étendent, les systèmes productifs se recomposent : recul de l'économie résidentielle, systèmes agricoles ou industriels discontinus ou marginalisée par rapport aux circuits dominants. Les enjeux futurs sont alors ceux de la cohésion sociale, de la lutte contre les exclusions, l'isolement et les risques dits « naturels ».

Le scénario 2, celui des « *plateformes productives* », est centré sur la valorisation économique maximisée des bioressources, *via* principalement des circuits longs et mondialisés. On joue sur des ressources stratégiques (matières premières notamment alimentaires, énergies) et une « compétitivité verte » au détriment du renforcement du peuplement et de l'accueil de nouvelles populations – les citadins pouvant profiter parallèlement de meilleures conditions de vie en ville et renoncer à leurs « désirs de campagne ». Le risque principal est alors celui d'un pilotage à distance (par de grands groupes privés détenteurs de foncier) et d'une perte de valeur ajoutée locale même si on peut imaginer l'implantation d'unité de transformation sur place. Quoi qu'il en soit, ce scénario n'est guère favorable à la multifonctionnalité : l'économie présentielle (résidents et touristes) devient faible tandis que les politiques publiques correspondantes sont en recul (fermeture des services publics de proximité, intervention concentrée sur des objectifs productivistes : infrastructure de collecte et commercialisation, planification de la production et aide aux investissements technologiques) et que, ponctuellement, des politiques de protection de certains espaces sont mises en œuvre avec des objectifs liés à la protection des ressources naturelles. Les enjeux sont ceux de la régulation économique (quelles instances supranationales ?) et de la compétitivité inégale de ces territoires de faible densité.

Le scénario 3, dit de la « *faible densité absorbée* », renvoie à une vigoureuse croissance démographique liée à la fonction résidentielle ; de nouveaux résidents s'installent dans les aires peu denses, en provenance des villes répulsives (qualité et coût de la vie) *via* une mobilité accrue (transports rapides et partagés) et une forme de périurbanisation diffuse. Dans un contexte de dérégulation (faiblesse des politiques de planification urbaine, quasi-disparition des politiques de développement rural), l'agriculture peine à se maintenir, confrontée aux concurrences, au mitage foncier et aux conflits avec les autres activités et les résidents. Si l'économie résidentielle domine, les espaces de faible densité peuvent aussi accueillir certaines fonctions urbaines (stocks de déchets, fermes de production énergétique…). Les enjeux sont ceux de la gestion de l'espace, de conflits d'usage et de gouvernance partagée.

Le scénario 4 est baptisé « *canevas territorial des systèmes entreprenants* ». Il repose sur une nouvelle attractivité économique des espaces de faible densité qui profite de l'installation et du développement d'un tissu de petites et moyennes entreprises innovantes et « territorialisées ». Ces stratégies entrepreneuriales bien adaptées à un contexte éloigné des grandes concentrations urbaines se déploient aussi bien dans le monde agricole et agroalimentaire (y compris en visant des circuits de proximité et des produits de qualité), dans la valorisation de la forêt « durable » ou dans des branches à haute valeur ajoutée (biotechnologies, bien-être et santé, numérique, produits culturels, etc.). Les modèles de production se diversifient : travail à distance, « *clusters* » d'entreprises disséminées, économie sociale et solidaire, transformation de ressources locales en jouant sur des « marques territoriales… » Une attractivité démographique va de pair avec cette créativité économique : arrivée de jeunes actifs ou de quadragénaires soucieux de concilier projet professionnel et cadre de vie choisi. Les enjeux de compétition entre territoires risquent d'être exacerbés pour accéder aux ressources et compétences très inégalement réparties.

Le scénario 5 dévoile des espaces de faible densité devenus « *l'avant-scène des villes* ». Véritables « arrière-pays », ces zones bien connectées aux aires urbaines sont attractives grâce à leur environnement et paysages préservés, grâce à leurs ressources spécifiques (eau, forêts, produits certifiés de terroir ou issus de l'agriculture biologique) et à la capacité qu'elles offrent en termes de « ressourcement » pour les citadins, mais aussi de « refoulement » des externalités négatives de la ville. Les politiques publiques encouragent des systèmes de parrainage urbain, et la protection des zones peu denses est au cœur des stratégies d'aménagement visant à mieux articuler les aires métropolitaines avec les campagnes auxquels elles sont fonctionnellement reliées. Ces dernières font alors figure de compléments des métropoles, fournisseuses de productions et de services dont les bassins de consommation sont essentiellement urbains. Les enjeux dans ce scénario sont ceux de la gouvernance partagée des vastes aires métropolitaines et de la péréquation des biens (eau, nature…).

C. Une vision d'échelle européenne

En revisitant ces scénarios de la DATAR à l'aune du diagnostic proposé pour les espaces de faible densité à l'échelle européenne (Collectif, 2011) et en tenant compte des configurations spatiales décrites plus haut, nous avons recomposé quatre figures de territoires reprises dans le tableau suivant qui constituera la trame de notre présentation.

Le scénario « Cap sur les bioressources » concerne des territoires très peu peuplés et spécialisés/segmentés dans la production de biens agricoles, agroalimentaires ou énergétiques pour lesquels ils conservent un avantage comparatif à l'échelle européenne ou mondiale. Les configurations spatiales sont de type 1 (vastes aires de basses densités rurales) ou de type 2 (faible densité en auréoles « périphériques »). Localement, la maîtrise foncière est forte même si le pilotage des espaces peu denses se fait *via* des opérateurs extérieurs. L'hyperspécialisation a alors vidé ces territoires de toute autre activité et population que celles dédiées à l'exploitation des bioressources : les collectivités locales sont affaiblies, ainsi que les politiques d'aménagement du territoire, et les migrations d'agrément en provenance des villes ont perdu de leur intérêt. Il en résulte une perte de diversité sociale, une certaine inertie, un faible recours à l'ingénierie territoriale et des relations humaines marquées par la fragmentation et la domination de certains groupes.

Tableau 1

Descripteurs des scénarios pour la faible densité européenne

	Cap sur les bioressources	Refuge de nature	Dialogue rural/urbain	L'entreprise-territoire
Conditions/ processus	– Logique européenne d'indépendance dans un contexte mondial de fortes contraintes sur les productions alimentaire et énergétique. – Succès des politiques de la ville, moindre désir de ruralité. – Disparition des politiques de correction des inégalités géographiques. – Poursuite de la PAC. – Intégration à la globalisation pour biens marchands (activités agricoles, bois) en lien avec des avantages comparatifs. – Étalement résidentiel stigmatisé, solide maîtrise foncière avec des investissements privés (firmes internationales).	– Enjeux internationaux forts pour l'environnement. – Démantèlement de la PAC. – Accentuation des inégalités sociales et spatiales. – Des crises sociales, environnementales et politiques, des nuisances urbaines. – Affaiblissement des collectivités locales, absence de politiques publiques régulatrices, stratégies d'acteurs intermédiaires (ONG, associations). – Recul des mobilités physiques, mais renouvellement des réseaux virtuels. – Des investissements immobiliers et fonciers par des populations spécifiques et/ou des groupes privés.	– Fortes pressions démographiques, attractivité résidentielle. – Coût de la vie élevé en ville. – Accessibilité spatiale : « tout automobile », transports collectifs et TIC. – Reprise économique, classes moyennes protégées. – Politiques fortes de l'État, de l'UE, des régions et des villes pour assurer l'accessibilité. – Échelon métropolitain valorisé. – Nouvelles formes de dialogue rural/urbain pour approvisionnement, ressources, services.	– Restructuration urbaine, limite de l'étalement résidentiel. – Le pouvoir dans les régions et Pays. – L'agricole résiste : maintien des deux piliers de la PAC. – Bonne accessibilité et image positive de la vie à la campagne et de l'entreprenariat. – Appui des collectivités aux initiatives entrepreneuriales. – Une organisation socio-économique en réseau, en circuits courts et autour des villes intermédiaires.

	Cap sur les bioressources	Refuge de nature	Dialogue rural/urbain	L'entreprise-territoire
Conséquences socio-spatiales	– Des campagnes peu peuplées, faible diversité sociale. – Abandon des zones non compétitives (évolution vers le « refuge de nature »).	– Des espaces inhabités ou redevenus naturels, des tâches de peuplement isolé, des clairières agricoles, sylviculture. – Affaiblissement des bourgs, mais nouvelles formes d'habitat (écovillages…). – Arrivée de populations en rupture (exclues) ou de retraités. – Logique de survie ou d'innovation sociale (économie sociale et solidaire).	– Faibles densités attractives (gains de populations y compris de « seniors », accueil d'activités urbaines). – Processus ségrégatifs et résidentialisation autour de couloirs et de grappes de peuplement. – Gradient de l'agglomération métropolitaine avec une logique de spécialisation fonctionnelle. – Généralisation de la double résidence, des résidences partagées.	– Emploi et population en progression.
Conséquences sur les fonctions	– L'agricole reprend la main sur le rural, constitution de sociétés agricoles (capitaux locaux ou étrangers). – Hyperspécialisation des espaces sur des secteurs productifs pour l'alimentation et l'énergie. – Segmentation fonctionnelle et faible autonomie. – Innovations technologiques, par exemple pour développer des filières à haute valeur environnementale.	– Recul de l'économie résidentielle. – Incitations contractuelles et labellisations environnementales avec des mises en réseau. – Filières d'excellences autour de la production de biens et de services liés aux ressources naturelles, culturelles et patrimoniales (circuits courts, écotourisme, énergies alternatives…).	– Gradient de l'agglomération métropolitaine avec une logique de spécialisation fonctionnelle. – Valorisation des ressources spécifiques et du cadre de vie. – Logique de parrainage liée à des fonctions productives (expérimentation de nouvelles productions) et gestion par des urbains de sites spécifiques. – Noyaux agricoles fragiles : concurrence foncière, conflits d'usage.	– Création de TPE/PME (activités agricoles et agroalimentaires, industrielles, tourisme, loisirs, services environnementaux). – Mise en place de pôles de compétitivité. – Chaînes de valeurs intégrées dans les domaines alimentaire (ateliers agroalimentaires), non alimentaire, sylvicole et énergétique.

Tableau 1 (suite)

Descripteurs des scénarios pour la faible densité européenne

	Cap sur les bioressources	Refuge de nature	Dialogue rural/urbain	L'entreprise-territoire
Conséquences sur les acteurs et leurs organisations	– Recul des collectivités de proximité. – Faible recours à l'ingénierie territoriale. – Pilotage public/privé des espaces par des opérateurs extérieurs.	– Logiques de communautarisation et de réseaux sociaux. – Primauté de la logique de l'habitant sur la logique d'intérêt général. – Mise en avant des savoirs locaux et experts autour des ressources naturelles. – Politiques publiques faibles ou ciblées sur des missions de protection. – Régulation urbaine et/ou régionale des aménités.	– Perte d'autonomie, moyens alloués (voir fiscalité) ne sont plus générés *in situ*. – Nouveau type de gouvernance (grande collectivité urbain-rural sous régime urbain ; délégation de gestion). – Préemption des espaces par des acteurs externes.	– Risques de conflits d'usages. – Recul des politiques de sauvegarde sauf labels environnementaux attribués à des productions. – Mosaïque de territoires en concurrence.

Le scénario du *« refuge de nature »* se pose en alternative aux logiques productives : il s'applique à des configurations de type 1 (vastes aires de basses densités rurales) et profite de fortes politiques pour la préservation de l'environnement, du démantèlement de la PAC et de l'accentuation des inégalités socio-spatiales par une libéralisation complète des marchés : on a abouti à des espaces inhabités ou redevenus naturels, avec des tâches de peuplement isolé bénéficiant de l'arrivée de populations en rupture ou de retraités. Faute de véritable économie résidentielle, on s'inscrit dans des logiques « néo-rurales » de survie, de repli sur soi ou parfois d'innovation sociale avec un dynamisme associatif et culturel, quelques filières d'excellence autour de la production de biens et de services liés aux circuits de qualité, aux mesures agri-environnementales, aux ressources culturelles et patrimoniales. Les gouvernances de proximité occupent désormais une grande place, notamment grâce à des réseaux sociaux et des communautés ou clubs d'habitants.

La figure du *« dialogue rural/urbain »* peut être considérée comme le symétrique du scénario précédent avec au contraire une forte dynamique d'accueil résidentiel pour des espaces attractifs (cadre et qualité de vie) et accessibles *via* les transports individuels et collectifs. Les configurations spatiales de type 2 et 3 sont touchées (faible densité en auréoles « périphériques » ; gradients de faible densité à partir d'aires métropolitaines). Un tel scénario suppose à la fois une poursuite de l'expansion métropolitaine, soutenue par les politiques publiques, mais aussi de nouvelles formes de relations rural/urbain pour l'approvisionnement, l'accès aux ressources et aux services. Les populations des zones non denses jouant alors la carte de l'intégration et de la complémentarité avec des aires urbaines plus ou moins distantes, mais offrant les fonctions d'emploi et de services. Les risques sont ceux d'une perte d'autonomie (les moyens alloués ou l'ingénierie n'étant plus générés sur place), de phénomènes de cohabitation difficile entre habitants, de ségrégation sociale et de préemption des espaces par des acteurs externes à l'origine de conflits d'usage.

Le scénario de *« l'entreprise-territoire »* tente de renverser des tendances défavorables aux fonctions productives. Il touche toutes les configurations spatiales, profite de restructurations urbaines réussies limitant l'étalement résidentiel (outils de planification urbanistique) et bénéficie d'une forte autonomie locale favorable aux initiatives entrepreneuriales. C'est toute une économie multifonctionnelle qui se met en place et tente de reconquérir des « chaînes de valeur » (agriculture de territoire profitant des deux piliers de la PAC, tourisme diffus, petite industrie et services) avec une organisation en réseau, en grappes d'entreprises, en circuits courts et autour des villes intermédiaires. L'emploi et la population progressent même si les territoires de faible densité sont parfois mis en concurrence entre eux.

III. Les enseignements scientifiques de cette prospective

On le voit, malgré des évolutions incertaines avec des risques de ruptures pour bon nombre d'espaces peu denses, les scénarios sont fortement contrastés, probablement divergents selon les territoires européens, et conduisent à des stratégies ouvertes. Avant d'identifier des alternatives stratégiques, le chercheur peut s'interroger sur les questions scientifiques, fondamentales ou plus appliquées, posées par ces perspectives.

Le scénario *« Cap sur les bioressources »* peut ainsi conduire à des travaux sur la gestion et la planification des usages du sol, ces derniers étant devenus stratégiques, sur les formes de gouvernance privée et publique, sur les interactions agriculture-agroalimentaire et territoire, mais également sur les perspectives de la valorisation non alimentaire (biomasse, bioénergies…) ainsi que sur la durabilité de tels systèmes productifs, occasionnant des externalités positives et négatives.

Le scénario *« Le refuge de nature »* invite à s'interroger sur les modalités de gestion et de contrôle pour les biens environnementaux, mais aussi sur des projets de développement territorial « durable » ou « certifiés » avec des solutions éco-durables (par exemple en matière de logement). Cette figure prospective amènera aussi à traiter les thématiques de la valorisation des patrimoines naturels et culturels, des mobilités individuelles durables ou des services de proximité (e-service, économie sociale et solidaire) avec le parti d'auto-organisation et d'innovation sociale.

Le scénario du *« dialogue rural-urbain »* débouche sur une multitude de questionnements à propos de l'accueil de populations migrantes (quelles catégories sociales ? quelles sociabilités ? quelles conséquences ?) et de la maîtrise foncière face aux risques d'étalement résidentiel. Les recherches sur la caractérisation et la gestion des conflits peuvent aussi se combiner avec des réflexions juridiques sur les formes de gouvernance métropolitaine, d'interterritorialité et de régulation des pouvoirs/partenariats rural/urbain et publics/privés. D'autres problématiques, plus classiques, porteront sur les politiques de transports durables et la connectivité à la ville, sur l'agriculture en « circuits courts » et les loisirs de proximité, sur l'économie résidentielle et ses limites, sur les modalités de déploiement des services (de santé, scolaires, à la personne) y compris numériques.

Le scénario de *« l'entreprise-territoire »* ouvre enfin de fructueuses pistes de recherche, que ce soit sur les politiques d'accueil et de création d'activités, sur l'aménagement concerté et durable des sites économiques (en préservant les espaces non bâtis) et les transports multimodaux, sur la valorisation des ressources territoriales, l'agriculture « territorialisée », les circuits courts ou les « chaînes de valeur » permettant de participer aux objectifs de compétitivité et d'innovation. Un tel scénario amène à reposer les questions de la coordination des acteurs territoriaux et publics, celles des articulations des échelles entre collectivités parfois concurrentes et finalement celles de la recherche-développement et de l'ingénierie du développement local.

***
*

La prospective des espaces peu denses européens est à la fois porteuse d'espérance et d'interrogations sur l'avenir. Elle démontre que l'on assiste à l'accroissement des disparités de développement, mais que des systèmes territoriaux particulièrement résilients peuvent aussi s'affirmer à partir de très faibles densités. Des processus de ségrégation sociale et spatiale sont toujours à l'œuvre et interrogent sur la capacité d'assurer un développement durable, soucieux de diversification des activités économiques, mais aussi du bien-être des individus et de la qualité environnementale. Sur quels leviers peser dans les années à venir pour éviter la marginalisation, la domination ou le déclin ? Parallèlement, chaque système territorial étant en situation d'interaction forte, voire d'emboîtement avec d'autres systèmes spatiaux, les territoires de faible densité ne sont pas isolés du monde. Ils sont reliés et interconnectés avec d'autres espaces et notamment les plus métropolisés d'entre eux. Ils peuvent ainsi constituer des arrière-pays ou des avant-pays articulés à des villes moyennes ou des aires métropolitaines voisines, même si l'on ne peut ignorer l'existence de territoires plus isolés que d'autres ou qui ont peu de ressources à faire valoir dans la compétition de l'attractivité.

Bibliographie

- BARTHE L., MILIAN J., « Les espaces de faible densité – état des lieux et problématiques », *Territoires 2040*, Paris, La Documentation française, 2011, p. 147-160.
- BARTHE L., MILIAN J., « Les espaces de faible densité – processus et scénarios », *Territoires 2040*, Paris, La Documentation française, 2011, p. 151-183.
- BÉTEILLE R., *La France du vide*, Litec, Paris, 1981, 252 p.

- Chapuis R., « Espace rural », Encyclopédie en ligne *Hypergéo*.
- Clarimont S., Alduy J. et Labussière O., « Les recompositions territoriales face à la faible densité : comparaison des "pays" aquitains et des comarcas aragonaises », *Annales de géographie*, n° 647, 2006, p. 26-48.
- Collectif, *Habiter et vivre dans les campagnes de faible densité*, CERAMAC-PUBP Clermont-Ferrand, 2007, 786 p.
- Croix N. (dir.), *Les campagnes vivantes, un modèle pour l'Europe*, CESTAN, IGARUN, Université de Nantes, 2000, 696 p.
- Datar, Revue *Territoires 2040*, Paris : La Documentation française, 4 numéros parus 2010-2011 :
    - n° 1. *Territoires 2040, aménager le changement* (2010);
    - n° 2. *Prospective périurbaine et autres fabriques de territoires* (2010);
    - n° 3. *Des systèmes spatiaux en perspective* (2011);
    - n° 4. *Des systèmes spatiaux en prospective* (2011).
- Destatte P., Durance P. (dir.), *Les mots-clés de la prospective territoriale*, La Documentation française, Diact, coll. « Travaux », 2009, 63 p.
- Durance P., Godet M., Mirénowicz P. et Pacini V., « La Prospective territoriale. Pour quoi faire ? Comment faire ? », *Cahiers du LIPSOR*, Série « Recherche » n° 7, 2008, 42 p.
- Collectif, *Europena perspective on specific types of territories, Scientific report*, ESPON-University of Geneva, 2011, 539 p.
- Mathieu N., « Rural et urbain. Unité et diversité dans les évolutions des modes d'habiter », *in L'Europe et ses campagnes*, Presses de Sciences Po, 1996, p. 187-216.
- Mathieu N., Duboscq P., *Voyage en France par les pays de faible densité*, Paris, CNRS, pub. Toulouse, 1985, 181 p.
- Mignon C., « Spécificités et problèmes de développement dans les espaces à faible densité », *Développement dans les espaces à faible densité, Ingénieries-EAT*, Clermont-Ferrand : Cemagref, 1998, p. 9-16.
- Perrier-Cornet P. (dir.), *Repenser les campagnes*, L'Aube, La Tour d'Aigues, 2002, 279 p.
- Sencebe Y., « Une lecture des inégalités et des différenciations de développement local à travers quatre figures de territoire », *Espace populations sociétés*, n° 1, 2009, p. 17-27.
- Vanier M., « Le choix d'une prospective », *Territoires 2040*, Paris, La Documentation française, 2010, p. 27-32.

État des lieux

LA QUESTION DÉMOGRAPHIQUE : REPRISE OU DÉPRISE ?

Une analyse croisée des facteurs économiques et sociologiques

par

Jean-Marc CALLOIS

Directeur général adjoint « Formation qualité de la vie éducation »
Conseil régional d'Auvergne
(actuellement, Directeur du département Territoires, IRSTEA)

I. Quelques données de cadrage

La reprise démographique de l'espace rural français est un fait bien établi à partir du recensement de 1982. Le tableau ci-dessous donne l'évolution de la population de l'espace à dominante rurale (au sens du zonage en aires urbaines de l'Insee de 1999) entre les différents recensements. On peut observer une augmentation non démentie de la population considérée comme rurale, après un minimum atteint en 1975.

Tableau 1

Évolution de la population de l'espace à dominante rurale

Recensement	1968	1975	1982	1990	1999	2008
Population de l'espace à dominante rurale (ZAUER de 1999 – millions)	13,0	12,9	13,1	13,3	13,5	14,2
Part sur la population totale	27 %	25 %	25 %	24 %	24 %	24 %

Source : données Insee, traitement de l'auteur.

Malgré une augmentation de population rurale en valeur absolue, on constate cependant en réalité une stabilisation de la part de la population de l'espace à dominante rurale, à environ le quart de la population française. Si l'on tient compte du fait que l'espace rural s'est en réalité rétréci pendant cette période, la part des ruraux accuse bien une (légère) diminution.

Pour autant, les évolutions sont spatialement très contrastées. Ainsi, si l'on se restreint aux départements le plus ruraux (en prenant comme critère la moitié de la population vivant hors unités urbaines), on observe des variations de population entre 1999 et 2010 s'échelonnant entre -0,5 % (Haute-Marne) et +0,9 % (Ardèche, Ariège), pour une moyenne nationale de +0,6 %.

Mais le taux d'urbanisation reste un déterminant puissant de la dynamique démographique : ainsi le coefficient de corrélation entre le taux de population en unité urbaine et le taux de croissance 1999-2010 est de +0,20. De manière intéressante, la corrélation entre taux d'urbanisation et contribution du solde naturel est de +0,75, tandis que la corrélation avec la contribution du solde migratoire est de -0,32.

La compréhension de la démographie de l'espace rural appelle donc naturellement une analyse en termes de cycle de vie. Le tableau suivant distingue l'évolution des différentes composantes du zonage en aires urbaines selon la contribution solde naturel et migration, pour la période 1990-1999.

Tableau 2

Évolution des différentes composantes du zonage en aires urbaines selon la contribution solde naturel et migration, pour la période 1990-1999 (1 000 hab.)

	Solde naturel	Migration
Pôles urbains	1 722	-877
Périurbain	314	498
Rural sous faible influence	-13	258
Pôles ruraux et périphérie	5	22
Rural isolé	-155	130

Source : Détang-Dessendre et al. *(2002).*

Ce tableau illustre bien l'idée d'un éloignement progressif, au cours du cycle de vie, des ménages des grands pôles urbains, qui sont à la fois caractérisés par une forte natalité et une fuite migratoire. Les zones périurbaines sont en même temps des zones de forte immigration et natalité. C'est aussi le cas, dans une moindre mesure, des pôles ruraux. Les zones rurales « hors pôle » sont dans une configuration inverse à celle des pôles urbains.

Dans les parties qui suivent, nous allons décomposer les différents mécanismes à l'œuvre dans ces phénomènes, afin de mieux identifier les différentes marges d'actions possibles des politiques d'aménagement du territoire et de développement rural.

II. Les facteurs de l'évolution démographique : une approche économique

L'évolution positive de la population de l'espace rural est donc avant tout la résultante de phénomènes migratoires, y compris hors des zones périurbaines. Contrairement à la natalité, qui est influencée par de nombreux paramètres difficilement quantifiables (sociaux, culturels...), la migration est souvent avant tout une décision économique, c'est-à-dire liée à un enjeu d'accès à des ressources, en particulier des opportunités d'emploi.

L'économie considère classiquement les décisions individuelles comme le résultat de la maximisation du revenu réel espéré, c'est-à-dire de la combinaison de trois paramètres :

- le postulat d'opportunités d'emploi (donc de revenu);
- la perception du risque associé à ces opportunités;
- l'accessibilité des biens et services de consommation (car la notion de revenu réel nécessite de prendre en compte non seulement le niveau de revenu, mais aussi la diversité des biens et l'indice des prix).

En résumé, les migrants potentiels sont attirés par les zones où il y a à la fois de l'emploi, des possibilités de consommation et un niveau de sécurité et d'information suffisant. Tout cela peut sembler tautologique, mais décomposer ces facteurs est nécessaire pour mieux comprendre leur différent poids dans les dynamiques migratoires.

On pourrait penser que le déploiement d'infrastructures de communication (autoroutes, transports collectifs, fibre optique...) favorise les migrations vers les zones les plus éloignées, parce qu'elles rendent plus accessibles à la fois les biens et services et les opportunités d'emploi.

Mais en réalité il n'en est rien, sauf pour le cas des zones périurbaines où, en effet, les facilités de déplacement favorisent l'étalement de la population. Ce fait quelque peu paradoxal a été mis en évidence et formalisé par Paul Krugman, dont l'article fondateur de 1991 a été suivi de nombreux développements du courant de recherche que l'on appelle « la nouvelle économie géographique ». L'article de Krugman décrit l'ensemble des mécanismes nécessaires à la compréhension de la localisation des activités entre zones denses et zones non denses.

Alors que l'intuition suggère que le développement des infrastructures de transport rend *a priori* la localisation des activités moins stratégique (et donc, favorise les zones rurales), en réalité il a l'effet inverse de renforcer la concurrence entre zones à forte productivité et zones défavorisées, et de faire jouer à plein les avantages liés à l'agglomération des activités économiques.

L'agglomération des activités est un facteur puissant d'efficacité économique. Une des illustrations les plus frappantes est les nuisances (temps de transport, pollution, stress) que sont prêts à affronter des millions d'habitants des grandes agglomérations. L'origine de ce que l'on appelle les économies d'agglomération comprend des facteurs de diverses natures qui peuvent se classer en trois catégories à la suite de Rosenthal et Strange (2004) :

– *« Learning »* : quantité d'informations utiles sont accessibles uniquement dans les grandes agglomérations, les plus importantes étant ce que l'on appelle le « savoir tacite », qui ne peut se transmettre que par un contact direct ;
– *« Sharing »* : ce terme regroupe l'ensemble de ce que l'on peut appeler les économies d'échelle externes, à savoir le fait qu'une concentration d'activités rend rentables de nombreux investissements d'intérêt collectif (infrastructures et services partagés) ;
– *« Matching »* ou appariement : plus grande est l'agglomération, plus grandes sont les chances de réaliser des rencontres économiques (relation d'emploi, client-fournisseur) efficaces.

En général donc, la baisse des coûts de transport par les infrastructures de communication accentue les inégalités spatiales. Faut-il pour autant en déduire que l'isolationnisme serait la meilleure politique pour favoriser le maintien d'activités et de population en zone rurale ? Bien sûr que non, car une telle politique de repli sur soi n'aboutirait qu'à renforcer le différentiel de productivité et de niveau de vie entre les zones dynamiques et les zones en déclin. Cela renforcerait encore plus la fragilité de ces dernières, ce qui risquerait de menacer leurs activités motrices, c'est-à-dire génératrices de revenus extérieurs, qui ont impérativement besoin de rester compétitives pour se maintenir. Sans activités motrices, une région ne peut vivre que sur des revenus de transfert (aides d'État, rentes…), ce qui n'est de toute évidence pas une situation durable. En effet, malgré l'engouement pour les circuits courts et les services à la personne, la part de la valeur ajoutée d'origine locale est tout à fait marginale dans le panier moyen du consommateur.

La recherche d'économies d'agglomération est donc incontournable pour maintenir la population et l'activité, y compris pour les zones rurales. C'est d'ailleurs ce que traduit bien le tableau commenté à la fin de la section précédente : même dans l'espace à dominante rurale, les zones dynamiques sont celles identifiées comme « pôles ». Si l'espace rural se maintient globalement en termes de population, c'est parce que certaines des régions concernées ont su développer des activités qui restent compétitives bien qu'étant hors des grands centres urbains. Ce n'est pas dû à une propriété intrinsèque des zones rurales.

III. Les aspects sociologiques et institutionnels

L'approche par la seule analyse des facteurs marchands se révèle cependant insuffisante pour expliquer la diversité des situations en termes de dynamisme des zones rurales.

Sur le plan empirique, on constate de grandes variétés de dynamiques démographiques qui ne paraissent pas directement explicables par l'intensité d'économies d'agglomération. Par exemple, la Creuse a un dynamisme migratoire (+0,6 %) bien supérieur au Cantal (+0,2 %), alors qu'elle est moins urbanisée (24 % contre 37 % pour le Cantal), et qu'on ne peut guère invoquer d'éventuels avantages climatiques ou d'accessibilité, comme on pourrait le faire pour le Lot (excédent dû aux migrations +1,1 % pour un taux d'urbanisation de 36 %).

Sur le plan théorique, les notions d'aversion au risque, d'accès à l'information, de revenu réel, constituent souvent autant de boîtes noires qui masquent des phénomènes que la théorie économique standard sait mal formaliser.

Depuis le début des années 1990, une littérature foisonnante s'est développée autour de la notion de « capital social », qui tente de synthétiser les différents mécanismes par lesquels les relations sociales constituent un atout économique. Ceci se caractérise par deux fonctions principales des relations sociales :

- une fonction « stabilisatrice » : les relations sociales permettent de donner des repères aux individus, et ont parfois une fonction d'assurance (entraide). Elles favorisent le respect des engagements et plus généralement les comportements de respect mutuel ;
- une fonction « exploratoire » : les relations sociales permettent d'ouvrir de nouveaux horizons, de faire de nouvelles expériences. Malgré les potentialités phénoménales d'accès à de nouvelles informations que permettent les technologies de l'information et de la communication, c'est souvent par le biais de relations que l'on essaie de se retrouver dans la « jungle » d'information dont nous sommes noyés.

Ces deux grandes fonctions jouent au niveau des individus comme des entreprises. On les désigne couramment sous les vocables de « *bonding* » et « *bridging* » (Woolcock, 2010). Au niveau empirique, le *bonding* se matérialise par des liens forts entre des personnes proches, et des normes sociales puissantes (sentiment d'appartenance notamment). Le *bridging* se caractérise au contraire par des liens sociaux assez diversifiés et plutôt faibles. Certains auteurs introduisent également une catégorie intermédiaire, le « *linking* », qui représente des relations de force moyenne entre des personnes liées par une relation hiérarchique ou de complémentarité (telle qu'une relation client-fournisseur).

Du point de vue des questions démographiques, un fort niveau de *bonding* devrait favoriser une faible émigration (attachement au territoire, mais aussi fonctionnement meilleur des relations économiques), mais pourrait inversement gêner l'arrivée de nouveaux habitants du fait d'une sociologie trop « fermée ». Un fort niveau de *bridging* devrait favoriser les migrations dans les deux sens (ouverture plus grande), mais aussi l'efficacité économique générale du fait d'une meilleure diffusion des idées utiles.

À ces considérations sociologiques s'ajoute une analyse plus institutionnelle : au-delà des relations entre les individus, un fort capital social est associé en principe à une plus grande capacité à coopérer, et limite le besoin en procédures formelles lourdes (frais d'établissement de contrats, contentieux...) pour assurer le bon fonctionnement de l'économie. Cet aspect devrait lui aussi être favorable à la dynamique de la population et de l'emploi.

Afin d'examiner si les facteurs sociologiques et institutionnels ont ou non un poids significatif par rapport aux facteurs économiques classiques et aux facteurs naturels (climat, accessibilité), nous reprenons les indicateurs proposés par Callois et Schmitt (2009) :

- le facteur « cohésion » (*bonding*) est mesuré par un agrégat composé de variables relatives à la densité d'associations, d'équipements de loisirs, aux dons caritatifs, etc. ;
- le facteur « ouverture » (*bridging*) est mesuré par l'intensité de migration, pondérée par structure économique de la zone urbaine d'origine des migrants (l'hypothèse – bien étayée dans la littérature économique – étant que la taille de la zone d'origine est un bon indicateur de niveau de ressources économiques) ;
- le concept intermédiaire de *linking* est mesuré par un indice d'interaction entre les personnes de niveaux d'études opposés (sans diplôme *versus* diplômés du supérieur) ;
- un dernier indicateur prend en compte la présence d'un parlementaire sur la zone d'étude.

Le tableau suivant donne les résultats d'un modèle économétrique à équations simultanées de la croissance de l'emploi et de la population sur la période intercensitaire 1990-1999 (inspiré de Boarnet, 1994). L'échelle d'étude est le bassin de vie rural au sens de l'Insee (2003). Outre les variables de capital social présentées brièvement ci-dessus, il analyse le rôle de trois classes de variables sur la dynamique réciproque de la population et de l'emploi :

- des variables économiques (taux d'emploi résidentiel, taux de chômage, revenu) ;
- des variables d'accessibilité ;
- des variables d'aménités (accès aux services, climat).

Tableau 3

Résultats d'un modèle économétrique à équations simultanées de la croissance de l'emploi et de la population sur la période intercensitaire 1990-1999

	Taux de variation de l'emploi 1990-1999	Taux de variation de population 1990-1999
Constante	1,707*	4,905*
(W+I).Δ Population ou Δ Emploi	0,010	1,826***
Densité d'Emploi ou de Population 90	-0,026***	0,085***
Densité (W+I) Pop. ou Emp. 90	-0,002	-0,088***
Taux d'emploi résidentiel	0,003	
Périurbain		-3,493***
Rural isolé	0,025	1,091
Distance aux centres urbains	-0,020***	
Taux de cadres	-0,060**	
Taux de travailleurs indépendants	-0,207***	
Équipements de santé		-0,003
Équipements scolaires		-0,877
Accessibilité aux services		-0,021
Revenu imposable moyen		-1,120***
Indicateur région ensoleillée		0,465
Taux de chômage	0,033	-0,522***
Bonding	0,795***	-0,750**
Bridging	1,053***	7,356***
Présence d'un parlementaire	9,607***	12,569***
Linking	45,823***	19,214**
R^2 ajusté	0,156	0,622
Test de Sargan Qs =	29,06	2,997
Prob =	0,113	0,392
I-Moran test	0,060***	0,093***

*** significatif au seuil de 1 %, ** au seuil de 5 %, * au seuil de 10 %.
Le détail des variables et de la méthode est donné dans Callois et Schmitt (2009).

Source : Callois et Schmitt, 2009.

Plusieurs enseignements peuvent être tirés de ces résultats. Tout d'abord, la dynamique de l'emploi est peu tirée directement par la population, alors qu'à l'inverse, la dynamique de la population est fortement impactée par une dynamique d'emploi positive. Les indicateurs économiques classiques sont finalement peu significatifs dans la dynamique de l'emploi (le seul effet notable est le fait que l'éloignement des centres urbains, donc un faible potentiel de marché, est néfaste à la croissance de l'emploi). *A contrario*, les variables de capital social ont un impact positif et significatif sur la croissance de l'emploi. Le capital social sous sa forme *bonding* (cohésion) décourage l'arrivée de nouveaux habitants, mais la favorise sous ses formes de *bridging* (ouverture) et de *linking* (mixité sociale).

Ces résultats, qui rappelons-le ont été obtenus sur le référentiel rural restreint (bassins de vie ruraux) de l'Insee, contrastent fortement avec les études portant sur les zones urbaines, où les facteurs économiques classiques sont clairement les facteurs explicatifs les plus déterminants dans la dynamique de l'emploi.

IV. Quels leviers de développement pour les zones rurales ?

Au vu de ces différents éléments, quelle synthèse est-il possible de faire pour en tirer des préconisations en matière de politiques de développement territorial ?

La première question à se poser est de savoir s'il est souhaitable de vouloir redynamiser la démographie des zones rurales. Des années 1960 au début des années 2000, la France a été caractérisée par une tradition d'aménagement volontariste visant à réduire les inégalités spatiales. Un des premiers rapports du Conseil d'analyse économique (2001), portant sur l'aménagement du territoire, souligne qu'il n'existe pas d'argument solide en faveur d'une volonté de gommage des inégalités entre régions ou au sein des régions. La polarisation de l'activité économique est au contraire une source puissante d'efficacité, une source de création de biens et services plus nombreux, plus divers et moins chers. À l'inverse, la dispersion des activités est contraire aux forces naturelles du marché, la rechercher est une démarche non seulement coûteuse, mais aussi vouée à l'échec. Malgré la diversité de points de vue des contributeurs au rapport du Conseil d'analyse économique, les différents auteurs convergent vers le caractère illusoire d'un aménagement planifié d'en haut à visée redistributrice.

Ces considérations, qui étaient contemporaines à un tournant dans la politique française d'aménagement du territoire, plus orienté vers la recherche de la compétitivité que vers la redistribution, sont encore plus d'actualité aujourd'hui, à l'heure où la mondialisation s'accélère dans un contexte de crise où la seule réponse possible semble être la course à la compétitivité.

La relative stabilité de la population des zones rurales est en réalité le produit de mécanismes complexes qui se neutralisent mutuellement au niveau global. Des zones dynamiques, plutôt plus denses que la moyenne de l'espace rural, coexistent avec des zones où la désertification se poursuit inexorablement.

Ces dernières correspondent à peu près à la notion de rural isolé dans le zonage en aires urbaines de 1999. Leur niveau d'agglomération ne permet pas d'envisager le développement d'activités autres que celles liées à l'économie résidentielle ou à l'exploitation de ressources naturelles. Il serait vain d'espérer que des politiques de désenclavement poussées puissent favoriser un « redécollage », même lorsqu'il leur reste, comme c'est le cas parfois, un reliquat d'activité industrielle. Sauf à promouvoir un modèle de développement quasi autarcique, reposant sur des circuits locaux et une injection de revenus de transfert, la présence humaine est essentiellement à envisager sur le long terme comme exclusivement liée à l'activité agricole ou forestière, ou à un tourisme diffus quasiment non créateur d'emplois.

En revanche, une bonne partie de l'espace rural est pleinement intégrée aux grandes évolutions économiques, parce que possédant des entreprises positionnées sur les marchés nationaux, voire mondiaux. Pour consolider le développement de ces zones, nous avons vu que les deux entrées, économique et sociologique, avaient toutes deux leur pertinence.

Sur le plan économique, dynamiser ces zones revient à faire jouer au maximum les avantages comparatifs d'une part, et les effets d'agglomération d'autre part, à savoir :

- encourager la spécialisation dans les domaines où la région est déjà favorisée (à condition bien entendu qu'il s'agisse de secteurs en croissance) ;
- favoriser les échanges de savoir et le lien avec la qualification de la main-d'œuvre ;
- favoriser l'existence d'infrastructures et de services partagés.

Cependant, comme on l'a vu, moins la zone est urbanisée, plus les facteurs sociologiques ont un rôle à jouer par rapport aux facteurs purement marchands, en favorisant par exemple des relations plus efficaces entre salariés et employeurs. L'action publique peut avoir un rôle non négligeable dans la construction d'un capital social propice au développement économique (Rothstein et Stolle, 2008).

Mais au final, la décision de favoriser le développement à long terme des zones rurales reste avant tout un choix politique, à peser avec d'autres visions de l'intérêt général pour ces zones, par exemple d'en faire des aires préservées à l'abri des nuisances urbaines, ou d'assurer de meilleurs services à la population actuellement en place…

Bibliographie

- BOARNET M.G., « An Empirical Model of Intrametropolitan Population and Employment Growth », Papers in *Regional Science*, 73, 1994, 135-153.
- CALLOIS J.-M., SCHMITT B., « The Role of Social Capital Components on Local Economic Growth: Local Cohesion and Openness in French Rural Areas », *Review of Agricultural and Environmental Studies*, 90 (3), 2009, 257-286.
- CONSEIL D'ANALYSE ÉCONOMIQUE, Rapport n° 31, *Aménagement du territoire*, Jean-Louis Guigou et Dominique Parthenay, Louis-André Gérard-Varet et Michel Mougeot, Alain Lipietz, 2001.
- DÉTANG-DESSENDRE C., SCHMITT B., PIGUET V., « Life Cycle Variability in the Microeconomic Determinants of Urban-Rural Migration », *Population*, E-57(1), 2002, 31-56.
- INSEE (2003), *Structuration de l'espace rural : une approche par les bassins de vie*, Paris, DATAR, 56 p.
- KRUGMAN P., « Increasing Returns and Economic Geography », *Journal of Political Economy*, 99, 1991, p. 483-499.
- ROSENTHAL S.S. and STRANGE W.C., *Evidence on the Nature and Sources of Agglomeration Economies*, Handbook of Urban and Regional Economics. J.V. Henderson and J. F. Thisse. Eds, 2004.
- ROTHSTEIN B. and STOLLE D., « The State and Social capital: An Institutional Theory of Generalized Trust », *Comparative Politics* 40, 2008, 441-459.
- WOOLCOCK M., « The Rise and Routinization of Social Capital », 1988-2008, *Annual Review of Political Science* 13, 2010, 469-487.

Quels moyens pour activer les zones non denses ?

LA COOPÉRATION TERRITORIALE AU SERVICE DE L'AMÉNAGEMENT DES ZONES NON DENSES

L'exemple du GECT

par

Daniel DÜRR

Maître de conférences en droit public
Université Lumière Lyon 2
EA nº 4573, Droits, Contrats et Territoires

À l'issue d'un long processus de maturation, l'Union européenne[1] institue en 2006 le groupement européen de coopération territoriale (GECT)[2] dans un double objectif[3] :

- « mettre en œuvre des programmes ou des projets de coopération territoriale cofinancés par la Communauté » (nouvel objectif 3 de la programmation européenne 2007-2013);
- « réaliser des actions de coopération territoriale à la seule initiative des États membres et de leurs régions et collectivités locales »[4].

Cette instauration constitue sans doute une évolution majeure dans le droit de la coopération entre les acteurs publics locaux.

1. Une étude pour le Comité des Régions précise : « Le groupement européen de coopération territoriale (GECT) est un nouvel outil présenté par la Commission européenne à partir d'actions et de propositions politiques à long terme en provenance, notamment, du Comité des Régions. » Étude rédigée par METIS pour le Comité des Régions, 2009.

2. Règlement nº 1082/2006 du Parlement européen et du Conseil du 5 juillet 2006 relatif à un groupement européen de coopération territoriale (GECT), *JOUE* L210, du 31 juillet 2006.

3. J. Olbrycht (vice-président de la Commission « Développement régional », Rapporteur du Parlement européen sur le règlement communautaire créant le GECT) souligne tout l'intérêt de l'innovation : « La création d'un tel organisme pouvant prendre en charge diverses missions aboutit à une mise en œuvre plus efficace des projets de coopération transfrontalière en matière de transports en commun, de développement durable, de promotion régionale ou de protection de l'environnement... », J. OLBRYCHT, *Les Cahiers de la MOT*, mai 2008, p. 3.

4. Voir le considérant nº 11 du règlement nº 1082/2006 précité.

Une étude produite sous la direction du professeur N. Levrat constate à ce propos :

> « Ce règlement dont le contenu porte en germe le potentiel de développements majeurs du processus d'intégration européenne, dans la mesure où il fournit un outil juridique de droit communautaire permettant aux collectivités territoriales de l'Union européenne de participer à une coopération fondée en droit communautaire[5]... »

Concernant cette innovation, on peut faire deux remarques liminaires :

– ce nouvel instrument n'est pas spécifiquement destiné à l'aménagement des zones non denses. Ses références ne sont d'ailleurs pas véritablement de nature géographique, elles sont plutôt thématiques et concernent uniquement la coopération ;
– les fonctions du GECT ne peuvent pas être mises sur le même plan. À l'instar du professeur H. Comte, on ne peut que considérer que : « S'agissant de sa fonction d'outil de gestion des programmes communautaires, il présente de sérieux atouts, mais peine à trouver sa place. » Par contre, « en tant qu'outil généraliste, la situation est exactement inverse : il suscite un engouement certain, mais pourrait engendrer quelques déceptions »[6].

En d'autres termes, on se trouve devant une situation contradictoire :

– le GECT a du succès pour remplir une fonction pour laquelle on peut craindre qu'il présente des problèmes d'adaptation ;
– par ailleurs, dans les domaines où il semble être un instrument pertinent et bien adapté, il ne convainc pas ses utilisateurs potentiels[7].

À partir d'une analyse de ces deux situations, nous allons essayer de comprendre :

– pourquoi il a si peu de succès quand il est un organe de gestion des programmes de l'objectif « Coopération territoriale » ;

5. Étude réalisée par le GEPE pour le programme de recherche du Comité des Régions, janvier 2007, p. 56.

6. Voir la contribution du professeur H. Comte lors de la journée internationale d'études du Réseau d'Étude des Normes Transfrontalières et Inter-territoriales (RENTI) sur le GECT, 11 février 2011 : « Le GECT comme nouveau support de gestion des programmes de coopération territoriale européenne ». Université Lumière Lyon 2.

7. J. Olbrycht, précité, est conscient des difficultés que rencontrerait ce nouvel instrument quand il constate : « Ce processus n'est ni rapide ni simple, mais les bénéfices attendus devraient largement dépasser les investissements engagés pour les produire », *op. cit.* p. 3.

– pourquoi et de quelles façons il présente des limites et incertitudes dans sa fonction généraliste concernant les actions de coopération territoriale (non intégrées au nouvel objectif 3)[8].

Sur le premier point, une approche statistique s'impose : depuis 2006, un seul GECT a été institué pour gérer un programme de l'objectif « Coopération territoriale », celui de la « Grande Région »[9].

Le relatif échec du recours au GECT en la matière semble dû à un problème conjoncturel, mais important. Il est imputable à l'inadaptation du calendrier de mise en place du GECT par rapport au calendrier de la programmation de la politique de coopération territoriale (nouvel objectif 3). Ainsi, le professeur H. Comte[10] constate :

> « En vérité, tout a été en retard dans cette programmation 2007-2013… la Grande Région a affirmé, dès 2006, son intention de créer un GECT, mais, en dépit de sa détermination sans faille, elle n'a pu parvenir à ses fins qu'en mars 2010. »

Les autres intéressés potentiels n'ont probablement eu ni son opiniâtreté ni sa volonté d'engagement.

À l'heure où l'on procède à l'évaluation du GECT[11], on peut regretter le retard déjà pris aujourd'hui sur ce sujet. Tout laisse penser que le règlement modifiant celui qui a institué cet instrument prendra effet quand débutera la nouvelle programmation (portant sur la période 2014-2020).

Les problèmes de calendrier, signalés plus haut, risquent d'être exactement les mêmes. C'est d'autant plus dommage que cette situation résulte du retard pris suite au non-respect des délais fixés par l'article 17 du règlement n° 1082/2006[12].

8. Cette analyse critique de l'instrument créé par le règlement n° 1082/2006 ne doit pas être perçue comme négative. Au contraire, au moment de son évaluation (prévue par le règlement), il s'agit d'étudier les points qui posent problème et de proposer des éléments de solution.

9. GECT créé le 29 mars 2010 entre des partenaires provenant d'Allemagne, de Belgique, du Luxembourg et de France.

10. Précité.

11. Telle qu'elle est prévue dans l'article 17 du règlement n° 1082/2006.

12. Cet article prévoit qu'au plus tard le 1er août 2011, la Commission européenne doit transmettre au Parlement européen et au Conseil un rapport sur l'application du règlement avec le cas échéant des propositions de modification.

Quand il a une vocation générale, le GECT connaît un réel succès (I). Cependant, les problèmes que suscite son utilisation sont sérieux, faisant planer des risques importants sur son organisation et son fonctionnement (II).

I. Le GECT, un instrument généraliste attendu

La coopération locale par-delà les frontières est, quoi qu'on en pense, relativement ancienne[13]. Elle s'est souvent pratiquée en marge des droits nationaux et de leur logique étatique.

Dans la deuxième moitié du XXe siècle, de grandes questions se posent pour le développement de ce mouvement :

- est-il nécessaire de créer des instruments organiques pour conduire cette coopération ?
- à l'inverse, une simple convention de rapprochement suffit-elle à l'accomplissement des projets ?

Aujourd'hui, il semble que la doctrine a tranché (définitivement ?) pour la première option[14].

Dès lors, il devient indispensable d'instituer des instruments susceptibles de pratiquer la coopération en répondant aux contraintes juridiques, politiques et pratiques. Nous verrons que les premières tentatives institutionnelles ont été peu fructueuses (A) et que l'arrivée du GECT est à la fois attendue et largement porteuse d'espoirs (B).

---

13. Entre la France et l'Espagne, M. Bernad signale l'existence d'activités transfrontalières dès le XIVe siècle et mentionne la signature d'un accord de coopération locale, le 12 septembre 1648. M. BERNAD, *La coopération transfrontalière régionale et locale*, Cours de l'Académie de Droit International de La Haye, tome 243, 1993, p. 364-365.

Plus tard, les Traités des Limites du XIXe siècle reconnaissent autant qu'ils instituent des pratiques locales beaucoup plus anciennes.

14. Pour la tendance conventionnelle, voir, par exemple, les écrits et prises de position de J.-M. WOERLHING, notamment son article « Les aspects juridiques de la coopération transfrontalière entre collectivités locales (vrais et faux problèmes) ». *Revue d'Allemagne et des pays de langue allemande*, tome 33, n° 2/3, avril-septembre 2001.

A. Les échecs relatifs des premiers instruments de coopération transfrontalière

Les premiers organes chargés de mener des actions (souvent modestes) de coopération transfrontalière soit n'avaient pas de personnalité juridique[15], soit étaient dotés d'un statut suffisamment souple pour permettre un regroupement aisé des acteurs intéressés (le plus souvent un statut associatif[16]).

Ces initiatives institutionnelles n'autorisaient pas la réalisation d'actions et de projets d'envergure; elles ne présentaient pas de garanties juridiques suffisantes.

Depuis la signature, en 1980, de la Convention-cadre de Madrid[17], plusieurs évolutions témoignent du développement du droit de la coopération entre acteurs publics locaux :

– la loi Administration territoriale de la République (ATR) du 6 février 1992 prévoit la possibilité d'utiliser dans ce domaine deux structures déjà existantes en droit français : la société d'économie mixte (SEM) et le groupement d'intérêt public (GIP). Ils auront peu de succès l'un et l'autre. Le GIP manquera d'attractivité pour les acteurs publics étrangers à cause du poids du contrôle qu'exerce l'État français sur son fonctionnement[18]. La SEM, qui prévoit à l'origine une participation forcément minoritaire pour les acteurs publics étrangers, sera, elle aussi, très peu utilisée[19].

Dans les deux cas, l'application du droit français pour l'organisation et le fonctionnement de ces structures était un facteur dissuasif pour les éventuels partenaires étrangers.

---

15. Il s'agissait le plus souvent de structures chargées d'établir le contact et le dialogue entre partenaires que l'histoire des États avait séparés. Par exemple, le Collège européen de technologie du PED (Pôle européen de développement) ne disposait pas de la personnalité juridique.

16. Voir, par exemple :
– la Conférence permanente des intercommunales transfrontalières (COPIT) qui, en 2000, est instituée sous la forme d'une association de droit français;
– l'Euregio « Saar Lor Lux » qui est une association d'intérêt public de droit luxembourgeois.

17. Convention-cadre européenne du 21 mai 1980 sur la coopération transfrontalière des collectivités ou autorités territoriales.

18. Un des rares recours au GIP en matière transfrontalière concerne le GIP Transalpes pour l'établissement d'une infrastructureTGV entre Lyon et Turin. On peut aussi mentionner le GIP institué dans le cadre du programme INTERREG III A Sarre-Lorraine-Palatinat occidental.

19. Signalons la SEM franco-espagnole d'Aragnouet Piau-Engaly qui assure la gestion d'une station de ski. Précisons aussi que la commune espagnole de Bielsa participe au capital de la SEM au niveau symbolique de 1 %.

– Le traité de Bayonne, signé le 10 mars 1995 par l'Espagne et la France, prévoit la possibilité d'utiliser un autre instrument, relevant du droit espagnol : le *consorcio*. Sous certaines conditions de forme[20] et de fond, les collectivités territoriales françaises peuvent y participer. Cependant, la relative incertitude juridique qui accompagne son fonctionnement ne convainc pas ces dernières[21].

– Le traité de Karlsruhe, passé le 23 janvier 1996 entre l'Allemagne, le Luxembourg, la France et la Suisse (pour une partie de son territoire dans un premier temps), institue un organe spécifique, le premier dédié exclusivement à la coopération transfrontalière : le groupement local de coopération transfrontalière (GLCT). Il s'agit d'une avancée substantielle puisque son régime n'est plus (comme les précédents) uniquement emprunté à un droit national, mais mixte. En effet, il relève d'une part des dispositions du traité interétatique, d'autre part de l'application des dispositions de droit interne du pays dans lequel il a son siège.

Sans parler d'un succès massif, on peut constater que le recours au GLCT a été un peu plus fréquent[22].

– Enfin, et sans être exhaustif, signalons un dernier instrument emprunté au droit communautaire : le groupement européen d'intérêt économique (GEIE). En France, cette structure est instituée par une loi du 13 juin 1989 votée en application du règlement européen du 25 juillet 1985[23]. Cet instrument, conçu initialement pour

---

20. Par exemple, l'adhésion ou la participation à un *consorcio* doit être autorisée par arrêté du préfet de Région (article 37 de la loi du 13 août 2004 relative aux libertés et responsabilités locales).

21. Signalons tout de même un *consorcio* : le *consorcio* Bidassoa – Txingudi qui réunit les communes espagnoles d'Irun et Fontarrabie et la commune française d'Hendaye.

22. Plus d'une dizaine de GLCT ont été créés. Parmi eux, citons :
- Le GLCT « Centre Hardt Rhin supérieur » (1998) ;
- Le GLCT « Euro Institut de Kehl » (2003) ;
- Le GLCT « PAMINA » (2003).

23. Cette bizarrerie normative selon laquelle un règlement européen fait l'objet d'une loi de transposition (alors que, normalement, les règlements européens sont, à la différence des directives, d'application directe) se retrouvera dans le cas du GECT : il est institué par le règlement de 2006 et intégré dans l'ordre juridique français par la loi Daubresse de 2008. Les spécialistes s'accordent pour dire que cela correspond au cas où le règlement européen a pour but la création d'un instrument organique.

une coopération entre acteurs privés, servira de façon marginale et presque anecdotique à la coopération transfrontalière. À l'issue d'une « distorsion matérielle », quelques GEIE seront créés pour prendre en charge des actions publiques[24].

Pour la première fois, on a recours au droit communautaire comme cadre juridique de la coopération transfrontalière. Cette tentative sera un échec, car le GEIE n'est pas adapté aux exigences de l'action publique. Cependant, on peut y voir une expérimentation et les prémices de l'institution d'un droit commun de la coopération entre acteurs publics locaux[25].

B. Les atouts du GECT

Au regard de tous les instruments que nous venons d'évoquer, le GECT présente certaines caractéristiques qui le rendent mieux adapté aux contraintes de la coopération locale.

Comme le GEIE, il est institué par le droit de l'Union européenne qui pourrait devenir le droit commun[26] de ce type de coopération[27]. À la différence du GEIE, les capacités et missions du GECT sont tournées vers l'action publique. Il est affiché officiellement comme un instrument opérationnel de la coopération territoriale.

24. Voir, par exemple :
- le GEIE « La Thuile-La Rosière Sud Mont-Blanc » ;
- le GEIE « Agence Transfrontalière de l'Euro Cité basque Bayonne-San Sebastian ».

25. Pour une vision plus détaillée de ces différentes initiatives, se reporter à l'article de D. DÜRR, « La création des organismes de coopération transfrontalière » *in Aux coutures de l'Europe (défis et enjeux juridiques de la coopération transfrontalière)*, L'Harmattan, coll. « Logiques juridiques », 2006, p. 235 et s.

26. Le professeur H. Labayle met en exergue cette démarche : « Cette recherche d'uniformité est encore accentuée dans… le texte… relatif au GECT. Ici, en effet, l'uniformité est au cœur du projet puisque le texte ne vise rien moins qu'à pallier les déficiences du droit interne et des conventions en vigueur. » H. LABAYLE, « La nécessité d'un droit commun pour la coopération transfrontalière des collectivités territoriales en Europe », *in Vers un droit commun de la coopération transfrontalière ?* éd. Bruylant, collection du RENTI, 2006, p. 14.

27. Notons que le droit du Conseil de l'Europe pourrait aussi jouer ce rôle avec l'adoption du Protocole additionnel nº 3 à la Convention de Madrid et l'institution du groupement eurorégional de coopération (GEC).

On peut observer que la formule « coopération territoriale », assez nouvelle[28], n'est pas forcément très claire. Elle mérite un effort de définition pour qu'on en perçoive tout l'intérêt.

On peut tout d'abord commencer par une définition matérielle (la plus évidente). Celle-ci se réfère explicitement aux objectifs de la politique de cohésion de l'Union européenne et plus particulièrement au nouvel objectif 3. Il s'appelle « Coopération territoriale » et regroupe les trois volets du Programme d'initiative communautaire (PIC) INTERREG : coopération transfrontalière (volet A), coopération transnationale (B) et coopération interrégionale (C).

Une étude des finalités et des orientations de ces trois volets[29] donne une idée assez précise du contenu matériel de la politique de coopération territoriale.

Mais cet espace de définition ne paraît pas suffisant, il est nécessaire d'avoir une approche plus organique de cette coopération. Si l'on se réfère au GECT, ce qui caractérise la coopération territoriale sur le plan organique, c'est la présence possible des États. Jusqu'à présent, dans les différentes formules de coopération que nous avons évoquées[30], les États n'étaient jamais partenaires directs ou membres.

---

28. Auparavant, les spécialistes de la question ont utilisé des formules comme « coopération transfrontalière, coopération décentralisée, coopération interterritoriale, ou interrégionale, coopération transfrontière… » Pour une liste plus complète de ces appellations et une analyse de leur signification, se reporter à l'ouvrage de N. LEVRAT, *Le droit applicable aux accords de coopération transfrontalière entre collectivités publiques infra-étatiques*, PUF (Publications de l'Institut universitaire des hautes études internationales), Paris, 1994.

29. – Volet A :
   - finalité : intégrer les zones séparées par des frontières nationales qui sont confrontées à des problèmes communs exigeant des solutions communes,
   - objectif : renforcer la coopération par des initiatives conjointes locales et régionales.
- Volet B :
   - finalité : mettre en cohérence les politiques sectorielles de l'Union européenne, nationales et régionales au sein de macrorégions qui présentent une certaine unité et cohérence territoriale,
   - objectif : renforcer la coopération par des actions favorables au développement territorial intégré en liaison avec les priorités de la Communauté.
- Volet C :
   - finalité : mutualiser les bonnes pratiques mises en œuvre sur le territoire par les autorités publiques au bénéfice de l'ensemble de la Communauté,
   - objectif : améliorer les politiques et les outils du développement territorial.

30. Voir plus haut.

Avec le GECT[31], c'est l'innovation organique principale. On n'en mesure pas encore toute la portée, mais on sait qu'elle aura forcément des conséquences pour ce qui concerne les missions et les compétences exercées par le groupement.

Dans un tel organisme, on peut considérer que la présence des États est un peu étrange : ils n'y participent pas à des activités de coopération internationale[32], mais peuvent faciliter, par leur présence, la réalisation de projets et opérations concernant des acteurs publics locaux. Cette nouvelle appellation de « coopération territoriale » rompt avec les initiatives du passé[33]. Elle justifie les ambitions des partenaires publics locaux et doit permettre une relance de la politique de coopération avec un cadre et des références nouveaux.

II. Le GECT, un instrument encore inabouti

Comme nous l'avons évoqué, la forme actuelle du GECT est provisoire. Sur le sujet aussi récent, difficile et novateur de la coopération territoriale, il était souhaitable de prévoir une procédure d'évaluation des instruments dernièrement institués[34]. C'est l'objet de l'article 17 du règlement du 5 juillet 2006.

Au moment de réaliser un bilan des premières années d'utilisation du GECT, nous retiendrons deux thèmes susceptibles de faire problème : celui des compétences pouvant être exercées par un GECT (A) et celui de l'éventuelle participation des tiers (c'est-à-dire des acteurs publics n'appartenant pas à un État membre de l'Union européenne) (B).

---

31. On peut remarquer qu'à l'origine, les premières versions du règlement n° 1082/2006 dénommaient le GECT, groupement européen de coopération transfrontalière (et non territoriale). Le professeur H. Labayle souligne cette « hésitation terminologique » : « Ainsi, saisi du projet de règlement proposé par la Commission quant à l'institution d'un groupement européen de coopération transfrontalière (GECT), le Parlement estime inapproprié le terme "transfrontalier" et préfère lui substituer celui de "territorial". » H. LABAYLE, précité, p. 9.

32. Ce qui est leur champ d'intervention habituel dans les relations extérieures.

33. Celles que nous avons évoquées plus haut et dont nous avons regretté le manque de succès relatif.

34. Surtout quand on observe les échecs qui ont émaillé l'histoire de cette coopération (voir le A de la première partie).

A. Zone d'ombre sur l'étendue des compétences exercées dans un GECT

À ce propos, il est instructif d'observer que le règlement de 2006 n'utilise pas le terme de « compétences », mais celui de « missions ». Néanmoins, en droit français, l'action publique locale s'organise à partir de l'exercice de compétences (le plus souvent transférées par l'État dans le cadre d'un mouvement de décentralisation).

En la matière, l'article 7§2 du règlement dispose :

> « Le GECT agit dans le cadre des missions qui lui sont confiées, qui se limitent à faciliter et à promouvoir la coopération territoriale… étant entendu qu'elles doivent toutes relever de la compétence[35] de chacun d'entre eux en vertu de son droit national. »

Cette dernière partie de la phrase est évidemment très restrictive, puisqu'elle conduit à ne retenir que les compétences partagées par tous les membres du GECT (c'est-à-dire ne considérer que le plus petit dénominateur commun).

En prenant cette rédaction au pied de la lettre, on ne comprend pas bien l'intérêt de la présence de l'État à l'intérieur du groupement. En effet, sa plénitude de compétence dans le cadre national ne pourra jamais servir dans le fonctionnement du GECT, qui restera toujours « bridé » par la plus faible étendue des compétences des acteurs publics locaux[36].

Ce problème d'ordre rédactionnel semble avoir été diagnostiqué puisque les projets de révision du règlement GECT[37] proposent une autre formulation :

> « Le GECT agit dans le cadre des missions qui lui sont confiées, qui consistent à faciliter et à promouvoir la coopération territoriale afin de renforcer la cohésion économique, sociale et territoriale, et qui sont déterminées par ses membres, étant

35. C'est la seule fois que le terme de « compétence » est utilisé dans le texte du règlement de 2006.

36. L'étude précitée réalisée par le GEPE indique que cette disposition « risque de ne laisser que de très peu substantielles missions, et donc une capacité assez réduite, au GECT », *op. cit.*, p. 87.

37. Proposition de règlement du Parlement européen et du Conseil modifiant le règlement (CE) n° 1082/2006 du Parlement européen et du Conseil du 5 juillet 2006 relatif à un GECT en ce qui concerne la clarification, la simplification et l'amélioration de la constitution et de la mise en œuvre de groupements de ce type (COM (2011) 608 Final du 6 octobre 2011).

Proposition de règlement du Parlement européen et du Conseil (COM (2011) 610 final/2 du 14 mars 2012.

> entendu qu'elles doivent relever de la compétence d'au moins un des membres de chaque État membre représenté dans ce GECT[38] en vertu de son droit national[39]. »

Ce changement de rédaction modifierait très sensiblement l'étendue des compétences du GECT, rendant cohérente la possible présence des États. Pour améliorer l'efficacité de la coopération territoriale, on ne peut que l'appeler de nos vœux, même s'il ne manquera probablement pas de susciter quelques problèmes.

B. Incohérences à propos du régime de participation des tiers

Le texte du règlement de 2006, dans son considérant n° 16, prévoit la possibilité d'utiliser le GECT aux frontières externes de l'Union européenne. Cependant, les acteurs publics originaires des pays tiers doivent respecter une première condition formelle : il est nécessaire que la législation de leur État ou que les accords passés entre les États membres et cet État tiers le permettent.

De plus, l'article 3§2 du règlement précise : « Les membres d'un GECT sont situés sur le territoire d'au moins deux États membres. » Cette rédaction indique que la coopération « un pour un » n'est pas possible, ce qui la rend inutilisable à certaines frontières et fait apparaître des risques de différences de traitement, voire de discrimination entre certains projets. Par exemple, on peut soutenir qu'en l'état actuel du texte, un même projet de territoire pourrait être porté par un GECT à la frontière bâloise (entre partenaires allemands, suisses et français) et pas à la frontière genevoise (parce qu'il ne regrouperait que des partenaires suisses et français).

Il est d'ailleurs édifiant d'observer que, dans l'espace franco-valdo-genevois, une autre solution instrumentale a été choisie. Après l'extension des dispositions du traité de Karlsruhe à l'ensemble du territoire helvétique, plusieurs GLCT ont été institués[40]. Le dernier d'entre eux, portant sur le « Projet d'agglomération franco-valdo-genevoise »[41], devrait évoluer vers un groupement eurorégional de coopération (GEC) sitôt que ce sera juridiquement possible, c'est-à-dire dès que le Protocole additionnel n° 3 à la Convention-cadre de Madrid sera entré en vigueur.

---

38. Il est d'ailleurs instructif d'observer que la deuxième proposition de révision (celle de 2012) reprend *in extenso* la formule retenue par le texte de la première proposition de révision (celle de 2011).

39. Dans le considérant n° 19 de la proposition de révision de 2012 (précitée), il est indiqué : « En outre, il convient de préciser qu'une compétence donnée nécessaire à la mise en œuvre efficace d'un GECT devrait être incarnée par au moins un membre dans chacun des États membres représentés. »

40 En 2006, le GLCT relatif à la gestion du téléphérique du Mont Salève.
En 2007, un GLCT chargé de la gestion de l'exploitation des lignes de transports transfrontaliers.

41. Ce GLCT doit entrer en fonction le 1er janvier 2013.

La question de la participation des tiers est d'une grande importance stratégique : elle peut permettre la coopération avec des contrées lointaines (dans le cadre du volet C de l'objectif « Coopération territoriale ») et aux frontières externes de l'Union européenne.

Ce problème rédactionnel semble avoir été perçu dans le cadre de la procédure d'évaluation du règlement de 2006[42]. Les projets de révision du texte initial[43] proposent un nouvel article 3 *bis* qui s'ajouterait à l'article relatif à la participation des tiers. Cela permettrait de créer un régime d'adhésion au GECT identique pour les membres provenant d'un État tiers et pour un territoire d'outre-mer (TOM). La règle de participation sur un mode « deux pour un »[44] est réaffirmée.

Cependant, les projets de texte précisent :

> « Le GECT peut être constitué de membres issus d'un seul État membre et d'un pays tiers ou un territoire d'outre-mer, lorsque ledit État membre considère qu'un GECT de ce type entre dans le champ d'application de sa coopération territoriale ou de ses relations bilatérales avec le pays tiers ou le territoire d'outre-mer. »

Par ailleurs, le considérant n° 12 de la dernière proposition de révision[45] du règlement de 2006 précise que « pour la période 2014-2020, il y aura une allocation spéciale supplémentaire pour la coopération avec les régions ultrapériphériques de l'Union ». Ces possibles évolutions normatives traduisent des enjeux stratégiques d'ouverture vers des territoires extérieurs à l'UE (ou très lointains) et font du GECT un instrument particulièrement intéressant dans cette optique.

***
*

À ce jour, une trentaine de GECT sont créés ou en voie de création et une trentaine d'autres sont en projet. Pour la plupart, ils ont pour but la réalisation d'actions de coopération territoriale non incluses dans le nouvel objectif 3, c'est-à-dire le plus souvent des projets de territoire. Ils concernent des zones géographiques très diverses par leur dynamisme, leurs activités, leur étendue, mais aussi leur densité.

---

42. Telle qu'elle est prévue par l'article 17 dudit règlement.
43. Précité.
44. Telle qu'elle est instituée dans le règlement sous sa forme initiale.
45. Celle du 14 mars 2012, précitée.

– Pour ce qui est des GECT institués sur des territoires vastes[46], ils sont le plus souvent polarisés par des centres urbains structurants. Cependant, ils doivent aussi traiter des problèmes de cohérence territoriale concernant les zones peu denses et établir des rapports de relations entre le(s) centre(s) et la périphérie. Par exemple, le GECT Pyrénées – Méditerranée propose de mettre en œuvre des programmes, projets, actions conjoints dans les domaines du développement d'activités économiques interrégionales, de l'innovation technologique, de la recherche, de la formation, de la culture. Plus précisément, ce GECT porte le projet CREAMED d'aide au financement des pépinières d'entreprises sur son territoire.

– Certains GECT sont susceptibles d'apporter des réponses d'aménagement du territoire dans les secteurs frontaliers déshérités. L'implantation de services publics locaux[47] dans de petits bassins de vie coupés en deux par une frontière permet de maintenir les populations sur place. Ils offrent aussi la perspective d'une gestion plus rationnelle et intégrée : de cette façon, ils participent à une redéfinition du territoire. Dans cette optique, on peut signaler que la dernière proposition de révision du règlement de 2006 prévoit que l'assemblée du GECT « peut définir les conditions d'utilisation d'un élément d'infrastructure géré par le GECT, y compris les tarifs et redevances dont les utilisateurs doivent s'acquitter »[48].

– Par ailleurs, certains GECT sont institués dans des zones rurales faiblement peuplées[49]. Leurs missions et objectifs sont souvent très généraux[50], fruits du consensus le plus large. Cependant, on observe parfois un profil plus précisément ciblé, le GECT pouvant ainsi devenir un instrument d'aménagement d'une zone

46. Comme, par exemple, le GECT Grande Région, le GECT Pyrénées-Méditerranée ou le GECT Galice-Nord du Portugal.

47. Par exemple, le GECT Hôpital de Cerdagne a eu un effet structurant très intéressant pour un territoire particulièrement enclavé.

48. Proposition de modification de l'article 7§4.

49. Par exemple, le GECT ZASNET (secteurs ruraux du Portugal et de l'Espagne), le GECT Espace Pourtalet (dans les Pyrénées), le GECT Duero-Douro (qui compte 188 entités publiques en Espagne et au Portugal).

50. Le GECT Duero-Douro, grosse structure à vocation fédérative, a des objectifs à la fois nombreux et généraux (développement local, environnement, tourisme, santé, nouvelles technologies, égalité des chances, développement durable…).

géographique identifiée comme non dense[51] ou de protection d'espaces fragiles[52]. La très large capacité matérielle du GECT rend possible son intervention dans des cas de figure bien différents, pour de nombreux projets de territoire.

Instrument d'une possible différenciation territoriale sur une base conventionnelle[53], le GECT offre une large palette de possibilités, notamment pour ce qui concerne les zones frontalières, souvent handicapées, parce qu'elles sont aux marges des territoires nationaux[54]. Ces secteurs géographiques, qui pendant des siècles ont subi les conséquences négatives de l'« effet frontière »[55], peuvent aujourd'hui envisager leur développement avec des instruments mieux adaptés à leur situation particulière[56].

(Contribution rédigée en novembre 2012)

---

51. Le GECT ZASNET (précité) a, par exemple, pour objectif spécifique d'attirer de nouveaux habitants pour inverser la tendance démographique défavorable dans sa zone d'intervention. Le GECT « Espace Pourtalet » doit assurer l'entretien d'un secteur routier de haute montagne, luttant ainsi contre l'enclavement, surtout pendant les mois d'hiver. On sait que ce sujet est bien souvent stratégique dans les zones géographiques retirées.

52. Ainsi en est-il du GECT Mercantour-Alpi Maritime qui établit une continuité transfrontalière entre les territoires de deux parcs naturels. Cette initiative doit permettre une meilleure préservation d'un patrimoine naturel et culturel remarquable, elle doit favoriser le développement de programmes scientifiques, elle doit faciliter l'émergence d'une identité transfrontalière et le rapprochement des hommes par des projets communs.

53. Voir, sur ce point, la très intéressante thèse soutenue par M. Goerhs, « Le Groupement européen de coopération territoriale (GECT), une application du principe de différenciation dans l'Union européenne », Université Paris Ouest Nanterre La Défense, 25 janvier 2013.

54. Voir l'ouvrage *Aux coutures de l'Europe (défis et enjeux de la coopération transfrontalière)*, précité.

55. J.-P. Renard, dans son article « Frontières et aménagement. Le point de vue du géographe », souligne : « Par définition, la frontière est l'antithèse de l'espace neutre, ou de l'espace support; c'est un espace très sensible, "sismique", affecté de métamorphisme, qui à la fois renvoie à la normalité, à la légalité, à la défense, mais aussi à l'idée de la possible transgression […] il n'est pas possible de considérer la frontière politique, même au sein de l'Union européenne, comme une limite en voie de disparition, une barrière inefficace, un espace totalement ouvert. » J.-P. RENARD, « Frontières et aménagement. Le point de vue du géographe », Mosella, *Actes du colloque « Frontières et aménagement »*, publié le 6 juin 2011, Tome XXXII, n° 1-4.

56. J.-P. Renard, précité, souligne que « […] dans les espaces transfrontaliers coexistent à la fois la discontinuité sur le plan politique, administratif (même si l'objectif officiel est de renforcer la proximité organisationnelle) et la continuité dans l'action, la mobilité, le travail, le bassin de vie ».

NUMÉRIQUE ET DÉVELOPPEMENT DES INITIATIVES LOCALES DANS LES ZONES À FAIBLE DENSITÉ : QUELS MOYENS JURIDIQUES ?

par

William GILLES

Maître de conférences (HDR) à l'École de Droit de la Sorbonne
Directeur du master Droit du numérique Administration-Entreprises

En cette première décennie du XXIe siècle marqué par la société de l'information et les nouvelles technologies, les Français retournent à la campagne. Pays historiquement rural, la France a connu une urbanisation progressive au cours du XXe siècle qui s'était caractérisée par un départ des populations vers la ville. Cependant, depuis 1975 ce processus a commencé à s'inverser suite à l'apparition d'un dynamisme démographique des campagnes[1]. L'exode rural a désormais laissé place à l'exode urbain.

Cependant, la ruralité telle que nous l'entendions il y a plusieurs décennies présente peu de points de commun avec celle qui prévaut aujourd'hui. Les transformations de nos modes de vie, l'amélioration des moyens de déplacement ont permis aux Français de se réapproprier ces territoires[2] auparavant délaissés au profit de la ville.

En outre, les zones à faible densité ne renvoient pas à une réalité commune. Il faut en effet distinguer, selon une typologie établie en 2012 par un rapport présenté à la demande de la DATAR[3], trois catégories différentes de campagne.

1. Voir J.-F. PONCET, Cl. BELOT, *Nouvel espace rural français*, Sénat, n° 468 (2007-2008), 15 juillet 2008.

2. Voir *La revue du réseau rural français*, n° 4, 2012, dont la thématique porte sur « Les nouvelles manières d'habiter le territoire ».

3. M. HILAL, A. BARCZAK, F.-P. TOURNEUX, Y. SCHAEFFER, M. HOUDART et D. CREMER-SCHULTE, *Typologie des campagnes françaises et des espaces à enjeux spécifiques (littoral, montagne et DOM)*, DATAR, 22 mars 2012.

– Dans la première catégorie se retrouvent les « campagnes des villes, du littoral et des vallées urbanisées ». Représentant 16 millions d'habitants, près de 10 500 communes et 140 355 km², celle-ci dispose de conditions de vie fortement imprégnées du dynamisme urbain environnant. Dans cette zone, la population, majoritairement jeune, a assez facilement accès aux services et aux commerces.

– La seconde catégorie regroupe les « campagnes agricoles et industrielles », c'est-à-dire 5,5 millions d'habitants répartis sur 10 523 communes et près de 140 000 km². Ces territoires sont peu densifiés, connaissent un flux migratoire décroissant, un taux de chômage important avec une faible croissance des emplois et une population majoritairement jeune et peu qualifiée. Ces territoires, qui sont caractérisés par une activité essentiellement industrielle et agroalimentaire, sont généralement bien desservis par les services et les commerces.

– Enfin, un troisième groupe réunit les « campagnes vieillies à très faible densité » marquées par une population vieillissante à revenu faible et une activité essentiellement agricole et agroalimentaire. Sont concernées 5,2 millions de personnes habitant dans 12 884 communes réparties sur 227 000 km², soit près de la moitié de la France métropolitaine.

En France, la ruralité est donc multiple. L'accès aux services publics est inégal, le déficit s'opérant surtout dans cette troisième catégorie de territoires.

Dans ce contexte, il convient de se demander quelle peut être la place des technologies de l'information et de la communication pour favoriser le développement des initiatives locales dans les zones de faible densité.

Il apparaît d'une part que les nouvelles technologies sont susceptibles de participer à l'amélioration du service public rendu aux usagers et d'autre part, qu'elles permettent d'accroître l'offre de services mis à disposition de ces derniers.

I. Un décloisonnement des territoires grâce au numérique

Les collectivités territoriales et leurs établissements publics de coopération sont partie prenante des projets numériques visant au décloisonnement de leur territoire, que ce soit en vue de l'amélioration de la vie quotidienne de leurs administrations (A) ou dans la relation que ces derniers peuvent avoir avec l'administration (B). Cette implication est d'autant plus importante que reliés au reste du monde grâce aux nouvelles technologies qui permettent d'abolir les distances physiques, au moins virtuellement, les territoires deviennent plus dynamiques et attractifs.

A. Les collectivités locales porteuses des projets numériques innovants

Les technologies de l'information et de la communication constituent des outils précieux au service des zones non denses en ce sens qu'elles permettent de décloisonner les territoires. L'absence de services ou de commerces de proximité a traditionnellement constitué l'une des lacunes les plus significatives des zones non denses. Les populations aspiraient à vivre dans un environnement naturel et à l'écart des nuisances urbaines telles que le bruit, la pollution…, mais cette qualité de vie s'obtenait souvent au détriment de l'accès aux services de proximité. La révolution numérique a permis de rompre avec cette contrainte en permettant de concilier ces deux exigences auparavant difficiles à réunir.

Concernant le commerce de proximité, il est désormais possible de pallier les insuffisances en ce domaine en effectuant des achats en ligne. Cette amélioration dépend toutefois de la mise en place de services permettant leur réalisation tels que l'acheminement, mais aussi la couverture du territoire pour permettre l'accès à Internet. Les pouvoirs publics ont donc un rôle important à jouer pour garantir ces nouvelles possibilités.

De même, il est dorénavant possible pour un employé de travailler à distance dans le cadre du télétravail. Cette nouvelle modalité de travail renvoie, selon le Code du travail, à

> « toute forme d'organisation du travail dans laquelle un travail qui aurait également pu être exécuté dans les locaux de l'employeur est effectué par un salarié hors de ces locaux de façon régulière et volontaire en utilisant les technologies de l'information et de la communication dans le cadre d'un contrat de travail ou d'un avenant à celui-ci »[4].

Cette possibilité n'est pas seulement offerte aux salariés qui sont régis par le Code du travail, mais elle concerne aussi les fonctionnaires relevant de la loi n° 83-634 du 13 juillet 1983[5] qui peuvent, à leur demande et après accord du chef

---

4. Voir l'article L. 1222-9 du Code du travail, disposition créée par la loi n° 2012-387 du 22 mars 2012 relative à la simplification du droit et à l'allégement des démarches administratives.

5. Les destinataires de la loi n° 83-634 du 13 juillet sont précisés à l'article 2 qui prévoit que ce texte s'applique « aux fonctionnaires civils des administrations de l'État, des régions, des départements, des communes et de leurs établissements publics y compris les établissements mentionnés à l'article 2 du titre IV du statut général des fonctionnaires de l'État et des collectivités territoriales, à l'exclusion des fonctionnaires des assemblées parlementaires et des magistrats de l'ordre judiciaire. Dans les services et les établissements publics à caractère industriel ou commercial, elle ne s'applique qu'aux agents qui ont la qualité de fonctionnaire ».

de service devenir des télétravailleurs. Ils sont alors soumis aux mêmes droits et obligations que les agents exerçant leurs fonctions dans les locaux de leur employeur public[6].

Qu'il soit mis en œuvre dans le secteur public ou privé, le télétravail contribue là encore à renforcer l'attractivité des territoires peu denses. En effet, les salariés bénéficient du confort de la ville tout en se trouvant à la campagne. Cette situation est doublement avantageuse pour eux puisque d'une part, ils font l'économie du temps de transport qui peut parfois s'avérer très long et que d'autre part, ils arrivent à concilier qualité de vie et contraintes liées au travail. Or, il convient de rappeler que l'exode rural s'explique en grande partie par la nécessité de se rapprocher de la ville où se trouve le lieu de travail. L'avènement des nouvelles technologies a donc créé un nouveau contexte qui invite à repenser le lien entre territoire et travail, qu'il s'agisse du lieu ou des conditions.

Les zones non denses l'ont bien compris puisque nombreuses sont celles à aménager des lieux pour favoriser le télétravail. Situés dans des espaces publics (par exemple dans des pépinières d'entreprises, dans les mairies, dans des maisons de services publics, dans des espaces numériques), les télécentres constituent des espaces dédiés à l'hébergement des télétravailleurs, qu'ils soient salariés ou indépendants, qui sont équipés de bureaux disposant d'équipements informatiques et de télécommunications (télécopie, accès haut débit, visioconférences…) et qui proposent des services occasionnels ou permanents (secrétariat, formation…). Le tarif d'accès à ces télécentres est souvent modique, la faiblesse du prix étant de nature à inciter le recours à ces dispositifs par les employeurs.

Par exemple, le télécentre de la communauté de communes du Pays Gentiane, qui est installé dans un espace public de service créé en 1988, est accessible gratuitement la première année pour une journée d'utilisation par semaine. À partir de la deuxième année (ou au-delà de la deuxième journée pour la première année), les utilisateurs doivent acquitter 5 euros pour une demi-journée, 10 euros pour la journée, 30 euros pour la semaine et 90 euros pour un mois. De son côté, les salles de réunion et d'informatique sont accessibles gratuitement pour une journée par mois, puis en fonction de l'utilisation selon les tarifs mentionnés précédemment[7].

6. Voir l'article 133 de la loi n° 2012-347 du 12 mars 2012 relative à l'accès à l'emploi titulaire et à l'amélioration des conditions d'emploi des agents contractuels dans la fonction publique, à la lutte contre les discriminations et portant diverses dispositions relatives à la fonction publique.

7. *http://www.pays-gentiane.com/accueillir/sinstaller-en-pays-gentiane/2023-2/.*

En déployant ces dispositifs, les communes des zones non denses offrent aux populations actives la possibilité d'être connectées en permanence avec leur employeur, dans un environnement professionnel, tout en restant à la campagne.

Mais il est tout aussi possible de bénéficier des conseils d'un médecin spécialisé qui se trouve éloigné du territoire rural grâce aux technologies de la e-santé. À cet égard, la reconnaissance juridique de la télémédecine par le décret du 19 octobre 2010[8] permet d'exercer la médecine à distance selon quatre modalités. D'une part, le patient peut consulter à distance un professionnel de santé à travers une téléconsultation. D'autre part, un praticien a la possibilité de demander à un spécialiste son avis à distance dans le cadre d'une télé-expertise. En outre la télésurveillance médicale permet aux médecins d'interpréter à distance les données nécessaires au suivi médical de leurs patients et de prendre si nécessaire toute décision utile à leur prise en charge. Mais le professionnel de santé peut également demander à être assisté à distance pour la réalisation d'un acte médical par le biais de la téléassistance. L'assistance peut aussi bien porter sur la réalisation d'un acte médical ou chirurgical que pour seconder à distance, dans le cadre de l'urgence, un secouriste dans l'attente d'un médecin[9].

Outre le gain financier que ces dispositifs présentent, la télémédecine favorise l'accessibilité et la qualité de l'offre de santé, renforçant de ce fait l'attractivité du territoire concerné. Pour le malade, l'avantage est considérable puisqu'il peut tout en restant sur place tirer profit de la qualité des soins de ville sans que son déplacement ou celui du spécialiste ne constitue un obstacle à l'examen de son état de santé. Bien sûr, cette procédure rencontre ses limites dans le cas de grandes urgences ou de pathologies complexes. En permettant la prise de décision collégiale ou la formation à distance des professionnels de santé, la télémédecine présente également un intérêt pour ces derniers en limitant l'isolement médical que certains d'entre eux peuvent ressentir en zone rurale. Autrement dit, l'existence de ces équipements renforce aussi l'attractivité du territoire pour les professions médicales qui souhaitent s'y installer et lutte contre la désertification médicale.

---

8. Décret n° 2010-1229 du 19 octobre 2010 relatif à la télémédecine.

9. Il faut aussi mentionner la régulation téléphonique des activités de permanence des soins et d'aide médicale urgente dont l'objectif est de répondre précisément et rapidement par téléphone aux besoins de l'urgence médicale. Les patients ont la possibilité d'accéder à ce service en composant non seulement le numéro national gratuit de l'Aide Médicale Urgente (le 15), mais également lorsqu'ils existent, les numéros des associations de permanence des soins disposant de plateformes d'appels interconnectées avec ce numéro national.

Conscientes de ces avantages, certaines collectivités territoriales ont entendu favoriser l'usage des technologies de l'information et de la communication auprès des professionnels de santé.

Par exemple, dans les Pyrénées-Atlantiques, la communauté de communes d'Arzacq-Arraziguet a déployé fin 2008, avec le soutien de l'État dans le cadre du « Pôle d'excellence rurale » et de France Télécom Orange, un dispositif de télémédecine[10] reliant par visioconférence le CHU de Toulouse avec les maisons de retraite et les deux cabinets médicaux du canton pour éviter notamment les déplacements des personnes âgées et développer la formation à distance. Sur le plan financier, ce projet a nécessité un investissement initial de 96 000 euros hors taxe et coûte, chaque année, 1 200 euros au titre du fonctionnement. Véritable succès, ce projet continue de se développer avec, notamment, l'inauguration le 13 juillet 2012 de deux nouveaux équipements reliés au réseau de télémédecine : d'une part, une maison médicale réunissant des médecins, un cabinet d'infirmiers, un ostéopathe, un podologue et un orthophonique ; d'autre part, une maison de formation[11].

De même, le conseil général des Alpes-Maritimes a mené un projet « santé et technologies », décliné en deux volets. Le premier a consisté à équiper plusieurs sites (hôpitaux, établissements d'hébergement pour personnes âgées dépendantes, ferme thérapeutique, faculté de médecine…)[12] en visioconférences. Il a ainsi été possible de développer la formation à distance, que ce soit dans le cadre de la formation médicale continue ou dans celui de la formation initiale diplômante (auxiliaires de puériculture) en permettant à un formateur localisé à Nice d'enseigner à un public situé sur l'ensemble du département. De même, ces technologies ont permis aux généralistes de l'arrière-pays de bénéficier des conseils des spécialistes du littoral par le biais de téléconsultations ou de télé-expertises. Le second volet était destiné à remettre douze valises médicales communicantes (*e-valises*)[13] à des généralistes installés en zone montagneuse pour leur permettre de réaliser

---

10. Voir le centre de ressources territoriales, *Les collectivités partenaires de l'offre locale de santé. Quels moyens d'action ?* 2010, Éditions Etd.

11. *http://www.larepubliquedespyrenees.fr/2012/07/12/trois-nouveaux-equipements-seront-inaugures-vendredi,1090743.php* (consulté le 25 novembre 2012).

12. *http://www.cg06.fr/fr/servir-les-habitants/action-medicale-sociale/votre-sante/medicin-pais/les-structures-concernees/les-structures-concernees/.*

13. *http://www.cg06.fr/fr/servir-les-habitants/action-medicale-sociale/votre-sante/medicin-pais/le-contexte/le-contexte/.*

des examens médicaux courants (ECG, pression artérielle, oxymétrie…), puis de les envoyer par satellite au CHU de Nice pour avis médical. Ce dispositif n'a pas seulement permis une prise de décision plus collégiale au bénéfice du malade, il a également contribué à une rationalisation des déplacements du SAMU dans les zones isolées, y compris par voie héliportée.

Le financement du matériel technologique, d'un montant total de 3 169 500 euros, a été supporté majoritairement par l'État et le conseil général des Alpes-Maritimes, ces derniers apportant chacun de 30 à 50 % des fonds alors que les établissements de soin ont en moyenne contribué à hauteur de 20 %. Ainsi, le déploiement du dispositif de télémédecine auprès de la maison de santé rurale de Valderoure, qui est située dans une zone de faible densité, à 1 h 30 de Grasse et 2 h 15 de Nice, a supposé la construction d'un bâtiment de 500 m^2 pour 1 168 940 euros, supportés à 80 % par le conseil général et 30 % par la communauté de communes. La prise en charge financière de l'équipement matériel, d'un montant de 325 000 euros, a été assumée par l'État et le département dans le cadre du Pôle d'excellence rurale[14].

B. Les collectivités locales porteuses d'une e-administration locale

Enfin, en permettant le déploiement d'une administration numérique, les technologies de l'information et de la communication ont permis de rapprocher les services publics des usagers, que ces derniers résident dans des territoires urbains ou ruraux. Dorénavant, lorsqu'ils sont mis en ligne, les services publics sont accessibles sur l'ensemble du territoire tout au long de l'année, 24 heures sur 24. L'administration numérique contribue ainsi à combler les lacunes des déserts territoriaux en matière de services publics grâce au décloisonnement des territoires qu'elle permet, à condition toutefois que ces derniers soient reliés aux nouvelles technologies.

Cet accès aux services publics peut prendre différentes formes. Pour les renseignements administratifs, l'usager dispose d'un pôle multicanal puisqu'il peut accéder à l'information aussi bien par téléphone que par Internet.

Dans le premier cas, il lui suffit de composer le « 3939 »[15] qui représente le numéro unique pour accéder du lundi au vendredi, de 8 h 30 à 19 heures, à « Allo Service-Public ». Ce service de renseignement administratif par téléphone peut

14. Source : Conseil général des Alpes-Maritimes.

15. Le coût sera celui d'un appel local depuis un poste fixe. L'usager pourra aussi accéder à ce service depuis l'étranger ou hors métropole en composant, uniquement depuis un poste fixe, le numéro suivant : +33 (0) 1 73 60 39 39 pour le coût d'une communication internationale.

répondre directement et de façon personnalisée à certaines questions simples[16] en renvoyant le cas échéant vers le guichet compétent pour effectuer la démarche administrative. Mais le 3939 a également la possibilité de transférer, sans rupture de communication, les questions plus complexes qui supposent l'expertise d'un informateur spécialisé ou l'intervention d'une administration partenaire. En revanche, ce service téléphonique ne permet pas de répondre aux questions relatives aux dossiers administratifs en cours d'instruction, ni à celles qui se situent en dehors du renseignement administratif. Ce service, qui, en 2011, a reçu 1 369 604 appels pour un temps moyen d'attente de 1 minute et 2 secondes et un temps moyen de conversation de 2 minutes et 44 secondes[17], a obtenu un indice de satisfaction de 93 % des utilisateurs qui ont déclaré « avoir obtenu une réponse claire »[18].

Dans le second cas, l'usager, qu'il soit particulier, professionnel ou membre d'une association, peut trouver des informations administratives sur le site internet *service-public.fr*[19]. Non seulement l'usager a accès en ligne à un annuaire administratif et à des fiches relatives à ses droits et démarches, mais il peut aussi poser une question par email pour obtenir une première réponse d'orientation sur un sujet administratif. Le cas échéant, cette réponse est réorientée vers le 3939 ou un centre de contact spécialisé pour permettre d'adresser à l'usager la réponse la plus précise possible. Mais l'usager peut aussi accéder à des téléservices[20] ou télécharger en ligne des formulaires en ligne.

---

16. Ces questions consistent en particulier à demander des informations sur les démarches administratives (carte grise, permis de conduire, carte nationale d'identité, élections, logement, urbanisme), mais aussi plus largement sur les actes de la vie quotidienne qui pose des problématiques juridiques, que ce soit en droit du travail (embauche, licenciement), en droit de la famille (autorité parentale, divorce, PACS, successions et donations, tutelle et curatelle), en droit de la sécurité sociale (retraites, santé)…

17. Pour les réponses de 1er niveau.

18. Enquête de satisfaction réalisée en 2011, source : *http://www.service-public.fr/* (consulté le 25 novembre 2012).

19. *http://www.service-public.fr/*.

20. Parmi les téléservices accessibles sur *www.service-public.fr* figurent le changement d'adresse en ligne, les demandes d'actes d'état civil (naissance, mariage et décès survenus en France ou à l'étranger), déclaration en ligne des revenus, prédemande de changement de titulaire de certificat d'immatriculation, service de télépaiement des amendes, services en ligne pour les demandeurs d'emploi…

Grâce à la plateforme *Mon.service-public.fr*[21] (MSP), l'usager peut même désormais accéder à certains services publics en ligne à partir d'un compte personnel accessible au moyen d'un identifiant et d'un mot de passe uniques. Utilisé par plus de 4,5 millions d'usagers[22], ce portail ne contient pas uniquement des services en ligne gérés par les administrations de l'État (compte fiscal) ou de sécurité sociale (Ameli pour l'assurance maladie, Caf pour les allocations familiales, Pajemploi pour les formalités de garde d'enfant, Cesu pour le Chèque emploi service). Les collectivités locales qui le souhaitent peuvent également y adhérer, en personnalisant le cas échéant le site internet avec leur logo. Elles offrent ainsi la possibilité à leurs usagers d'accomplir des formalités administratives en ligne, c'est-à-dire, sans déplacement, 24 heures sur 24, 7 jours sur 7, en quelques clics.

Par exemple, les usagers ont la possibilité, par le biais de MSP, de s'inscrire en ligne sur les listes électorales, de transmettre en ligne à la mairie leur dossier de recensement citoyen obligatoire et d'obtenir en retour une attestation de la commune qui figurera sur le porte-documents sécurisé MSP de l'utilisateur, de déclarer en ligne l'ouverture d'un chantier auprès de la mairie du lieu des travaux ou encore de changer leurs coordonnées en ligne (adresse postale, téléphone fixe, téléphone portable et adresse électronique) en une seule démarche auprès des principaux organismes gestionnaires d'un service public. Pour les communes, cette déclaration présente l'intérêt de connaître les arrivées et les départs de leurs administrés.

Récemment, le conseil général du Tarn a mis en ligne les téléprocédures de demande adressées à la maison départementale des personnes handicapées (MDPH), mais a aussi créé un espace personnel sécurisé d'administration électronique qui permet de suivre en temps réel l'état d'avancement de la demande de carte de transport Pastel. Ces deux services sont aussi accessibles à travers MSP[23].

Les collectivités locales ont bien entendu la possibilité de proposer leurs téléservices en dehors de cette plateforme. Cependant, leur présence sur MSP présente un intérêt pour l'usager puisque celui-ci pourra se connecter à partir d'un compte unique à l'ensemble des téléservices, qu'ils relèvent de l'État ou des collectivi-

21. *https://connexion.mon.service-public.fr.*
22. Chiffres au 25 novembre 2012, source : *www.modernisation.gouv.fr.*
23. *https://mon.service-public.fr/portail/app/public/actualites/details/12028.*

tés. Aussi faut-il regretter que, pour l'instant, seules deux collectivités locales soient partenaires de MSP, à savoir le département du Tarn et le département des Hautes-Alpes.

Une alternative peut cependant consister à développer des plateformes régionales comme *e-Mégalis*[24] ou *e-Bourgogne* en vue de mutualiser les coûts techniques et de fonctionnement de ces infrastructures. Sans cette mutualisation certaines collectivités, et en particulier les plus petites, ne pourraient pas, pour des raisons financières, proposer ces services numériques à leurs populations. L'échelon régional permet au contraire de dégager des économies d'échelle tout en conservant une structure gérée directement par les collectivités territoriales.

II. Une nécessaire lutte contre les fractures numériques

Les possibilités offertes par les technologies de l'information et de la communication peuvent être contrecarrées par l'existence de plusieurs fractures numériques. Certaines sont liées à l'existence de caractéristiques différentes entre les utilisateurs. Il s'agit donc de fractures qui peuvent être qualifiées d'humaines. D'autres sont plus spécifiques aux territoires. Il est d'autant plus nécessaire de lutter contre ces fractures numériques que leur existence se traduit par une rupture dans la mise en œuvre du principe d'égalité, puisque certains usagers ne seront pas en mesure d'accéder aux prestations ou services proposés en ligne.

A. Les dispositifs de lutte contre les fractures humaines

Les fractures humaines prennent trois formes différentes.

– La fracture peut en premier lieu résulter d'un *fossé générationnel* dans la mesure où, selon leur âge, les populations sont placées dans une situation d'inégalité face à l'accès aux technologies de l'information et de la communication. Ainsi, les 65-74 ans ne sont que 41 % à posséder un ordinateur personnel et 37 % à être connectés à Internet. Ces ratios chutent respectivement à 17 % et 15 % pour les seniors âgés de plus de 75 ans. 83 % d'entre eux n'ont même jamais utilisé un

24. Voir C. Faivre, « E-mégalis ou comment réussir le développement d'une plateforme régionale d'administration électronique », *Revue de l'Institut du Monde et du Développement (RIMD)*, n° 4, 2012.

ordinateur, et 89 % Internet. À l'inverse, les jeunes âgés de 15 à 24 ans sont 91 % à posséder un ordinateur à domicile et 84 % à avoir accès à Internet. Ces ratios sont respectivement de 87 % et de 80 % pour les 35-44 ans[25].

– La fracture peut en deuxième lieu être la conséquence d'un *fossé social*. Tel est le cas lorsque les populations ne disposent pas des ressources suffisantes pour s'équiper et accéder à Internet. Sont particulièrement concernés les chômeurs, les familles monoparentales, les personnes handicapées, ou encore les étudiants.

– Enfin, la fracture humaine peut également prendre une *dimension culturelle* dans la mesure où l'usage des nouvelles technologies est d'autant plus rare que le niveau d'instruction est faible. En effet, le recours à ces outils suppose une maîtrise de connaissances et de compétences, que ce soit pour l'utilisation du matériel et des logiciels informatiques ou pour la recherche de l'information sur Internet qui suppose une compréhension technique minimum (liens hypertextes, moteurs de recherche, flux RSS, réseaux sociaux, webcam…). Or, si les diplômés de l'enseignement supérieur ne sont que 3 % à ne jamais avoir utilisé un ordinateur et 6 % à ne s'être jamais connecté à Internet, ces ratios sont respectivement de 32 % et de 40 % pour les personnes les moins diplômées, c'est-à-dire ayant un diplôme inférieur au baccalauréat[26].

Or, les campagnes sont affectées par ces trois fossés, au moins pour deux catégories d'entre elles. En effet, les « campagnes agricoles et industrielles » sont confrontées à la fracture sociale et culturelle alors que les « campagnes vieillies à très faible densité » sont affectées non seulement par ces deux fossés, mais aussi par la dimension générationnelle. Dans ces conditions, les collectivités territoriales doivent prendre des mesures pour permettre à leurs populations, sinon de maîtriser, au moins d'être en mesure d'utiliser les nouvelles technologies. À défaut, il ne leur sera pas possible d'accéder aux services publics ou privés mis en œuvre par ce biais.

25. D. AUVERLOT, J. HAMELIN, E. LEJEUNE, J.-L. LOYER, L. RIVIERE, C. SCHAFF, *Le fossé numérique en France : Rapport du gouvernement au Parlement établi en application de l'article 25 de la loi n° 2009-1572 du 17 décembre 2009*, Centre d'Analyse Stratégique, La Documentation française.

26. D. AUVERLOT, J. HAMELIN, E. LEJEUNE, J.-L. LOYER, L. RIVIERE, C. SCHAFF, *op. cit.*

Dans cette perspective, certaines collectivités ont développé des projets destinés à soutenir les populations les plus fragiles. À ce sujet, il faut en particulier mentionner le rôle des Cyber-bases[27] qui ont été mises en œuvre à partir de juillet 2000[28] sous l'impulsion de la Caisse des dépôts et consignations (CDC) pour lutter contre les fossés numériques et favoriser l'accès à internet et aux usages numériques. Leur objectif est d'accompagner, gratuitement ou pour un coût modique, les populations les plus démunies face aux nouvelles technologies comme les seniors ou les personnes handicapées en les formant à travers des cours et des ateliers d'initiation, mais aussi en les assistant dans leurs démarches administratives en ligne.

Ayant un but non lucratif, ces espaces numériques sont portés sur l'ensemble du territoire par les collectivités locales sous leurs différentes formes, c'est-à-dire, autant par des régions, par des départements que par des établissements publics de coopération intercommunale ou des communes. Ainsi, la France compte plus de 830 sites répartis sur près de trois quarts des départements qui accueillent chaque année 2 millions de visiteurs grâce au travail de 1 800 animateurs[29].

Parmi les exemples[30], il est possible d'évoquer le programme « CyberIndre » développé par le conseil général de l'Indre, qui initie et accompagne les populations au numérique grâce à un « Bus CyberIndre » équipé d'ordinateurs. Ce dispositif

---

27. Les cyber-bases forment le premier réseau national d'un ensemble plus vaste d'espaces publics numériques qui rassemblent l'ensemble des services publics non commerciaux destinés à la démocratisation de l'accès à internet et aux usages numériques. Désigné initialement sous le label d'Espace public numérique (EPN), puis depuis novembre 2003, à travers la charte et le label NetPublic, ces espaces comprennent outre le réseau cyber-base, le réseau des Espaces culturels multimédias (ECM) mis en œuvre avec l'appui du ministère de la Culture ainsi que le réseau des points Cyber qui est soutenu par le ministère chargé de la Jeunesse. L'attribution conjointe du label et de la Charte « NetPublic » permet de renforcer la visibilité des espaces numériques en faisant en sorte qu'ils soient mieux identifiés dans les bâtiments administratifs mettant en œuvre ces dispositifs d'accompagnement.

28. Voir la Caisse des Dépôts s'est vue attribuer cette compétence par le Comité interministériel pour la société de l'information (CISI) du 19 juillet 2000.

29. Sur ce point, voir le portail *NetPublic* créé par la Délégation aux usages de l'Internet (*www.netpublic.fr*).

30. Parmi les autres exemples, il est possible de citer, sans être exhaustif, au niveau régional, les « Espaces multimédias en Aquitaine », les « Espaces publics numériques de Basse-Normandie », les « Cybercommunes de Bretagne », les « Points d'accès multimédias en Corse », les « espaces cyber-base en Midi-Pyrénées », le projet « Cyber Nord-Pas-de-Calais », les « Espaces régionaux numériques en Pays de la Loire », le dispositif « Picardie en ligne », les « Espaces publics numériques de Poitou-Charentes », les « Espaces régionaux Internet Citoyen (ERIC) de Provence-Alpes-Côte d'Azur ». Au niveau départemental, coexistent notamment « Cybercantal », « Côte d'Or numérique »,

itinérant se déplace de canton en canton, les animateurs opérant ensuite dans une salle communale dotée d'ordinateurs portables pour dispenser des formations et prodiguer une assistance à l'accès aux services publics en ligne[31].

Il faut aussi évoquer les relais de service public. Dans une lettre de mission adressée en 2005 au Chef de service de l'Inspection générale d'administration, le ministre de l'Intérieur rappelait que « les services publics en milieu rural sont une préoccupation majeure » qui nécessite de mener une concertation dans les bassins ruraux en vue de rechercher des solutions innovantes[32]. Dans cette perspective, il insistait sur la nécessité de mieux valoriser le rôle des maisons de services publics[33] en créant des « relais de services publics ».

Dans ce prolongement, et suite à la signature de la Charte nationale de l'offre de services publics et au public en milieu rural[34], une circulaire du 2 août 2006[35] a demandé aux préfets de département de labelliser en « relais services publics » (RSP) des structures d'accueil polyvalent qui réunissent au sein d'un même site plusieurs services publics. Portés par des communes, des établissements publics de coopération intercommunale, l'État, voire une structure associative, les relais de services publics sont actuellement environ au nombre de 250, répartis dans 56 départements et 19 régions[36]. Implantés dans les territoires ruraux, ces « relais

les « Espaces publics informatiques (EPI) de Hautes-Pyrénées », l'espace « CyberIndre », les « Lieux d'accès multimédias (LAM) de l'Hérault », les « Ateliers multiservices informatiques (AMI) des Landes », les « Espaces publics multimédias du Lot », « Cybercases de La Réunion ». Au niveau communal ou intercommunal, il est possible de citer « Inforoutes de l'Ardèche » dont la gestion relève d'un syndicat intercommunal à vocation unique (SIVU), les « Points d'accès publics à Internet (PAPI) de Brest » ou encore « le réseau des ERIC Cyber-bases de Toulon Provence Méditerranée ».

31. Voir par exemple, *http://www.recia.fr/article/ficheview/1/149/1/58* (consulté le 25 novembre 2012).

32. Lettre du 26 octobre 2005 du ministre d'État, ministre de l'Intérieur et de l'Aménagement du Territoire, à Monsieur Daniel Limodin, Chef de service de l'Inspection générale d'administration.

33. Créés par les articles 27 et suivants de la loi n° 2000-321 du 12 avril 2000 relative aux droits des citoyens dans leurs relations avec les administrations, modifiée, et son décret d'application n° 2001-494 du 6 juin 2001, dans sa version modifiée par le décret n° 2006-362 du 21 mars 2006.

34. Cette Charte nationale sur l'organisation de l'offre de services publics et au public en milieu rural a été signée le 23 juin 2006 par le Premier ministre, l'Association des Maires de France et différents prestataires de service public (La Poste, La SNCF, Gaz de France, l'Agence nationale pour l'Emploi devenue Pôle emploi depuis, EDF...).

35. Circulaire interministérielle du 2 août 2006 sur la labellisation de Relais Services publics (RSP).

36. Question écrite n° 130695 de P. Morel-A-L'Huissier au ministre de l'Agriculture, de l'Alimentation, de la Pêche, de la Ruralité et de l'Aménagement du Territoire. Question publiée au *Journal officiel* le 20 mars 2012, p. 2354. Réponse publiée au *Journal officiel* 8 mai 2012, p. 3508.

services publics » permettent d'assurer à la fois la proximité et la qualité du service public, notamment en mettant à disposition les infrastructures et l'accompagnement nécessaires pour permettre aux populations d'accomplir leurs démarches administratives en ligne. Par leurs actions, les relais de service public contribuent donc à réduire à la fois la fracture numérique humaine et la fracture numérique territoriale.

B. Les dispositifs de lutte contre la fracture territoriale

La fracture numérique n'est pas seulement sociale, elle est aussi territoriale dans la mesure où certains territoires ne sont pas ou sont insuffisamment reliés aux réseaux de télécommunication. Les populations des zones non denses sont particulièrement concernées par cette lacune qui les prive de l'accès aux services en ligne, et plus largement des bénéfices de la société de l'information et de la communication.

Des distinctions sont cependant à opérer entre collectivités, certaines étant situées au cœur d'un désert numérique alors que d'autres sont reliées aux réseaux de télécommunication, mais avec des débits qui sont devenus insuffisants face aux évolutions technologiques. En effet, les nouvelles prestations telles que les offres « *triple play* », les visioconférences, etc., supposent un débit minimum.

Face à ce contexte, les collectivités locales ont pris conscience de la nécessité d'agir activement pour réduire cette fracture numérique territoriale. À cet égard, il importe de rappeler que la France s'est fixé l'objectif de couvrir les foyers français en très haut débit à 70 % d'ici 2020 et à 100 % d'ici 2025[37], étant précisé que le gouvernement actuel souhaite raccourcir ces délais pour parvenir à une couverture totale du territoire à échéance plus brève. En effet, le Président de la République s'est engagé à couvrir l'ensemble du territoire en très haut débit d'ici dix ans[38].

Or, un chemin important reste à réaliser au regard de la situation actuelle même s'il est possible de constater une accélération de la couverture ces dernières années. En effet, sur les 35 millions de lignes téléphoniques raccordées en France, seuls

37. Voir le programme national pour le très haut débit adopté par le Comité interministériel d'aménagement et de développement du territoire (CIADT) du 11 mai 2010. Voir également la circulaire du 16 août 2011 relative à la mise en œuvre du programme national très haut débit et de la politique d'aménagement numérique du territoire.

38. Communiqué de presse interministériel de Cécile Duflot, ministre de l'Égalité des territoires et du Logement, d'Arnaud Montebourg, ministre du Redressement productif et de Fleur Pellerin, ministre déléguée chargée des Petites et Moyennes Entreprises, de l'Innovation et de l'Économie numérique, 9 novembre 2012, n° 198.

2 millions sont éligibles à la fibre optique permettant de raccorder les domiciles et les entreprises au très haut débit (FTTH)[39], chiffre auquel il faut ajouter 8 millions de foyers éligibles au très haut débit grâce au câble. Pour atteindre l'objectif fixé initialement pour 2025, l'ARCEP[40] avait estimé en 2011 qu'il était nécessaire d'accroître, dans un délai de trois ans, les lignes éligibles de 2,5 millions par an avec un rythme maintenu pendant une décennie. Il s'agit d'un effort important quand on sait qu'en 2012 la croissance n'a été que de 800 000 ouvertures de lignes supplémentaires et que le coût total de ce déploiement est évalué à 25 milliards d'euros[41].

En outre, il faut noter que si les opérateurs de télécommunication se sont engagés à couvrir d'ici 2020 57 % des ménages répartis sur 3 400 communes situées dans 200 agglomérations, cet effort reste insuffisant, notamment s'agissant des zones peu denses. En effet, ces dernières forment l'essentiel des zones blanches (sans accès ADSL) et des zones grises (avec un débit inférieur à 1 Mb/s) qui sont jusqu'à présent délaissées par les opérateurs de télécommunication au profit des zones denses dont le prix de couverture en très haut débit est moins élevé que celui des territoires à faible densité.

Pour mener à bien la couverture des zones peu denses et respecter l'engagement du Président de la République, l'action des collectivités locales sera donc tout aussi indispensable que celle de l'État et des opérateurs de télécommunication. Or, les élus locaux ont désormais la possibilité de prendre le relais des opérateurs privés après avoir identifié la carence du secteur privé. En effet, le législateur a introduit en 2004[42], la possibilité pour les collectivités territoriales d'intervenir dans le secteur des communications électroniques pour exercer une activité d'opérateur en cas d'insuffisance du secteur privé. Pour ce faire, les collectivités territoriales peuvent, depuis la loi du 17 décembre 2009 contre la fracture numérique, s'appuyer sur les schémas directeurs territoriaux d'aménagement numérique (SDTAN) qui permettent de dresser l'état des lieux de la couverture numérique sur les territoires afin de s'assurer de la cohérence entre l'offre privée et l'offre publique.

39. Cet acronyme renvoie à la notion anglaise de « *Fiber to the Home* », ou autrement dit, fibre optique jusqu'au domicile.

40. ARCEP : Autorité de régulation des communications électroniques et des Postes.

41. ARCEP, *La montée vers le très haut débit sur l'ensemble du territoire*, juillet 2011.

42. Loi n° 2004-669 du 9 juillet 2004 relative aux communications électroniques et aux services de communication audiovisuelle.

Cependant, l'activité des collectivités territoriales peut uniquement porter sur du marché de gros et ne peut pas viser à fournir directement le client final. Elle n'intervient pas dans une situation de monopole légal si bien que les opérateurs privés qui le souhaitent peuvent également déployer des réseaux concurrents à ceux mis en œuvre par les collectivités.

Il existe actuellement 215 réseaux d'initiative publique permettant une desserte en fibre optique de 4400 zones d'activités. 104 réseaux concernent des zones de moins de 60000 habitants. Tous ces réseaux ne permettent pas de couvrir les populations en très haut débit, mais visent uniquement à améliorer la couverture haut débit des zones non éligibles à l'ADSL (zones blanches). L'ARCEP recensait une vingtaine de RIP très haut débit en cours d'élaboration portant sur une couverture de plus de 100000 lignes.

Ces différentes actions sont indispensables, car à défaut, les inégalités entre les territoires ne pourront que s'accentuer. La réalisation de l'objectif d'une couverture intégrale constitue donc « un chantier majeur pour l'aménagement de nos territoires et la modernisation de nos entreprises »[43] qui suppose des mesures importantes. Aussi, le gouvernement a-t-il créé le 9 novembre 2012 une mission « Très haut débit » qui est conduite par Antoine Darodes, directeur de la régulation des marchés du haut et du très haut débit et des relations avec les collectivités territoriales à l'ARCEP. Cette mission devrait permettre d'étudier les moyens à mettre en œuvre pour une couverture en très haut débit des zones peu denses. De même, il devrait annoncer une nouvelle feuille de route sur le numérique au premier trimestre 2013, dont un volet portera directement sur le déploiement de la fibre optique. L'objectif de ces différentes mesures est de contribuer à une meilleure égalité des territoires s'agissant du très haut débit, afin que la révolution numérique puisse profiter à tous les usagers.

---

43. Communiqué de presse interministériel du 9 novembre 2012, n° 198, préc.

QUELS MOYENS FINANCIERS ?

par

Jean-Luc ALBERT

Professeur

Université d'Auvergne

Recourir à l'instrument financier est l'un des axes classiques des politiques territoriales[1], que cela soit au travers de la dépense budgétaire ou de la dépense fiscale.

Les espaces ruraux, qui sont *a priori* d'abord concernés par le concept de faible densité (mais n'y a-t-il aujourd'hui qu'eux ?), sont historiquement bénéficiaires d'une politique de soutien qui ne s'est jamais démentie au fil des années.

Cette politique destinée à la fois à lutter contre la désertification et à contribuer au développement économique de fractions importantes du territoire national est progressivement entrée dans une période « turbulente » due à l'émergence de nouvelles priorités territoriales (la ville et le péri-urbain) devenant parfois concurrentes dans l'allocation des moyens financiers, mais aussi a été soumise à un encadrement européen plus spécifique en matière d'aides étatiques à l'économie.

Or, au-delà d'une approche traditionnelle reposant sur une certaine solidarité de la nation envers les territoires ruraux, le développement croissant du concept de péréquation, constitutionnalisé en 2003, pouvait laisser entendre qu'une nouvelle dynamique financière pourrait bénéficier à ces territoires.

En ce sens, la loi du 23 février 2005 relative au développement des territoires ruraux a contribué à redonner, après la loi « Pasqua » de 1995, une certaine lisibilité à cette politique de soutien.

---

1. Par exemple, M.-J. AGLAÉ (dir.), *Aménagement du territoire et développement durable. Les collectivités françaises de l'espace Amazonie-Caraïbe en quête d'un projet territorial*, Cujas, 2009.

Mais là aussi, la concurrence entre territoires en difficulté, la crise des finances publiques sont un frein à une politique claire et univoque de soutien à ce type de territoire ; il suffit pour cela de se rendre sur le site de la DATAR[2] pour prendre conscience de la diversité des instruments financiers mis en œuvre en direction des territoires.

De fait, si l'on peut entendre de façon sans doute trop simplifiée par espace à faible densité, un espace à faible densité démographique, il ne faut pas non plus négliger d'autres paramètres comme la densité des infrastructures, des équipements collectifs, en matière de télécommunications, en services publics, en équipements de santé, en médecins, en entreprises, en richesses primaires, ou même en matière de revenus et donc fiscale… qui participent aussi d'une certaine lecture territoriale.

Il en résulte en particulier en France de très fortes inégalités territoriales qui peuvent d'ailleurs se lire fiscalement, par exemple au travers de la répartition territoriale des redevables de l'impôt de solidarité sur la fortune ou encore en matière de contribution économique territoriale.

Certains territoires accumulent alors les handicaps. Pour autant, des territoires à faible densité peuvent cependant avoir aussi des capacités de développement[3].

Mais si l'on s'en tient au seul (et insuffisant) critère démographique, à partir de quel seuil démographique un espace est-il à faible densité ?

Ce qualificatif de « faible » n'est-il d'ailleurs pas très subjectif et à relativiser ?

Ainsi, en Guadeloupe et en Martinique les aides aux entreprises implantées dans les zones franches d'activités sont réservées à des communes localisées en zone de montagne, situées dans un arrondissement dont la densité de population est inférieure à 270 hab./km² et si leur population est inférieure à 10 000 habitants[4].

Sur le plan européen, dans le cadre de la politique des fonds structurels, avait été institué il y a un certain nombre d'années un Objectif 6 destiné aux États nordiques et dont la densité d'éligibilité était, elle, de moins de 8 hab./km².

---

2. Indiquée en 2014 au sein du nouveau Commissariat général à l'égalité des territoires.

3. Voir étude M. Dedeire et L. Razafimahefa, « Les espaces ruraux de faible densité : des qualifications territoriales multiples ? Une application à partir de la France rurale », colloque ASRDLF, 2012, 16 p. Cette étude chiffre à près de 15 600 le nombre de communes qualifiables « à faible densité » selon la définition de l'Insee.

4. CGI, art. 44 *quaterdecies* III 2°.

Pour l'Insee[5], si le critère n'évolue pas trop dans le temps, ce qui a pourtant été le cas, la faible densité correspondrait aujourd'hui à des territoires de moins de 30 habitants au km², avec une incise de très faible densité à moins de 10 habitants au km².

Or, les instruments financiers s'appuient rarement sur un tel seuil.

C'est un peu un « grand écart » qui montre bien que ce concept est hétérogène et peut donner lieu à des traductions multiples.

Sur le plan financier les indicateurs retenus en matière de dotations, de mécanismes de péréquation, d'aides régionales, d'exonérations… relèvent de seuils inégaux et peu homogènes (I), certains dispositifs pouvant cependant se révéler plus fédérateurs que d'autres (II).

I. Une difficile identification démographique des instruments financiers

Assez classiquement, les instruments financiers mis en œuvre au niveau européen, de l'État, ou même des collectivités territoriales comme les régions, connaissent deux approches s'agissant des populations concernées ; soit une approche reposant sur le nombre d'habitants, critère le plus fréquent, soit une approche reposant sur la densité démographique, le moins fréquent ; en outre, dans certains dispositifs les deux critères peuvent jouer alternativement.

Or, même si l'on prend en compte l'une ou l'autre de ces approches, il n'y a que rarement identité de lecture si l'on compare les dispositifs financiers instaurés, et ce d'autant plus que des critères complémentaires peuvent se rajouter à cette lecture comme la longueur de la voirie classée dans le domaine public, le potentiel fiscal ou financier, la localisation ou non en zone de montagne, voire le nombre d'enfants, de titulaires du RSA, etc.

Trois types d'instruments financiers peuvent être actionnés en faveur des territoires.

– Le mécanisme des subventions administratives, aux origines fort diverses, États, collectivités territoriales, EPCI, Union européenne… et aux destinataires tout aussi divers, qu'il s'agisse de collectivités, d'opérateurs économiques… ainsi que sur le plan formel (aide ponctuelle, globale…) est le plus usuellement mis en œuvre, dans une logique d'aménagement du territoire, de développement économique, social et structurel, sous la réserve, s'agissant des aides aux entreprises,

5. Cité par la DATAR, dans « Les espaces de la faible densité », *Territoires 2040*.

que celles-ci respectent les dispositions fixées par l'Union européenne en matière d'aides étatiques à l'économie et en particulier des règles régissant les aides à finalité régionale (AFR)[6]. Les formes d'intervention peuvent reposer sur des Fonds européens (FEADER) ou nationaux, ou encore sur certains types d'aides. Parmi ces formes d'intervention, il convient évidemment de mettre en avant au titre de l'État et à destination des entreprises, la prime d'aménagement du territoire (PAT)[7]. Elles peuvent en outre être mises en œuvre de façon fédératrice autour de projets territorialisés. En ce sens, le Fonds national de développement et d'aménagement du territoire (FNADT) participe de façon prédominante à une politique en faveur des territoires en particulier ruraux, avec cependant une baisse sensible des autorisations d'engagement en 2011 et 2012, politique que viennent compléter ou renforcer les collectivités départementales et régionales[8].

6. Règlement (CE) n° 800/2008 de la Commission du 6 août 2008 déclarant certaines catégories d'aide compatibles avec le marché commun en application des articles 87 et 88 du traité (règlement général d'exemption par catégorie), *JOUE*, 9 août 2008, L. 214/3 ; Décret n° 2007-732 du 7 mai 2007 relatif aux zones d'aide à finalité régionale et aux zones d'aide à l'investissement des petites et moyennes entreprises, *JORF*, 8 mai 2007, p. 8167 ; Décret n° 2011-391 du 13 avril 2011 modifiant le décret n° 2007-732 du 7 mai 2007 modifié relatif aux zones d'aide à finalité régionale et aux zones d'aide à l'investissement des petites et moyennes entreprises, *JORF*, 14 avril 2011, p. 6563 ; Décret n° 2014-758 du 2 juillet 2014 relatif aux zones à finalité régionale et aux zones d'aide à l'investissement des petites et moyennes entreprises pour la période 2014-2020, *JORF,* 3 juillet 2014, p. 10999 et s.

7. PAT « Industrie et services » et PAT « Recherche Développement innovation ».

8. Voir *Rapport fait au nom de la Commission des finances, de l'économie générale et du contrôle budgétaire sur le projet de loi de finances pour 2012 (n° 3775)*, Annexe n° 31 *Politique des territoires*, Assemblée nationale, n° 3805, 12 octobre 2011. Mise en œuvre dès 2006 par l'intermédiaire du Programme des interventions territoriales de l'État.

Tableau 1

Les crédits du FNADT

	2008		2009		2010		2011		2012	
FNDAT contractualisé (CPER)	125	173	165,7	153,8	167,9	160,5	120	149,1	122,9	142,3
FNDAT non contractualisé	100,8	148,8	120	129	118,4	126,6	129,5	89,8	105,2	109
Total	225,8	321,8	285,7	282,8	286,3	287,1	249,6	238,9	228,1	251,3

Unité : million d'euros.

Source : Rapport n° 3805, Assemblée nationale, annexe n° 31 « Politique des territoires » ; Source LFI.

C'est dans le sens, sans doute, d'une « globalisation » totale des crédits qu'ont été initiés en 2005 les pôles d'excellence rurale (PER)[9] qui s'adressent aux territoires localisés en zone de revitalisation rurale et aussi à tous ceux qui sont situés en dehors d'aires urbaines de plus de 30 000 habitants, autre concept démographique[10].

9. Les régions ont développé une démarche similaire, comme Rhône-Alpes avec ses projets stratégiques agricoles et de développement rural (PSADER).

10. Voir le rapport d'information de R. POINTEREAU n° 622 (2008-2009), *Les pôles d'excellence rurale : un accélérateur des projets issus des territoires*. Ils bénéficient des crédits de l'État mutualisés au sein d'un Fonds ministériel mutualisé (FMM). La vague d'août 2011 de labels de pôle d'excellence rurale (décret n° 2011-1019 du 25 août 2011 attribuant le label de pôle d'excellence rurale, *JORF*, 27 août 2011, p. 14545) ayant ainsi labellisé dans l'Allier deux pôles : la communauté de communes en Pays Saint-Pourcinois (thème « Valorisation et innovation par la réalité virtuelle ») et celle de la Montagne bourbonnaise (« Pôle de formation et de développement des métiers de la filière bois ») ; dans le Cantal, c'est la communauté d'agglomération du bassin d'Aurillac (« Lac de Saint-Étienne-Cantalès : une destination de nature de loisirs sportifs »), et la communauté de communes du Pays de Montsalvy (« Pérennisation du tissu économique en milieu rural ») ; dans la Haute-Loire, il s'agit du comité de développement du Velay volcanique (« BOI'LUZ du Velay »), le Syndicat mixte d'aménagement du Haut-Allier (« L'écotourisme comme modèle de développement durable »), la communauté de communes du Pays de Montfaucon (« Aménagement d'un centre montagnothérapie à Saint-Bonnet-le-Froid ») ; dans le Puy-de-Dôme : Parc naturel régional Livradois-Forez (« le fret ferroviaire en Livradois-Forez »).

La cartographie des territoires sur le plan européen prend en compte d'abord le PIB/habitant (le seuil des 75 % de la moyenne communautaire). Le critère de la densité existe dans cette identification pour les espaces à très faible densité (de moins de 8 hab./km² à moins de 12 selon la catégorie)[11].

– S'agissant des dotations de l'État bénéficiant aux collectivités publiques locales, diverses dotations allouées prennent en compte le paramètre démographique en particulier au sein de la dotation globale de fonctionnement (DGF) sans offrir de lisibilité absolue.

Ainsi la dotation de solidarité rurale (DSR) s'adresse-t-elle aux communes de moins de 10 000 habitants et « *à certains chefs-lieux d'arrondissement de moins de 20 000 habitants* », ce qui intéresse l'immense majorité des communes de France[12], tandis que la dotation de solidarité urbaine s'adresse aux communes de 10 000 habitants et plus.

Tableau 2

Évolution de la DSR de 2008 à 2012 (unité : million d'euros)

	2008	2009	2010	2011	2012
Montant	711	757	802	852	892

Source : Rapports de l'Observatoire des finances locales.

– Pour sa part, la dotation d'équipement des territoires ruraux[13] bénéficie aux EPCI dont la population en métropole n'excède pas 20 000 habitants (35 000 dans les DOM), mais ce critère étant trop simple, le législateur le complète à la fois par un dépassement possible de ces seuils jusqu'à 60 000 habitants s'il est constitué exclusivement de communes ne dépassant pas 2 000 habitants ou 3 500 habitants ou au-delà et jusqu'à 20 000 et 35 000 habitants si le potentiel financier moyen est inférieur à un certain seuil, ou si le potentiel fiscal moyen par habitant est inférieur au potentiel fiscal moyen par habitant de l'ensemble des EPCI à fiscalité propre de même catégorie et dont toutes les communes ont une population inférieure à 15 000 habitants.

11. Voir Commission européenne, « Lignes directrices concernant les aides d'État à finalité régionale pour la période 2007-2013 », *JO* C 54, 4 mars 2006.

12. CGCT, art. L. 2334-20.

13. CGCT, art. L. 2334-32 et s.

Enfin, en matière de péréquation des dotations de l'État, le décret du 7 mai 2012[14] traitant de la péréquation des ressources fiscales, appréhende aussi cette question, là encore en recourant au seuil démographique, la base référence étant un niveau de population de 7 500 habitants pour ce qui est de l'ensemble intercommunal ou de la commune si elle n'appartient pas à un EPCI à fiscalité propre et ce pour la détermination du potentiel financier agrégé par habitant et la répartition des ressources du Fonds national de péréquation. Or, en l'espèce, le coefficient est de 1 si la population est inférieure ou égale à 7 500 habitants et il est majoré s'il est supérieur, à savoir + 0,54827305 entre 7 500 et 500 000 habitants et passe à 2 au-delà de 500 000 habitants[15].

La difficulté en ce domaine est que les statistiques démographiques sont établies par l'Insee et que l'ensemble de cet « appareillage » démographique repose sur la méthodologie de cet institut qui dispose du monopole d'établissement de ces statistiques en matière de population.

En ce domaine, le juge administratif a rejeté ces dernières années les tentatives de collectivités et en particulier des communes[16] pour que soient prises en compte d'autres données démographiques, estimant que l'Insee justifiait sa méthode de calcul, en n'ayant pas commis d'erreur matérielle en la matière[17] ou encore d'erreur manifeste d'appréciation[18].

II. Un identifiant attractif, la zone de revitalisation rurale

Au travers de l'extrême diversité des dispositifs juridiques instaurés avec le temps, on peut sans doute identifier un type plus particulier de territoire pouvant traduire une démarche « lisible » de soutien à des territoires à faible ou à très faible densité.

Novation des politiques des territoires, la zone de revitalisation rurale a ainsi été instituée par la loi du 23 février 2005.

---

14. Décret n° 2012-717 du 7 mai 2012 relatif aux dotations de l'État aux collectivités territoriales et à la péréquation des ressources fiscales, *JORF*, 8 mai 2012, p. 8564.

15. CGCT, art. R. 2336-1.

16. Ainsi, au titre de la DGF, la population à prendre en compte est celle qui résulte du recensement majoré chaque année des accroissements de population (conditions définies par décret), CGCT, art. L. 2334-2. Les communes sont classées en quinze groupes démographiques (CGCT, art. L. 2334-3, avec une première catégorie de 0 à 499 habitants).

17. CE 29 juin 2011, n° 337138, *Commune de la Ville-aux-Dames*, *Rec. Tables* ; CE 10 novembre 2010, n° 336914, *Commune de Saint-Siffret*, inédit.

18. CE 16 mai 2012, n° 347094, *Commune de la Ville-aux-Dames*, inédit.

Ce régime s'adresse à des territoires d'une densité inférieure à 31 habitants au km² selon un mode de calcul qui prend en compte soit le canton lui-même, soit l'EPCI, soit encore l'arrondissement, mais dans ce dernier cas, le seuil est de 33 habitants au km².

Or, la zone de revitalisation rurale (ZRR) joue sur le plan notamment financier, fiscal et social un rôle attractif, car elle constitue la base de référence pour différents dispositifs.

Il peut s'agir de la dotation de solidarité rurale qui bénéficie en particulier aux communes de moins de 10 000 habitants ; dans ce cas, les communes situées dans cette zone bénéficient d'un coefficient multiplicateur de 1,3 en ce qui concerne la première fraction de cette dotation.

La zone de revitalisation rurale n'est pas non plus méconnue sur le plan social puisque les gains et rémunérations versés à des salariés embauchés dans cette zone peuvent bénéficier d'une exonération de charges sociales (cotisations à la charge des employeurs au titre des assurances sociales, des allocations familiales et des accidents du travail dans une certaine limite) sur le fondement de l'article L. 131-14-2 du Code de la sécurité sociale, dispositif qui se réfère dans sa définition de la ZRR à l'article 1465 A du CGI.

Son rôle est tout aussi significatif en matière fiscale puisque l'implantation dans ce type de zone, sous réserve bien souvent d'une délibération préalable de l'instance délibérative locale compétente, permet notamment aux entreprises de bénéficier potentiellement d'un triple dispositif fiscal d'exonération s'agissant de l'impôt sur le revenu ou de l'impôt sur les sociétés, de la contribution économique territoriale, de la taxe foncière sur les propriétés bâties.

L'article 44 *sexies* du CGI en liaison avec l'article 1465 A organise ainsi un régime d'exonération d'IR ou d'IS à raison des bénéfices réalisés sur vingt-trois mois à compter de la création de l'entreprise, régime adapté selon la profession exercée, l'article 1465 A, lui, organisant une exonération de cotisation foncière des entreprises sur une durée maximum de cinq ans ; ces deux dispositifs se réfèrent aux ZRR marquées en outre par un critère socio-économique supplémentaire comme le déclin de la population sur l'arrondissement, de la population active ou une forte proportion d'emplois agricoles[19]. L'article 44 *quindecies* va plus

19. Faut-il encore que le contribuable déclare les bénéfices concernés dans les conditions et délais légaux, CAA Lyon, 5 janvier 2012, nº 11LY00342, inédit.

loin dans les mêmes zones au profit des créations et reprises d'entreprises, et ce jusqu'au 59e mois suivant celui de la création ou de la reprise, les bénéfices réalisés n'étant ensuite soumis que progressivement à ces impôts en bénéficiant alors d'un abattement dégressif sur trois années ou trois périodes de douze mois. L'article 1465 A sert aussi de référence pour des abattements sur l'assiette de la taxe de publicité foncière ou du droit d'enregistrement pour les acquisitions[20] ou une réduction à 0 % du droit de mutation s'agissant des mutations à titre onéreux de fonds de commerce et de clientèle[21]. L'exonération peut enfin porter en matière de taxe foncière sur les propriétés bâties, sur des logements acquis et améliorés au moyen d'une aide financière de l'ANH par de personnes physiques, sur une durée de quinze ans[22], exonération pouvant aussi bénéficier à des hôtels, locaux meublés à titre de gîte rural, classés meublés de tourisme, chambres d'hôtes[23]. Il en va de même en ce qui concerne la taxe d'habitation au bénéfice des locaux sous forme de gîte rural, de meublés de tourisme, de chambres d'hôtes[24].

La ZRR sert aussi pour la réduction d'impôt sur le revenu pour des contribuables domiciliés en France et qui réalisent des travaux de reconstruction, d'agrandissement, de réparation ou d'amélioration[25] s'agissant notamment de dépenses en matière de logement dans le cadre d'une résidence de tourisme ou même pour un logement, sous condition de location.

Or, la zone de revitalisation rurale sert encore de point de référence pour d'autres politiques ; c'est en particulier le cas au niveau de la santé[26], avec des dispositifs relativement incitatifs : ainsi peuvent bénéficier d'une possible exonération de cotisation foncière des entreprises (CFE), les médecins et auxiliaires médicaux[27] qui s'établissent ou se regroupent dans les communes de moins de 2 000 habitants

---

20. CGI, art. 1594 F *ter*, sous réserve d'une délibération du conseil général.

21. CGI, art. 722 *bis* et art. 719. Donc pour la fraction de la valeur taxable entre 23 000 et 107 000 euros.

22. CGI, art. 1383 E.

23. CGI, art. 1383 E *bis*.

24. CGI, art. 1407. La délibération peut ne viser qu'une catégorie de logement.

25. CGI, art. 199 *decies* E.

26. Avec une prise en compte de la zone de revitalisation rurale ou du déficit des zones rurales ou urbaines en offre de soin. Instruction 5 G-2-07, *BOI*, n° 60, 25 avril 2007 ; nonobstant des politiques d'aide à l'installation et autres formes de soutien direct. Pour l'Auvergne, la cartographie établie en 2005 faisait, apparaître plus d'une vingtaine de territoires concernés dans les quatre départements.

27. Relevant de l'impôt sur le revenu au titre des BNC et exerçant à titre libéral.

ou relevant d'une ZRR[28], sous la condition qu'ils n'opèrent pas ici un transfert en provenance d'une zone où ils ont pu bénéficier d'un avantage fiscal similaire. Ils peuvent aussi bénéficier d'une exonération d'impôt sur le revenu[29], le bénéfice de la dimension rurale pouvant jouer au profit du professionnel qui n'est pas implanté en permanence dans ce type de zone, mais y assure des permanences de soins ; dans ce dernier cas, ce dernier voit ses recettes perçues au titre des astreintes et majorations spécifiques être exclues de l'assiette de l'IR à hauteur de soixante jours de permanence par an.

Qui dit attractivité, dit quasi automatiquement tentation parfois indue pour bénéficier des avantages fiscaux qui accompagnent la ZRR, alors même, ce que l'on oublie bien souvent, que ces avantages sont d'une durée temporaire de quelques années. C'est aussi oublier que les dispositifs, selon leur formulation, peuvent aussi bénéficier à des entités à forte main-d'œuvre œuvrant dans des domaines moins ou peu lucratifs comme le monde associatif, social[30]...

Or, cette approche, simple d'apparence, se double d'une diversité de régimes fiscaux divers, complexes à appréhender pour plusieurs raisons.

D'abord en raison des conditions posées par le législateur lui-même par exemple au travers d'engagements de conservation d'un bien, de résidence, de maintien d'une exploitation d'un bien acquis ; ainsi le non-respect de cet engagement induit l'acquittement de l'impôt ou du complément qui aurait dû être payé à l'origine[31] (par exemple en matière de mutation à titre onéreux de fonds de commerce et de clientèle[32]). Il peut s'agir aussi de conditions tenant à l'implantation du siège social, au nombre de salariés, à l'interdiction de certaines activités... comme pour ce qui est de l'exonération d'IR ou d'IS[33], etc.

28. CGI, art. 1464 D. Avec un même avantage pour les vétérinaires.

29. CGI, art. 44 *sexies*.

30. Qui peuvent éprouver ensuite quelques difficultés évidentes s'ils perdent leur éligibilité aux dispositifs en question ; voir rép. min. Q. nº 179, M. Pierre Morel-A-L'Huissier, *JOAN*, 11 sept. 2012, p. 5013 ; Rép. min., Q. nº 16092, M. Jean-Jacques Lozach, *JO Sénat*, 19 mai 2011, p. 1315.

31. CAA Lyon, 4 octobre 2012, nº 11LY02455, inédit. En matière de taxe professionnelle, dès lors que la cessation d'activité est imputable à une décision en propre du bénéficiaire.

32. CGI, art. 722 *bis*. Une période minimale de cinq ans. Même durée en ce qui concerne la taxe de publicité foncière et le droit d'enregistrement pour ce qui est de la mise en valeur des biens concernés. CGI, art. 1594 F *quinquies*.

33. CGI, art. 44 *quindecies*.

Ensuite en raison de la complexité d'écriture de la loi fiscale et de son interprétation, complexité ou lourdeur pouvant conduire certains contribuables à solliciter les textes (ou à jouer sur l'effet « d'aubaine ») et à leur donner une extension inappropriée ou tout simplement à les détourner, comptant sur le temps pour une absence de réaction de l'administration fiscale.

Il en résulte un certain nombre de contentieux tenant à l'interprétation de ces dispositions. Le cas le plus patent fut celui de l'exonération fiscale tenant aux cabinets médicaux que ce soit d'ailleurs en zone franche urbaine ou en zone de revitalisation rurale. L'article 44 *sexies* visant la ZRR ne s'appliquait que pour une création réelle d'un cabinet, alors que l'article 44 *octies* applicable aux ZFU prenait en compte la simple installation quitte à ce qu'il s'agisse d'un transfert. Cette inégalité de traitement empêchait ainsi un médecin de bénéficier en zone rurale d'un tel avantage fiscal s'il succédait à un médecin déjà installé[34]. La loi de finances pour 2011 a intégré un article 44 *quindecies* au CGI qui a adapté la norme pour permettre sur la période 2011-2013 la reprise d'entreprise.

Il ne faut enfin pas être surpris de noter l'existence d'un contentieux non négligeable devant les juridictions fiscales tenant à la fois aux opérations éligibles et aux activités bénéficiaires ou non de tels dispositifs, qu'il faut prendre en compte impôt par impôt.

Ainsi fut écartée du bénéfice de l'exonération de taxe professionnelle (aujourd'hui CET) une entreprise qui avait transféré son siège social dans une commune relevant d'un tel zonage, l'opération n'ayant pas été indiquée lors du dépôt de la première déclaration « dans laquelle doivent figurer les éléments nouveaux », « cette opération... ne correspond d'ailleurs, même au regard des services de direction, à aucune décentralisation, extension, création, reconversion ou reprise d'établissement en difficulté »[35]... De la même façon, a été écartée de l'exonération de charges sociales une création d'entreprise qui dans les faits était en réalité une poursuite d'activité[36], ou encore de l'impôt sur le revenu pour une fausse implantation matérielle d'entreprise en ZRR, « ni la direction effective de l'entreprise... ni les moyens d'exploitation de cette dernière ne peuvent être regardés comme

34. Voir Rép. min., Q. n° 07349, *JO Sénat*, 12 mai 2011, p. 1254, M. Jean-Jacques Lozach ; « un médecin qui s'implante dans un local situé en ZRR où son prédécesseur exerçait la même activité ne peut pas bénéficier des dispositions dudit article 44 *sexies* puisqu'il s'agit d'une reprise *d'activité préexistante* ».

35. CAA Lyon, 28 février 2012, n° 10LY01596, inédit.

36. CAA Marseille, 4 juillet 2011, n° 09MA01474, inédit.

ayant été implantés en zone éligible… »[37] ; en revanche, une prise de position formelle de l'administration en matière d'exonération d'impôt sur les sociétés a pu être opposée à celle-ci s'agissant de l'implantation de l'entreprise en zone éligible « alors que n'étaient en cause, ni la matérialité des faits déclarés par l'entreprise ni le caractère nouveau de son activité »[38] !

Ce sont ainsi deux axes politiques qui sont mis en œuvre en faveur de ces territoires en faisant reposer cette politique à la fois sur la traditionnelle dépense budgétaire, en recul en 2011 et 2012 pour ce qui est de l'État, et la dépense fiscale qui serait elle aussi en recul sur cette période[39], seuls les crédits européens paraissant se maintenir dans le cadre d'enveloppes globales, mais jusqu'à quand ?

Dès lors, face à une certaine raréfaction de l'argent public et des instruments financiers décrits, ce sont sans doute d'autres formes d'intervention qu'il convient désormais de privilégier sous d'autres formes d'expertise et d'attentes, et ce en privilégiant l'appel à l'épargne privée locale soit sous la forme, ce qui n'est nullement nouveau, d'emprunts locaux, soit sous la forme de fonds de proximité destinés à investir dans des activités, projets, initiatives territorialisées.

37. CAA Bordeaux, 3 mars 2009, n° 07BX02134, inédit.

38. CAA Nancy, 24 juin 2010, n° 09NC01058, inédit.

39. La dépense fiscale en faveur de la politique d'aménagement du territoire dans le budget de l'État serait ainsi passée de 755 millions d'euros en 2009, 389 en 2011, et à 612 en 2012 en crédits de paiement (Source : rapport n° 3805 précité).

ESPACE RURAL DE SERVICES DE PROXIMITÉ : RÉPONDRE AUX ATTENTES DE COMMUNES INTERMÉDIAIRES...

par

Michel SAUVADE

Maire de Marsac-en-Livradois

Président de la communauté de communes Livradois, Porte d'Auvergne

La commune de Marsac-en-Livradois est le type même de ces communes qu'on ne sait pas véritablement classer : rurale, mais dans la proximité immédiate de la sous-préfecture du Livradois qu'est la ville d'Ambert, agricole, mais avec un emploi dans le secondaire significatif, en essor démographique avec 1500 habitants dans un territoire vieillissant, à la fois ancienne et moderne, avec un pied en Auvergne et un autre en Rhône-Alpes, au cœur de la communauté de communes Livradois, porte d'Auvergne.

Auteur : Michel Sauvade.

C'est la raison pour laquelle l'élaboration d'un projet de services ne peut être qu'un difficile équilibre entre ambition et fragilité. Le départ annoncé fin 2009 de l'un des deux médecins a été l'élément déclencheur pour assumer des choix politiques difficiles, mais nécessaires : il ne faut pas attendre la disparition des services pour agir, mais les conforter et les développer tant qu'il est encore temps.

Cette image « politiquement incorrecte » est d'ailleurs emblématique d'une commune à propos de laquelle on dit souvent *« Marsac, ça bouge »*.

I. Les hommes avant les moyens financiers

En face de moyens financiers limités (un autofinancement qui fluctue entre 80 000 et 180 000 euros, pour un budget d'investissement moyen de l'ordre de 0,5 M. d'euros/an), le choix était *a priori* réduit : construire un local pour abriter un cabinet médical et les deux infirmiers de la commune.

Pourtant, le choix d'associer l'ensemble des professionnels de santé habitant sur la commune, mais n'y exerçant pas nécessairement a été déterminant : séduits par l'idée, deux kinés ont souhaité intégrer le projet qui s'élaborait autour d'un médecin issoirien tenté par l'expérience marsacoise ; deux locaux pour un autre médecin et un autre professionnel de santé ont été inclus.

On est ainsi passé d'un « petit local » à un ensemble d'autant plus important que d'autres professionnels de santé s'interrogeaient et que la société Casino a souhaité intégrer le nouveau bâtiment.

Figure 1

Permis de construire : vue 3D prospective du bâtiment

Source : Cabinet d'architectes Boris Bouchet.

Ainsi le pilotage du projet associait-il désormais les professionnels de santé, les élus de la commune et de la communauté de communes, porteur du projet pour la partie « Casino ». Tous ont ainsi présidé au choix de l'architecte et au parti pris à la fois ancré dans le territoire (un bâtiment en « pisé ») et résolument contemporain (bâtiment basse consommation, aux formes originales, mais intégrées dans la « traverse » du bourg).

Atteignant dès lors les 810 000 euros HT, le projet conduisait nécessairement à rechercher un soutien que rendait difficile la nature atypique même du projet.

II. De quoi s'agit-il ? Mais oui c'est...

... un « Espace rural de services de proximité ». La région Auvergne se défaussait devant ce projet « hors-norme » qui n'entrait pas dans les « cases » des contrats « Auvergne + » deuxième génération, alors même que le bâtiment était rempli avant de sortir de terre... Ici encore, c'est l'action d'un homme, le sous-préfet d'Ambert, Éric Vrignaud, qui apportait le soutien financier de l'État dans le cadre de la DETR à hauteur de 135 000 euros. C'est d'ailleurs dans son bureau qu'est né le concept d'espace de services, calibré pour des communes entre 1 000 et 2 000 habitants, afin de conforter l'existant.

Dès lors le plan de financement est le suivant (en euros) :

– commune	350 000
– communauté de communes	245 000
– État (DETR)	135 000
– PNRLF/Europe : le pisé	38 000
– Auvergne Promobois	36 000
– région/conseil général (chaudière)	6 000

Source : Auteur.

En retour, la commune et la communauté de communes peuvent compter, au titre de loyers, sur 12 000 euros par an pour le côté médical et 9 600 euros pour la partie commerciale.

III. Mission accomplie...

En quelques mois l'espace de services a affiché complet : un troisième médecin et une sage-femme se sont faufilés dans les locaux restés libres. Mieux encore, un autre médecin s'installe en association avec celui resté dans la commune. Et de quatre !

Le fond et la forme du projet encouragent manifestement la parole : reportage sur la chaîne *Demain* avant même que les fondations ne soient creusées, articles dans les journaux, publications professionnelles d'architecture, et participation au concours du CAUE du Puy-de-Dôme pour 2013[1].

Et que dire des interrogations face à « l'explosion médicale » en cours, hors de la « norme » des maisons de santé ?

En fait, un message d'espoir pour nos territoires : oui, on peut non seulement maintenir, mais développer l'offre de services dans des communes de ce type.

IV. … Mais à quel prix ?

Devant le refus d'accompagnement par la Région, l'autofinancement communal et intercommunal est à la limite haute de ce qui peut être supporté par nos collectivités.

En découle naturellement une interrogation sur le rôle du « Politique » dans un cadre de développement territorial plus préoccupé de ses « schémas » et de ses normes, que les élus prennent tant de plaisir à dénoncer par ailleurs. Et dans ce cas précis, la réponse est sans appel. Dommage…

Enfin, l'interrogation doit porter également sur la compétence de l'élu local, partagé entre liberté, engagement et responsabilité.

1. Depuis la rédaction de l'article en 2012, le bâtiment a été primé à deux reprises au niveau national : 1er prix de la construction en terre de l'Association CRATERE remis pas la ministre de l'Enseignement supérieur en 2013 (*http://www.architectes.org/actualites/premier-prix-national-des-architectures-en-terre-crue/*), et surtout le prix de la première œuvre du groupe Moniteur (*http://www.lemoniteur.fr/153-profession/article/actualite/22864682-equerre-d-argent-et-premiere-uvre-les-laureats-2013*), prix remis par la ministre de la Culture en début d'année 2014 à Paris.

Figure 2

Vue arrière du bâtiment

Source : Auteur.

Quelles stratégies pour les zones non denses ?

LE PÔLE MÉTROPOLITAIN
CLERMONT-FERRAND – RIOM-VICHY

par

Albert ODOUARD

Conseiller délégué de Romagnat, Conseiller de Clermont Communauté

I. Une démarche auvergnate qui s'inscrit dans une dynamique nationale et européenne

L'État en France a toujours pris les décisions concernant l'organisation, la nature et les compétences des collectivités territoriales. Les communes, les départements et les régions ont été créés par des lois exprimant la volonté nationale et ce, à différentes époques. Avec la décentralisation, dans les années 1980, s'amorce un nouveau processus de recomposition des territoires à partir de la volonté politique des structures existantes. L'État n'impose plus une organisation, mais offre des possibilités de structuration que peuvent choisir les élus, ainsi sont nées les communautés de communes, les syndicats de communes, les communautés d'agglomération et urbaines. Aujourd'hui l'État propose les pôles métropolitains aux plus grandes agglomérations, libre à elles de saisir ou non cette opportunité. Cette nouvelle attitude, très largement inspirée par ce qui se passe en Europe, fait donc cohabiter deux familles d'organisations territoriales dont les rapports ne sont pas toujours simples et bien souvent illisibles pour un citoyen et parfois pour un élu.

En Auvergne la notion de métropole est apparue très tôt, dans les années 2000, avec le projet Arvernia porté par V. Giscard d'Estaing, mais il faudra attendre de nombreuses années pour voir ressurgir la notion de métropole d'abord dans le SRADDT ou schéma régional d'aménagement du territoire puis dans le programme de Clermont Communauté intitulé « Pour un virage métropolitain en 2009 ». Enfin en mars 2012 les communautés de Clermont, Vichy et Riom ont signé une déclaration d'intention manifestant leur volonté d'organiser ensemble un pôle métropolitain.

II. La réalité économique et sociale de l'espace métropolitain auvergnat

L'Insee et les études réalisées rendent bien compte de l'existence d'un espace métropolitain, le long de l'Allier entre Vichy et Issoire. Il s'agit d'abord des déplacements de population, et ce, quel qu'en soit le motif, professionnel, commercial ou de loisirs. Ces flux quotidiens qui affectent l'espace auvergnat s'intensifient très nettement autour et entre les cinq principales agglomérations de ce pôle auvergnat, Clermont-Riom-Vichy-Issoire et Thiers. Ensuite, le dynamisme démographique de cet ensemble, qui se caractérise plus par l'immigration que par le solde naturel, affecte non seulement l'espace métropolitain, mais aussi une grande partie du Puy-de-Dôme par redistribution périphérique. Ainsi l'attractivité de la métropole bénéficie à la plus grande partie de l'Auvergne comme le montrent bien les chiffres du dernier recensement. La métropole attire des populations d'autres villes françaises et les redistribue en partie. Enfin, les emplois métropolitains c'est-à-dire les emplois de commandement qui ne représentent que 7,1 % de l'emploi total sur les quatre aires urbaines de la plaque sont bien représentés dans cet ensemble urbain grâce aux sièges sociaux des entreprises, à la recherche publique et privée et aux emplois de cadres publics et privés. Avec un peu moins de 500 000 habitants, l'espace urbain auvergnat possède toutes les caractéristiques requises pour devenir un pôle métropolitain autonome bien qu'il aura à coopérer avec le pôle lyonnais.

III. La nature du projet auvergnat

Un pôle métropolitain correspond à un syndicat de communautés de communes et il n'a pas pour vocation à prendre des compétences, mais à porter des dossiers d'envergure nationale et/ou européenne, ce qu'aucune autre collectivité seule ne pourrait faire. Quatre priorités sont mises en avant, à savoir les mobilités durables, l'innovation, l'offre culturelle sportive et touristique et l'aménagement des territoires dotés d'un enjeu métropolitain. Ces priorités sont au service de trois ambitions. Les fonctions métropolitaines doivent être confortées, car ce sont celles qui font la différence avec les autres villes françaises et européennes. Mais le cadre de vie des métropolitains ne doit pas être négligé pour autant, car c'est un facteur d'attractivité, donc d'immigration positive. Enfin les espaces de faibles densités qui sont au cœur de ce colloque font l'objet de mises en réseaux avec la métropole, ce qui leur permet de faire connaître leur spécificité et de bénéficier des atouts métropolitains : une université renommée ou un CHU compétent sont à la disposition du plus grand nombre. Les dossiers qui seront retenus feront l'objet de concertations avec les collectivités concernées et/ou l'État et/ou les acteurs privés et ils seront portés par une équipe opérationnelle réduite.

IV. Le point sur la structuration du pôle

Au cœur du syndicat se trouve un comité de pilotage composé des communautés qui souhaiteront y participer. À ce jour c'est le cas de Clermont communauté, de Vichy Val d'Allier, de Riom communauté ainsi que d'Issoire et Thiers communauté. Les communautés qui ne souhaitent pas tout de suite entrer au comité peuvent adhérer à la commission des EPCI associés. Dans ce cadre, ils seront tenus au courant de la réalité du pôle. Les collectivités territoriales, qui ne peuvent intégrer le pôle comme la région et les départements, sont regroupées dans un comité partenarial qui permettra la coopération et la gestion des dossiers. Enfin les acteurs économiques qui seront aussi amenés à participer à la gestion de ces mêmes dossiers pourront faire partie des ateliers d'acteurs pour suivre l'évolution du pôle.

Après les assises du pôle le 8 décembre 2012 à Riom, l'objectif est d'obtenir la reconnaissance du pôle métropolitain par la préfecture au plus tard pendant l'été 2013 et en tout cas avant le début de la campagne des municipales.

***

*

Le pôle métropolitain résulte de la volonté de quelques communautés de communes qui hébergent l'essentiel des fonctions métropolitaines qui ne sont pas délocalisables, mais qui sont offertes à tous. Sa taille modeste, environ 500 000 habitants, et la présence de deux parcs régionaux dans son périmètre garantissent la qualité de vie dans cet unique pôle urbain au centre de la France.

LES SYNERGIES MÉTROPOLES-ZONES NON DENSES : QUE PEUT-ON EN ATTENDRE ?

par

Roger GARDES

Maire de Saint-Genès-Champanelle
Président du Parc naturel régional des Volcans d'Auvergne
Vice-président de Clermont Communauté

Pour bien comprendre un propos, il est important d'abord de saisir d'où parle celui qui s'exprime. En ce qui me concerne, j'ai construit mon intervention à partir des trois principales fonctions que j'exerce actuellement et qui permettent d'appréhender la problématique qui nous réunit aujourd'hui à partir de trois regards différents, parfois opposés, mais qui devraient être complémentaires :

- Vice-président de Clermont communauté, en charge des grands espaces et des relations avec les Parcs, j'exprimerai une première analyse à partir de la métropole régionale ;
- Président du Parc naturel régional des Volcans d'Auvergne, je ferai valoir un autre point de vue davantage marqué par la perception du milieu rural ;
- Maire de Saint-Genès-Champanelle, commune périurbaine qui appartient à la fois à Clermont communauté et au Parc des Volcans, je m'appuierai sur l'expérience acquise à travers plusieurs mandats exercés dans cette zone intermédiaire qui suscite de plus en plus l'intérêt compte tenu des enjeux qui s'y expriment.

I. Regard porté à partir de la métropole

Métropole, étymologiquement vient de « *meter-polis* », « *meter* », en grec, signifie « la mère ». La métropole c'est donc la ville-mère, celle qui donne la naissance et la vie. Dès le départ l'orientation dominante est donc connotée très positivement.

On observe aujourd'hui la volonté très affirmée d'organiser le territoire autour de quelques grandes métropoles, une petite dizaine, dont Clermont-Ferrand ne ferait pas partie, car n'ayant pas atteint le seuil critique de 500 000 habitants, et bien qu'étant le seul pôle urbain du Massif central à pouvoir remplir cette fonction comme nous le montrera ensuite Albert Odouard.

La métropolisolation est un phénomène mondial, bien que divers, et la métropole regroupe habituellement quelques grandes fonctions : pôle universitaire, pôle hospitalier, grandes fonctions de commandement, mais aussi de sport et de loisirs. Par exemple l'ASM (Association Sportive Monferrandaise), le grand club de rugby de Clermont-Ferrand, est aussi celui de toute l'Auvergne. Ou encore, au plan culturel, l'École supérieure d'art de Clermont Métropole a indéniablement une fonction régionale.

Pratiquement personne ne songe sérieusement à nier cette situation et il faut que notre métropole se développe encore davantage pour exister vraiment dans le concert européen, voire mondial, même si le propos de Michel Péraldi hier matin allait dans un sens différent, plaçant dans le « bêtisier » de la DIACT l'affirmation selon laquelle « Les métropoles sont les véritables moteurs de la croissance en Europe », ajoutant « Être gros n'est pas la solution, c'est un point de vue complètement dépassé ».

Ce regroupement d'activités majeures s'accompagne d'une concentration des personnes, mais on observe un double mouvement. D'une part les centres-villes ont tendance à se vider, traduisant une aspiration forte à vivre en périphérie, plus près de la nature ; d'autre part la volonté de reconstruire la ville sur la ville, souvent affirmée par les élus et les diverses administrations, s'efforce de contrecarrer une tendance naturelle difficilement compatible avec la raréfaction des ressources énergétiques, les perspectives de réchauffement climatique et la nécessité de préserver les espaces agricoles ainsi que les zones naturelles riches d'aménités environnementales.

La ville-centre est donc à la fois très attractive, mais aussi répulsive.

La concentration excessive d'une forte population sur un espace restreint ne va pas sans générer de nombreuses difficultés sociales, ou tout simplement accentuer les difficultés dans les relations de voisinage. D'où la nécessité de mieux réorganiser la métropole pour qu'elle ne devienne pas un univers trop concentré, voire concentrationnaire, et de prévoir dans son organisation des espaces de respiration.

Dans cette perspective il ne s'agit plus de transférer la ville à la campagne, mais plutôt la campagne au cœur de la ville, pour en rendre l'espace plus vivable, car moins dense. On pourrait l'illustrer localement par les débats sur la densification générée par le Carré-Jaude, qui suscite beaucoup de critiques, ou encore la réflexion sur le devenir de l'Hôtel-Dieu qui libère un grand espace en plein cœur de ville. Faut-il le reconstruire de manière dense ou choisir d'y préserver un espace vert où la nature reprendrait ses droits ?

Il est indispensable aussi de réfléchir avec les territoires voisins, d'où l'intérêt des SCoT (schéma de cohérence territoriale) comme celui du Grand Clermont qui regroupe 108 communes autour de la capitale régionale. Dans cette perspective la réflexion sur l'émergence d'un véritable pôle métropolitain, qui irait de Vichy à Issoire, voire à Brioude, prend tout son sens. Les assises qui se tiendront le 8 décembre à Riom permettront d'en explorer la faisabilité et de s'assurer de l'indispensable volonté politique pour réussir ce défi.

Il s'agit là d'une véritable plaque urbaine, centrée sur la métropole, mais concernant aussi plusieurs villes moyennes, de nombreuses zones périurbaines, et aussi de modestes communes rurales, souvent situées le long de l'axe naturel du Val d'Allier. Ce qui devrait avoir pour conséquence, à l'intérieur de ce vaste espace, d'atténuer les oppositions et les concurrences, de mettre en avant les complémentarités et la nécessité d'une vision commune favorable à un développement véritablement intégré.

Mais les véritables zones non denses, les plus défavorisées, ne se trouvent pas dans cet espace. Elles en sont plus éloignées, d'où l'intérêt d'examiner le regard que peut porter un autre territoire, organisé de manière très différente, mais qui vient jusqu'aux portes de Clermont-Ferrand : je veux parler du Parc des volcans. Et ce qui vaut pour le Parc des Volcans est aussi très largement vrai pour le Parc du Livradois-Forez, l'autre PNR qui jouxte la capitale régionale, sachant que les deux Parcs auvergnats, deux des plus grands au plan national, recouvrent 30 % du territoire de la région Auvergne.

II. Regard porté à partir du Parc des Volcans

Le Parc des Volcans en 2012, c'est 153 communes, réparties sur deux départements (Puy-de-Dôme et Cantal), s'étalant sur près de 400 000 hectares, et où vivent environ 90 000 habitants déployés de Châtel-Guyon et Volvic jusqu'à Vic-sur-Cère, soit sur environ 120 kilomètres du nord au sud. Le Parc est en train de réviser sa charte, mais la nouvelle qui courra sur une nouvelle durée de douze ans (2013 à 2025) ne modifiera que très légèrement le périmètre puisque 150 communes ont décidé de poursuivre l'aventure ensemble.

En ce qui concerne la zone de recoupement entre le territoire du Parc, celui de Clermont communauté et celui du SCoT du Grand Clermont rien ne changera. C'est-à-dire que 4 communes territoriales du Parc resteront dans Clermont communauté (Ceyrat, Nohanent, Orcines, Saint-Genès-Champanelle) et que 2 communes associées qui y sont aussi (Blanzat et Durtol) souhaitent maintenir la double appartenance.

Par ailleurs 18 communes du Parc sont dans le Pays du Grand Clermont. Aux 4 précédentes s'ajoutent 7 communes de la communauté de communes des Cheires (Aydat, Saulzet le Froid, Le Vernet Sainte-Marguerite, Olloix, Cournols, Saint-Saturnin, Chanonat) et la communauté de Volvic Sources et Volcans. Soit 33 160 habitants pour 31 % de la superficie du Grand Clermont.

On retrouve une situation comparable à l'est où 18 communes du Parc Livradois-Forez sont aussi dans le territoire du SCoT (communauté de communes de Billon-Saint-Dier) et trois communes de Allier Comté Communauté (Manglieu, Pignols, Sallèdes), soit au total 10 812 habitants sur 19 % du territoire du Grand Clermont.

Ces zones de chevauchement représentent au total près de 50 % de la surface totale du Pays du Grand Clermont, soit une grande partie des territoires ruraux du Pays, mais elles ne regroupent que 11 % de la population totale.

Une des grandes différences entre la nouvelle charte du Parc des Volcans et la précédente, c'est qu'elle va mettre l'homme au cœur de sa réflexion, ainsi que de sa stratégie d'intervention et non pas partir de l'environnement, comme c'est habituellement le cas pour une charte de Parc, même si, bien évidemment, les deux sont liés. Mettant en perspective les grands principes du développement durable, cette nouvelle charte, résultat de cinq ans de concertation avec de multiples partenaires, a permis de « penser global » pour « agir local ». Et elle se préoccupe davantage du « vivre ensemble » comme le montre en particulier l'étude que nous conduisons actuellement sur le volet social, souvent négligé, avec la Fédération nationale des Parcs et l'appui des experts de Mairie-Conseils.

Ce Parc existe depuis 1977 et il en est à sa 4e charte. C'est un des plus anciens, le plus grand de France métropolitaine, créé pour préserver un environnement d'exception, mais aussi redynamiser un tissu économique et démographique qui s'anémiait progressivement. Aujourd'hui, les nouveaux Parcs qui apparaissent sont en général beaucoup plus petits, plus homogènes, et souvent créés pour limiter une urbanisation galopante à partir des grandes villes voisines : on retrouve cette situation dans les Parcs de la Région parisienne (Oise - Pays de France, Vexin français, Haute Vallée de Chevreuse, Gâtinais français) ou encore dans le 48e Parc qui vient d'être créé, celui des Préalpes d'Azur, destiné à limiter l'urbanisation croissante en provenance du bord de mer, des villes de Nice ou de Grasse.

Pour préparer la nouvelle charte du Parc des Volcans, nous avons fait d'abord un bilan de la précédente et un diagnostic du territoire. Diagnostic très intéressant, notamment pour l'un des aspects qui nous préoccupe ce matin, l'évolution démographique.

Au moment de la création du Parc, en 1977, la population du territoire du Parc avait globalement tendance à diminuer en raison d'un solde naturel négatif. Mais à partir des années 1980, le solde migratoire a commencé à enrayer ce phénomène au point que désormais le Parc gagne des habitants, mais de manière très inégale selon les zones géographiques concernées.

En effet, 67 communes ont une densité inférieure à 10 habitants au km^2, et à l'opposé, 12 communes présentent une densité supérieure à 150 habitants au km^2, valeur souvent considérée comme un seuil entre le rural et le périurbain, même si l'on pense généralement que les espaces à faible densité ont moins de 30 habitants au km^2.

Nous observons un écart disproportionné, de 1 à 350, entre la commune la moins dense du territoire (1,7 hab./km^2) et la plus dense (598 hab./km^2). Le Cézallier, la moins peuplée des 5 régions naturelles qui forment le Parc, a une densité 10 fois inférieure au secteur de la Chaîne des Puys.

Alors qu'autrefois la population était répartie de manière plus équitable sur l'ensemble du territoire, aujourd'hui elle se concentre de plus en plus vers le nord du Parc, influencé par la proximité de la capitale régionale, alors que le Cézallier, l'Artense, ou le Massif cantalien continuent à perdre des habitants.

Ce déséquilibre Nord/Sud s'accompagne aussi de tendances comparables en ce qui concerne le vieillissement de la population, les écarts de revenus, et la présence des services. En 1962, parmi les 5 communes les plus peuplées du Parc, on trouvait Riom-ès-Montagnes (3 329 habitants), Murat (2 438) et La Bourboule (2 336). En 1999, ces petites villes étaient remplacées par Ceyrat (5 593), Blanzat (3 918) et Orcines (3 067), toutes situées dans le nord du Parc. En 1962 toujours, sur les 15 communes les plus peuplées du Parc, 5 seulement étaient situées dans la Chaîne des Puys alors qu'en 1999 elles étaient 11 sur 15. Ce qui corrobore le déplacement régulier vers le nord du barycentre démographique du territoire Parc.

L'un des enjeux pour le Parc, c'est donc de favoriser l'attractivité démographique de l'Artense, du Cézallier et du Massif cantalien, tout en maîtrisant au mieux, parallèlement, le développement démographique du nord du territoire avec les problématiques complexes liées aux zones périurbaines. Nous devons donc attirer des populations nouvelles vers les zones les moins denses, et nous n'y parviendrons que si nous y développons l'emploi dans toute sa diversité, avec notamment le télétravail, l'accès au très haut débit, la prise en compte de tous les aspects du tourisme durable, le développement d'un tissu économique et de services indispensables.

Or, une des questions clés qui se posent c'est de savoir si l'expansion de la métropole, avec un projet d'accueil de 50 000 nouveaux habitants dans les quinze prochaines années, va permettre de redynamiser les zones les moins denses, ou au contraire contribuer à les affaiblir en attirant vers la ville les faibles forces qu'elles ont encore réussi à conserver.

En fonction des réunions auxquelles je participe, j'entends deux raisonnements totalement opposés. Quand je suis à Clermont Communauté ou aux rencontres du SCoT du Grand Clermont, je suis sensible au discours très volontariste et convaincant d'acteurs qui sont persuadés que le développement d'une métropole forte est la condition *sine qua non* d'une nouvelle dynamique qui se répercutera sur les campagnes environnantes.

Au contraire, quand je vais, parfois d'ailleurs dans la même semaine, à des réunions du Parc, dans le rural le plus profond, ou à des concertations avec les conseillers généraux du monde rural, j'entends un discours très différent. Ici, c'est la crainte qui s'exprime, parfois la désespérance ou même la révolte contre la grande ville qui pompe toutes les forces vitales, qui attire les jeunes, qui contribue à la désertification des campagnes. La ville est perçue comme une menace, un aspirateur à population, en provenance des zones rurales à qui on dénierait tout rôle actif dans le développement territorial. Comme le rappelait récemment Jean Paul Delevoye, « quand on est faible, on se construit dans le conflit », or il faut construire ensemble.

D'où la nécessité, si on veut lutter contre ce repli communautariste d'autodéfense du rural et éviter le risque réel de décrochage face au concept de métropole, d'un effort de pédagogie très important, de liens à tisser entre les espaces très peuplés et les zones moins denses, afin d'atténuer le fossé qui se creuse trop souvent et l'incompréhension qui perdure.

Dans le cadre d'un appel à projets du ministère portant sur la qualité des paysages périurbains, nous avons pu travailler ensemble, les deux Parcs et le Pays du Grand Clermont, pour développer une vision partagée du territoire. Avec Dominique Adenot et Tony Bernard, nous avons cosigné en 2010 un texte d'engagement très clair, affirmant notre volonté d'unir notre destin « en dépassant la rhétorique désuète d'opposition de la ville et de la campagne, pour permettre à chacun d'apporter un bénéfice mutuel au profit de la population locale, qu'elle soit urbaine, périurbaine ou rurale ».

Compte tenu de la position géographique de nos trois territoires et de leurs zones de recoupement, nous avons expliqué que pour qu'un organisme fonctionne bien et soit vraiment vivant, il avait besoin à la fois d'un cœur et de poumons, d'un cœur métropolitain et des deux espaces de nature qui le bordent et que constituent les deux Parcs naturels régionaux.

Situation d'ailleurs unique en France et dont nous devons absolument tirer parti, ce qui devrait d'ailleurs rendre notre tâche plus facile que dans d'autres régions, comme l'a montré une discussion animée lors du dernier congrès national des Parcs qui s'est tenu dans le Verdon en octobre dernier, sous le titre « Projets partagés, territoires vivants ».

J'y présidais un atelier intitulé « Travailler avec les territoires voisins, une nécessité ? » et j'avais demandé à Jérôme Prouhèze, chargé du développement au Pays du Grand Clermont, de venir présenter notre expérience commune. Son propos a vraiment intéressé l'auditoire et suscité un vif débat, une grande approbation de ce que nous avions réussi, mais aussi un scepticisme certain quant à sa transposabilité dans d'autres agglomérations, où les relations entre ville et campagne sont plus difficiles à construire de manière positive.

Je pourrais mentionner aussi la convention dite « agglo-porte » que nous avons signée entre le Parc des volcans et Clermont communauté pour enrichir mutuellement nos territoires respectifs à partir d'une riche collaboration. Une ville-porte, ou agglomération-porte (le terme est apparu pour la première fois en 1974) se situe en périphérie d'un PNR et entretient avec lui des relations privilégiées. Nous travaillons ensemble sur les échanges scolaires ville-campagne, sur la cohabitation des différentes utilisations de la nature aux portes de la ville, sur la maîtrise de la fréquentation, sur le renfort de la lisibilité urbaine en lien avec la préservation et la mise en valeur des sites naturels les plus emblématiques (Chaîne des Puys, site classé, patrimoine Unesco), la gestion des pratiques motorisées, le développement des circuits courts, ou encore la Trame verte et bleue.

Ni les Parcs, ni l'agglomération n'ont des frontières étanches et nous devons enrichir leurs multiples complémentarités, dans l'intérêt de tous. Le diagnostic du territoire Parc insistait d'ailleurs sur la nécessité « de favoriser les solidarités et les synergies entre les espaces ruraux et les centres urbains périphériques ».

Le cœur métropolitain ne doit pas vivre replié sur lui-même, mais être à la fois une pompe aspirante et refoulante, amplifier ce mouvement de systole et de diastole qui est la raison d'être de tous les cœurs. Il attire, bien entendu, le sang de la vie, mais il doit aussi le renvoyer vers les artères et les zones plus éloignées pour les aider aussi à vivre. C'est dans ce double mouvement, indispensable, qu'il remplira vraiment son rôle et pourra ainsi aider à dynamiser les territoires voisins.

Mais jusqu'où pourra aller son influence ? Elle ne pourra certainement pas irriguer les zones les plus éloignées, d'où la nécessité de favoriser un polycentrisme susceptible d'influencer tout le territoire national et de ne laisser aucune zone à l'écart du développement.

III. Regard porté à partir d'une commune périurbaine : Saint-Genès-Champanelle

Je voudrais aussi, pour terminer, vous dire quelques mots du regard porté sur notre questionnement, à partir d'une commune périurbaine, celle que je connais le mieux, puisque j'en suis le maire depuis plus de vingt ans : Saint-Genès-Champanelle.

On constate d'ailleurs que la question du périurbain n'a jamais auparavant suscité autant de réflexions que ces dernières années. Les élus, les chercheurs, s'y intéressent de plus en plus, et la bibliographie est désormais très abondante, comme en témoigne, entre autres, l'ouvrage collectif publié cette année par les Presses universitaires de Rennes sous le titre : *Habiter les espaces périurbains*.

On nous y explique dès l'introduction que « la question de la périurbanisation, parfois réduite à la seule dimension de l'étalement urbain, est devenue une question de société », qu'elle représente un « processus complexe et multiforme », concentrant de nombreuses critiques, conséquences de l'« individualisation croissante de la société, (la) diffusion de l'automobile, (la) baisse des freins à la mobilité, (le) développement de modes de construction standardisés, (les) politiques foncières permissives », et générant de nombreuses tensions avec la ville proche, oscillant « entre attraction par les équipements et la vie sociale et répulsion par le manque d'espace et l'anonymat ».

On veut bien quitter la ville, qui est parfois considérée comme invivable, mais sans aller trop loin, et on souhaite en même temps retrouver dans la campagne proche les mêmes services qu'au cœur de la ville. Le sociologue Jean Viard l'a bien montré, notamment lors du dernier séminaire organisé à Clermont-Ferrand par l'ARDTA sous le titre en apparence provocateur « Partout… La ville ».

Il est vrai que les modes de vie imposés par la ville l'ont désormais très largement emporté. « L'urbanité s'est généralisée » écrit Jean Viard « Nous somme tous dans la culture urbaine, que nous soyons urbains ou extra-urbains », et en même temps nous voulons retrouver la campagne en ville puisque « 50 % des Français ont un jardin, 80 % de nos concitoyens font pousser quelque chose » (septembre 2012 : « Il n'y a plus de césure ville/campagne », dans le cadre de la journée d'étude de l'Académie d'agriculture de France), ou encore selon l'heureuse formule de Michel Feltin, journaliste à l'Express : « Les ruraux sont des urbains qui vivent à la campagne. » Saint-Genès-Champanelle me paraît être un bon exemple de ces communes rurales traditionnelles qui sont devenues communes périurbaines et s'en sont trouvées complètement bouleversées dans leur fonctionnement. Organisée autour de 12 villages, sans véritable centre-bourg, étalée sur 5 200 hectares, comptant aujourd'hui 3 300 habitants, elle voit sa population augmenter régulièrement depuis la Libération où elle n'en comptait que 1 150, alors qu'elle en regroupait plus de 2 000 au XIXe siècle. On voit bien qu'après une longue période d'exode rural, le phénomène de périurbanisation s'est accentué au cours des soixante dernières années.

La raison de cette évolution est facile à percevoir : c'est la proximité de la capitale régionale, où se trouvent les emplois, mais où souvent, on ne souhaite pas vivre. On préfère venir dormir à la campagne plutôt que de rester en permanence en cœur de ville. D'où la nécessité aussi de développer les meilleures conditions d'un indispensable « vivre ensemble » si on ne veut pas s'enfermer dans les défauts de cités-dortoirs où l'on retrouve l'anonymat que l'on a refusé de connaître en ville. Et pour cela il faut des équipements, sportifs, culturels, périscolaires, dynamisant une indispensable vie associative où chacun peut enfin rencontrer son voisin.

Simultanément l'activité agricole habituelle perdure difficilement, sur notre commune comme ailleurs. Ici encore la laiterie de Theix, qui est le pôle industriel le plus important, connaît quelques difficultés, l'INRA est devenu le plus grand pôle de recherche d'Auvergne et a attiré une population bien différente de celle d'autrefois.

Saint-Genès-Champanelle occupe une position charnière particulière, car elle est à la fois dans le Parc des volcans, mais en limite, et dans Clermont communauté, mais là aussi en limite. Concernée par le site classé de la Chaîne des Puys, appartenant au territoire dont on envisage le classement au patrimoine mondial de l'Unesco, elle est très influencée par la métropole voisine, distante seulement de 10 à 15 km selon les villages concernés.

Avec cette position intermédiaire la décision la plus importante des élus au cours des dernières années a été, quand il a fallu choisir l'appartenance à telle ou telle communauté, d'opter pour Clermont communauté, plutôt que pour l'arrière-pays ou pour l'association avec d'autres communes périurbaines de même nature ne voulant pas basculer du côté de la métropole.

Cela n'a pas toujours été bien compris de tous, car la ville faisait peur. Et il est vrai qu'il n'est pas toujours facile de faire prévaloir le point de vue d'une petite commune dans ce vaste ensemble qu'est la communauté d'agglomération. Toutefois il faut savoir abandonner tout esprit de clocher et comprendre que la ville l'emporte toujours sur la campagne. Comme le disait, là encore, Jean Viard au dernier Congrès des Parcs : « Nous sommes tous des urbains. La ville a gagné. » Et ces nouveaux habitants qui ont voulu quitter la ville et rêvé d'une campagne idéale ne supportent pas toujours le chant du coq, mais veulent que la garderie périscolaire fonctionne bien, et que tous les services de proximité ne connaissent aucune défaillance ni imperfection.

Les communes périurbaines ont bien des défauts, mais elles continuent à être très attractives et si on les laisse se développer sans maîtrise globale, elles proposeront un mode de vie qui sera difficilement compatible avec la crise de l'énergie et les orientations du Grenelle de l'environnement. Quelle densité doit-on favoriser ici ? Quel mode de déplacement doit-on instaurer ? Quelles activités économiques doit-on y développer ? Autant d'interrogations qui soulignent la nécessité d'une vision la plus large possible du territoire, des territoires, pour pouvoir assurer leur promotion de la manière la plus harmonieuse possible.

***
*

Pour conclure mon propos, je repartirai du titre de notre atelier qui nous invitait à réfléchir sur les synergies associant les métropoles et les zones non denses. Comme le mot « métropole », le mot « synergie » vient aussi du grec, et montre ainsi que pour comprendre le monde actuel et son devenir, il est bon de revenir aux origines de notre culture. *« Sunergia »*, en grec, c'est la « coopération », l'action coordonnée de plusieurs organes, l'association de divers facteurs qui concourent à un but unique. C'est un mot composé de *« sun »*, signifiant « ensemble », « avec », et de *« ergon »* désignant « le travail », « l'action ».

Il s'agit donc de voir si nous voulons travailler ensemble, avec un objectif commun, pour le plus grand bénéfice de tous. Ou si au contraire nous préférons établir ou renforcer des barrières, s'opposer les uns aux autres, dresser des barbelés entre la métropole, les zones périurbaines et les plus éloignées du développement actuel.

Je suis intimement persuadé que nous n'avons qu'une seule possibilité et que nous devons y consacrer toute notre énergie pour pouvoir entraîner ceux qui se montrent encore réticents. Car le chemin ne sera pas forcément facile. Il y faudra du temps, de la pédagogie, de la force de conviction. Mais c'est à ce prix que nous pourrons obtenir le succès.

Rien ne serait pire que de développer de manière forcenée certains territoires qui garderaient pour eux toute la richesse produite, et de laisser simultanément en déshérence les zones les moins denses. Notre sort est lié. Les métropoles ont besoin de l'arrière-pays, et celui-ci ne doit pas avoir peur de la métropole. L'aménagement du territoire n'a de sens que s'il s'agit de l'aménagement de *tout* le territoire. D'où la nécessité d'avoir une vision la plus large possible, en refusant de se laisser enfermer dans de mesquines querelles.

Des solutions existent. Elles commencent à émerger et j'en ai donné quelques exemples. La carte des intercommunalités se termine, les métropoles se structurent, les Parcs font le lien entre les territoires les plus ruraux et les zones les plus urbanisées. Demain le pôle métropolitain deviendra une réalité, mais il ne devra pas ignorer pour autant ceux qui resteront sur ses lisières. Nous devrons partir de ces « interdépendances territoriales » dont parle Philippe Estèbe et savoir construire ensemble cette « Égalité de relations » chère à Pierre Rosanvallon.

Oui, notre sort à tous est lié, et pour améliorer notre destinée commune nous devons absolument développer l'interactivité et les échanges entre nos territoires respectifs, nous appuyer sur nos complémentarités plutôt que de nous enfermer dans des guerres picrocholines d'un autre âge, et agir ensemble dans un esprit de solidarité indispensable pour ne laisser aucun territoire à l'abandon.

LES MÉCANISMES DE DÉVELOPPEMENT ENDOGÈNE ET EXOGÈNE DANS LES ESPACES À FAIBLE DENSITÉ

par

Dominique VOLLET
Irstea, UMR Métafort
Clermont-Ferrand

Il est courant de mettre en avant la nécessité d'articuler mécanismes de développement endogène et exogène dans les politiques de développement local qu'elles s'adressent aux espaces urbains ou ruraux. Qu'en est-il dans les espaces à faible densité ? Quelles spécificités présentent les mécanismes à l'œuvre ? Dans quelle mesure les stratégies des acteurs privés et publics doivent-elles s'adapter à ces spécificités ? Telles sont les questions auxquelles nous allons tenter d'apporter des éléments de réponse.

De nombreux cadres d'analyse issus de l'économie régionale et spatiale pourraient être mobilisés pour rendre compte des phénomènes à l'œuvre (Aydalot, 1985) : économie géographique, capital social, théorie des pôles de croissance, etc. Nous avons fait le choix de privilégier deux cadres d'analyses (modèle de la base économique et modèle de la ressource territoriale) qui nous ont semblé très complémentaires pour rendre compte des phénomènes observés dans les espaces de faible densité : d'une part, le développement des activités liées à l'arrivée de touristes, retraités attirés par la qualité de vie, mais qui rend plus complexes l'installation et la pérennisation des activités productives ; d'autre part, la différenciation de produits ou services complémentaires grâce aux atouts naturels ou patrimoniaux particuliers des espaces de faible densité. Tandis que le modèle de la base économique est fondé sur le rôle des mécanismes exogènes (la demande extérieure) pour rendre compte des effets des bases résidentielles et productives, ce sont les mécanismes endogènes qui constituent les ressorts du modèle du panier de biens et de services et plus largement de la ressource territoriale.

I. Le rôle déterminant de la diversité des revenus exogènes dans les zones de faible densité : quelles places respectives pour les bases productives et résidentielles ?

A. Une capacité à souligner la diversité des avantages comparatifs et des enjeux du développement régional

De par sa conceptualisation, la théorie de la base économique souligne la diversité des enjeux du développement régional. Elle est fondée sur une vision dichotomique simplifiée d'une économie régionale (la demande extérieure étant considérée comme la variable de commande principale) : les activités basiques répondant à la demande extérieure et les activités induites satisfaisant la demande locale (Vollet et Dion, 2001). Pour développer un territoire, il faut être capable d'actionner deux types de leviers correspondant à deux types d'activités basiques. Le premier type d'activité basique est constitué par des activités exportant à l'extérieur de la zone des biens. Il est qualifié tour à tour de « base traditionnelle » (Dion et Lacour, 2000), de « sous-secteur productif basique » ou bien encore de base productive (Davéziès, 2001). Le second type d'activité basique – qualifié de « base non traditionnelle », de « sous-secteur résidentiel basique » ou de base résidentielle (Davéziès, 2001) – relève d'une répartition géographique du revenu (transferts publics) ou de la vente de services touristiques. Les deux secteurs basiques constituent le revenu basique local, qui déterminera ensuite le revenu du secteur non basique, puis celui du revenu et de l'emploi total de l'espace considéré. Dans le cadre d'une économie nationale étroitement dépendante de la compétitivité de l'offre de produits, les économies régionales et locales demeurent largement dépendantes de la demande et des effets multiplicateurs de nature keynésienne. Les enjeux du développement économique (voire social) d'une zone sont liés au devenir de chacun des secteurs de l'économie régionale : le secteur basique traditionnel, le secteur basique non traditionnel et le secteur non basique. Chacun de ces secteurs répond à une logique économique et par conséquent politique et sociale différente.

B. Les trois secteurs stratégiques dans une modélisation de la base économique

1. Un secteur basique traditionnel soumis à une concurrence mondialisée

Le niveau d'activité du secteur basique traditionnel (agriculture, industrie voire tertiaire « moteur ») est lié à la compétitivité des entreprises de ce secteur à un niveau national et mondial. Pour l'entreprise, l'enjeu est de parvenir à rester compétitive dans un contexte marqué par une mondialisation et une libéralisation des échanges. Pour le territoire, l'enjeu est de maintenir, voire d'accroître les ressources locales à même d'améliorer la compétitivité de ces entreprises : qualité et mobilité de la main-d'œuvre, accès aux ressources naturelles, infrastructures, etc. Dans certains secteurs industriels soumis à une concurrence forte, les territoires qui les accueillent sont en concurrence forte pour les attirer et les retenir. C'est par exemple le cas de la coutellerie entre les bassins de Thiers, Laguiole et Nogent-en-Bassigny (Diry, Guérin et Vollet, 2000). Selon les types d'espaces, le secteur basique traditionnel occupe une place très variable et peut être selon les territoires considéré comme résiduel ou au contraire être l'objet de toutes les attentions. Les évolutions récentes des espaces ruraux de faible densité incitent toutefois à la plus grande vigilance par rapport au secteur basique traditionnel. Ainsi, l'industrie s'y maintient relativement mieux que dans les espaces urbains. Quant à l'agriculture, c'est sans doute moins le *trend* constant de diminution des actifs agricoles[1] qui semble important, que l'entretien de l'espace. La qualité du paysage et du patrimoine bâti est, en effet, le support en grande partie de l'attractivité locale à des fins touristiques ou résidentielles.

2. Un secteur basique lié au tourisme misant sur des avantages compétitifs localisés de qualité de vie

La capacité descriptive de la théorie de la base permet de mettre en évidence la différenciation croissante des avantages comparatifs sur lesquels s'appuie le développement actuel des espaces régionaux. L'avantage comparatif local permettant d'attirer du revenu basique n'est plus simplement lié aux différents éléments déterminant la compétitivité du système productif traditionnel (accessibilité par rapport aux matières premières, coût du travail, etc.). Avec la dissociation croissante entre lieux de travail, de loisir et de résidence, le climat, le paysage, le patrimoine local, en bref les aménités rurales ou urbaines deviennent autant d'avantages comparatifs. Alors que le destin de certains espaces ruraux (industriels et agricoles centrés sur la production de biens marchands) dépend principalement de leur capacité à affronter la « mondialisation », celui des espaces ruraux plus littoraux ou montagnards dépend de leur aptitude à capter les flux basiques touristiques ou résidentiels. De la même façon que l'enjeu du développement du secteur basique traditionnel est d'attirer des facteurs de production mobiles, celui du secteur basique

1. Il ne faut cependant pas négliger les possibilités d'action en matière d'emploi agricole *via* les marges de l'activité agricole ou l'emploi collectif en agriculture.

non traditionnel est d'attirer des revenus mobiles : touristes, résidents secondaires, rentiers, retraités (environ un quart du revenu des ménages français), actifs migrants alternants[2], etc.

La compétition entre espaces porte non plus sur une offre territoriale dirigée vers les entreprises (comme dans le cas du secteur basique traditionnel) mais vers les ménages[3]. Il est indispensable de repérer l'importance de ce secteur basique lié aux fonctions récréatives et résidentielles, sous peine de ne pas être en mesure de comprendre les évolutions observées. Ainsi, deux territoires aux bases traditionnelles proches pourront évoluer de façon très différente selon la dynamique touristique. Ainsi, le type d'analyse porté par la théorie de la base permet de mieux comprendre un certain nombre de paradoxes. La reprise économique observée entre les années 1998 à 2002 a eu des impacts évidents sur les entreprises d'un grand nombre d'espaces ou de pôles ruraux, sans que cela ne se répercute sur le niveau du chômage ou l'emploi local. Les fuites de revenu vers l'extérieur de ces zones couplées à l'absence de revenus liés au tourisme ont jusqu'à présent privé ces territoires de perspectives de développement (comme c'est le cas de pôles ruraux industriels de l'Est et du Centre de la France).

3. Une adaptation du secteur non basique à la demande des autres secteurs, stratégique en termes de développement économique et social

Le niveau d'activité du secteur non basique dépend de celui de la demande provenant des deux secteurs basiques par des mécanismes keynésiens. Il s'agit d'activités consacrées à la production de biens ou services destinés à la population locale (commerces de détail, services divers, etc.). Contrairement au secteur basique traditionnel, ces activités ne sont pas ou peu exposées à la concurrence internationale. Toutefois, les frontières avec les deux autres secteurs peuvent être parfois complexes à analyser. Ainsi, ce sont souvent les mêmes établissements de commerce de détail qui répondent à une demande locale et à une demande touristique. De même, les transformations d'activité (services de banque à distance, boulangerie industrielle) peuvent modifier le statut potentiel de certains types d'établissements : le service bancaire, jusqu'à présent service de proximité non

2. En 1999, en France, 52 % des actifs ayant un emploi ne travaillent pas dans la commune où ils habitent.

3. En ce qui concerne les agents du secteur public, la plupart des auteurs les considèrent comme relevant du secteur non basique bien que leurs revenus proviennent de l'extérieur. En effet, le nombre d'emplois publics dépend très largement du niveau de la population locale.

basique par excellence, se trouve concurrencé par des services bancaires à distance pouvant être sous-traités dans des pôles urbains nationaux, voire internationaux. Les enjeux d'une adaptation du secteur non basique à la demande basique (apprécié dans le cadre de la théorie de la base) par le biais du multiplicateur sont importants.

D'une part, il s'agit souvent de secteurs où les qualifications requises sont faibles et où les possibilités de réinsertion sont fortes. Les formes d'emplois précaires (Contrat Emploi Consolidé, Contrat Emploi Solidarité et bientôt Emplois d'avenir) fortement présentes dans les espaces ruraux (CGP, 2003) se situent souvent dans le secteur non basique. Les enjeux en termes de cohésion sociale sont donc importants. D'autre part, ces emplois souvent impliqués dans l'entretien du patrimoine naturel ou bâti ainsi que l'accès à certains services conditionnent fortement l'attractivité d'une zone. Ils représentent donc une forme de lien entre développement économique et social.

En définitive, l'intérêt de la théorie de la base réside dans sa possibilité de souligner à la fois les activités motrices d'une zone rurale de faible densité et les principaux avantages comparatifs sur lesquels ils s'appuient. Les activités basiques traditionnelles se vendent sur un marché national ou international : leur dynamique est liée à la qualité de leur offre et aux facteurs de production classique. Les activités basiques impliquées dans le loisir dépendent de la capacité de la région à attirer de la population à revenus extérieurs de façon permanente ou temporaire en s'appuyant sur des avantages comparatifs d'un type nouveau, liés à la qualité de la vie (Arnaud *et al.*, 1998 ; François, 2004). Les emplois non basiques dépendent du niveau de la population locale et de la capacité des établissements privés locaux ou des collectivités locales de la zone à satisfaire cette demande relativement captive. Les concurrences entre territoires s'exercent donc sur leur capacité à attirer des activités privées traditionnelles (le tiers de l'emploi national français environ et pesant près de 152 milliards d'euros) aussi bien que celles à attirer des revenus mobiles (les seules pensions de retraite se montent à environ 150 milliards d'euros, les dépenses des touristes s'élèvent à 91 milliards d'euros) (Source : Davéziès, 2004). Ces quelques chiffres soulignent les véritables enjeux du développement régional. En tant qu'approche du développement régional, la théorie de la base montre que les phénomènes explicatifs du développement à un niveau régional relèvent principalement de mécanismes keynésiens et sont de nature très différente de ceux en œuvre au niveau national. Toutefois, ces mécanismes exogènes présupposent l'existence d'avantages comparatifs. Nous proposons d'analyser les mécanismes endogènes d'émergence des avantages comparatifs : la création de ressources territoriales en particulier dans le cadre du panier de biens et de services.

II. Les ressources territoriales, ressorts endogènes du développement des zones de faible densité

A. Les composantes constitutives du panier de biens et de services

Généralement, trois composantes majeures sont identifiées comme composantes majeures constitutives du panier de biens et de services : une offre spécifique de produits et de services privés sur un territoire, une demande spécifique en produits de qualité, l'existence de biens publics valorisant le panier.

1. Une offre spécifique de produits et de services privés sur un territoire

Dans un contexte de concurrence territoriale exacerbée, le panier de biens se doit de combiner un ensemble de caractéristiques objectives telles que les signes officiels de qualité, à un ensemble d'attributs, d'aspects cognitifs, images ou symboles (Hirczak *et al.*, 2008a). Les produits du panier partagent une culture et une histoire commune, souvent longue. Leur origine territoriale commune leur permet de construire une image de qualité cohérente. Pour cette raison, ils sont peu substituables aux produits génériques. Leur production étant liée à un terroir particulier, des savoir-faire locaux, est donc spécifique (car difficiles à reproduire dans d'autres territoires). De plus, la consommation sur place de ces produits est également facilitée par l'attraction de services marchands ou non marchands tels que le tourisme (Mollard *et al.*, 2012) ou la gastronomie (Vollet, 2012) qui facilitent l'accès au panier.

2. Une demande spécifique en produits de qualité

Dans le cadre d'un type de territoire, panier de biens et de services, les consommateurs de produits de qualité partagent un intérêt marqué pour le territoire comme lieu d'achat conjoint de produits et de services. Les liens de proximité et de confiance sont alors considérés comme prépondérants dans l'acte d'achat, mais également spécifiques à ce territoire. Pour cette raison, la consommation est souvent structurée autour des séjours touristiques ou loisirs de proximité, qui constituent autant d'occasions d'achats par vente directe (voir l'exemple du massif du Sancy dans Thimoléon et Vollet, 2012). Au total, la préférence exprimée pour les produits ou services locaux n'est en définitive qu'une préférence indirecte pour le territoire lui-même, sa réputation, ses traditions, ce qui explique que la demande soit peu élastique par rapport aux prix.

3. Des biens publics valorisants pour le panier de biens

La rencontre entre l'offre et la demande en produits de qualité ne peut se réaliser dans un contexte quelconque, mais à l'inverse très particulier du territoire concerné. Celui-ci propose un ensemble de ressources territoriales entourant les produits de façon si possible unique afin de les mettre au maximum en valeur. Ainsi, est-il incontournable pour les acteurs locaux de mettre en avant un ensemble de biens publics tels que le paysage, la biodiversité, le patrimoine bâti, etc.

B. Les conditions endogènes de pérennisation du modèle

Un modèle de développement du type panier de biens est toujours fragile, toujours prompt à s'arrêter face à la concurrence. Dans l'Aubrac, par exemple, nous avons constaté les grandes difficultés, voire l'impossibilité pour certains produits comme la viande bovine d'intégrer la logique de développement du panier de biens. De plus, l'absence de protection juridique véritablement efficace peut déstabiliser certains produits artisanaux comme la filière coutelière, car la concurrence fragilise la reconnaissance des caractéristiques intrinsèques au produit aux yeux des consommateurs (Angeon et Vollet, 2008), même si cette reconnaissance n'est pas vraiment remise en cause à l'heure actuelle. Les coordinations entre acteurs privés et publics jouent donc un rôle capital à trois niveaux pour pérenniser le modèle du panier et de la valeur ajoutée supplémentaire conférée à chaque produit, la rente de qualité territoriale.

1. Une bonne coordination entre acteurs privés

Le nombre de produits et services composant le panier de biens et la complémentarité de leurs relations dépend au premier chef des acteurs privés. La maximisation de leur profit passe par l'émergence de produits de qualité complémentaires, cohérents entre eux et par rapport à l'image du territoire. Cela passe par le développement de signes de qualité au sujet desquels les acteurs privés s'accordent sur les principales caractéristiques (périmètre de la zone de production, niveau d'exigence des conditions de production, etc.). Or, ces dernières sont forcément source de conflits, imposant alors aux acteurs locaux de développer des capacités d'organisation et de coordination s'ils souhaitent pérenniser la rente face à la concurrence externe. Dans l'Aubrac par exemple, les coordinations entre acteurs privés sont très variables selon les secteurs. Alors que la filière laitière est structurée autour de la coopérative Jeune Montagne soucieuse d'améliorer son cahier des charges et son image de marque (stratégie cohérente entre la coopérative et les producteurs fermiers), la filière couteau n'a jusqu'à présent réussi à se doter d'une interprofession forte en mesure de contrecarrer les comportements opportunistes de certains producteurs ou commerçants fortement nuisibles à l'image de qualité du couteau (Hirczak *et al.*, 2008b).

2. Des coordinations institutionnelles convergentes

Cependant, les acteurs privés ont couramment des intérêts divergents. L'intervention publique peut alors se révéler opportune pour définir des niveaux d'échelles territoriales et sectorielles cohérentes pour les Signes d'Identification de la Qualité et de l'Origine ou pour accroître leur lisibilité pour les consommateurs. Cela peut aussi passer par le soutien à des foires et manifestations, ou encore des projets de structuration des territoires (Pays, Parcs naturels régionaux). Le projet de création d'un PNR sur l'Aubrac en cours de discussion répond à cette nécessité. Jusqu'à présent, les actions de développement étaient menées par trois structures intercommunales réparties sur les trois départements bien que les enjeux économiques et environnementaux soient communs à l'ensemble de la zone. Les politiques publiques locales des communes, syndicats, pays, voire des départements, conditionnent aussi la qualité des biens publics et ressources environnementales.

3. Cohérence entre action privée et action publique

Sans une coordination pertinente des actions publiques ou privées qui convergent vers des objectifs communs de développement territorial, le modèle du panier de biens ne peut être pérenne. Cela implique qu'un minimum de produits ou services n'intègrent pas la logique du panier de biens en restant isolés ou sans lien entre eux. Le facteur déterminant est la convergence des stratégies de producteurs de produits différents, mieux, sur un collectif de producteurs privés. C'est typiquement le cas de la Maison de l'Aubrac dont la construction a été financée par le syndicat de l'Aubrac aveyronnais, mais dont la gestion a été confiée à une SARL associant un coutelier, la coopérative fromagère, un restaurateur et un liquoriste. Cette convergence passe par un compromis institutionnel composite entre acteurs privés et acteurs publics. C'est ainsi que la Maison de l'Aubrac se charge d'organiser un ensemble de découvertes des richesses naturelles et patrimoniales du territoire.

Au total, dans le cadre de l'économie productive, il se produit un enchaînement « classique » à partir de la production de biens qui génèrent des revenus locaux (salaires, achats de consommations intermédiaires) diffusant sous forme de dépenses locales (achats auprès des commerces et services locaux) (Figure 1). En ce qui concerne l'économie résidentielle, la séquence est plus courte puisqu'elle se limite à « l'importation » de revenus extérieurs (eux-mêmes issus de production, mais externe au territoire) dépensés localement. Dans certains territoires ces dépenses sont à l'origine d'une nouvelle séquence de production, le plus souvent très spécialisée en lien avec le type de population accueillie (ce que certains auteurs comme Markusen [2007] appellent une « économie créative » ou une « base de consommation ») : artisanat d'art, transformation du bois sous forme de chalets, produits agroalimentaires spécifiques, etc.

Dans tous les cas de figure de production (classique ou issue d'une « économie créative »), les ressources en jeu peuvent être de nature générique ou spécifique (suscitant ainsi la création de ressources territoriales). Dans le cas d'espaces à faible densité, il leur est difficile de jouer sur la compétitivité coût (ne serait-ce qu'en raison du niveau des coûts de transport) et l'abondance de ressources génériques. Dans ce type d'espace, il est nécessaire de jouer sur la compétitivité hors coût et la création de ressources territoriales, qui imposent la mise en place de coordination d'acteurs publics et privés particulièrement efficaces, et donc des articulations particulièrement complémentaires entre mécanismes exogènes (réponse adaptée à des demandes extérieures en produits ou en services dans le champ de l'économie productive ou résidentielle) et endogènes (création de ressources territoriales).

***
*

En conclusion, dans les espaces à faible densité, il se manifeste au moins deux types d'interdépendances stratégiques pour leur développement : d'une part entre économie résidentielle et productive, d'autre part entre mécanismes endogènes et exogènes. De plus, les territoires de faible densité bénéficiant de l'afflux de revenus résidentiels peuvent générer de nouvelles activités productives par plusieurs canaux : ils constituent souvent des cadres de vie agréables attractifs pour des nouveaux entrepreneurs ; des économies résidentielles peuvent générer directement de l'innovation en mobilisant de nouvelles ressources territoriales (Giatouzi et Nijkamp, 2006).

En raison de la mobilité croissante des acteurs comme des contraintes (économiques ou sociales), il en résulte une grande plasticité des modèles de développement des zones de faible densité sous l'effet conjugué des mécanismes endogènes et exogènes. Nous illustrerons nos propos avec l'évolution de deux zones de moyenne montagne faiblement peuplées (densité de l'ordre de 10 habitants au km^2) et très comparables du point de vue des ressources locales et de l'accessibilité (Figure 2).

Dans les années 1970, les deux zones avaient une économie essentiellement productive à base agricole (production de viande bovine et lait) et connaissaient des évolutions négatives d'emploi et de population. À partir des années 1980 jusqu'à aujourd'hui, une véritable bifurcation s'est produite dans le sentier de développement. Tandis que le Cézallier a poursuivi le *trend* antérieur, les acteurs de l'Aubrac sont parvenus à se coordonner pour maintenir une base agricole performante et différenciée (mise en place d'un cahier des charges exigeant autour de l'AOP fromagère Laguiole), développer une base industrielle (reconstruction d'une filière coutelière), développer une économie résidentielle touristique (autour de la qualité de l'espace, du chemin de Saint-Jacques et de la restauration de luxe) dans une logique de panier de biens et de services (Angeon et Vollet, 2008).

À l'avenir, pour les années 2030-2040, tous les scénarios sont possibles pour les deux zones : outre les incertitudes sur le maintien des transferts publics et leurs répercussions sur les bases résidentielles des territoires (Davezies, 2012), tout dépend de la façon dont les acteurs locaux vont être capables de se coordonner pour jouer sur les mécanismes endogènes et exogènes de développement (Bourdreux et Vollet, 2013). Si les acteurs publics et privés de l'Aubrac parviennent à continuer à se coordonner de façon efficace pour maintenir, voire élargir, le panier de biens et de services (voir les dynamiques touristiques et gastronomiques autour de Chaudes-Aigues, de l'aligot, etc.) et si ceux du Cézallier, pénalisés par le faible nombre, la difficulté d'activation des ressources locales, éprouvent les mêmes difficultés pour diversifier l'économie locale, les *trends* actuels se poursuivront à partir de la bifurcation apparue dans les années 1980. Certains signaux faibles de l'affaiblissement du modèle du panier de biens de l'Aubrac peuvent aussi s'amplifier (impossibilité de maintenir la filière coutelière sous le poids de la concurrence internationale et l'impossibilité de protection juridique d'une production locale, difficulté de faire émerger une filière broutard différenciée), faisant des années 1980-2000 un « accident » dans le développement de l'Aubrac. Inversement, les acteurs du Cézallier pourraient mettre en place une politique de marketing territorial audacieuse couplée à une politique d'accueil active pour mettre en place une économie résidentielle jusque-là très peu présente, rejoignant ainsi la dynamique de l'Aubrac. On pourrait aussi imaginer que les acteurs de l'Aubrac amplifient le modèle du panier de biens en favorisant l'émergence d'une véritable économie créative à partir de l'économie résidentielle existante (par exemple, pour la production de yourtes déjà installées au cœur du plateau ou de constructions bois). En clair, les quelques éléments de scénarii rapidement esquissés pour ces deux zones faiblement peuplées montrent bien les marges de manœuvre dont disposent les acteurs locaux, publics ou privés, pour activer les ressorts endogènes et exogènes des mécanismes de développement.

Bibliographie

– ANGEON V., VOLLET D., « Spécificité des produits et développement territorial. L'exemple paradoxal du panier de biens en émergence de l'Aubrac », *Revue d'Économie Régionale et Urbaine* (RERU), n° 3, 2008, p. 591-615.

– ARNAUD G., KOVACSHAZY C., *Réinventer les vacances, la nouvelle galaxie du tourisme*. Rapport du groupe d'experts « Prospective de la demande touristique à l'horizon 2010 » présidé par J. Viard, Commissariat général du Plan et Direction du Tourisme. Paris, 1998, La Documentation française.

– AYDALOT P., *Économie régionale et urbaine*. Economica, 1985, Paris.

– BOURDREUX J. (en collaboration avec VOLLET D.), *La France et ses campagnes 2025-2050, Regards croisés filières et territoires, le Massif central*, Ministère de l'Agriculture, de l'Agro-alimentaire et de la Forêt, CGAAER, 2013, 40 p.

– COMMISSARIAT GÉNÉRAL DU PLAN (CGP), *Les politiques de développement rural*. Rapport d'évaluation, 2003, 479 p.

– DAVEZIES L., « Le développement local hors mondialisation » *in* A. MÉNÉMÉNIS (Ed), *Comment améliorer la performance économique des territoires ?*, 2001, Paris.

– DAVEZIES L., « Développement local : le déménagement des Français », *Futuribles*, 295, 2004, p. 42-57.

– DAVEZIES L., *La crise qui vient*, Seuil, La République des idées, Paris, 2012, 105 p.

– DION Y., LACOUR C., « La revanche du sectoriel et le renouveau de l'espace », *Revue canadienne de Science Régionale*, XXIII(2), 2000, p. 343-364.

– DIRY J.-P., GUERIN M., VOLLET D., « Organisation et diversité de développement économique des zones rurales "périphériques", le cas de l'Aubrac et du Cézallier », *Géographie-Économie-Société*, 2(2), 2000, p. 337-361.

– FRANCOIS H., « Le tourisme durable : une organisation du tourisme en milieu rural », *Revue d'économie régionale et urbaine*, 1, 2004, p. 57-80.

– GIAOUTZI M., NIJKAMP P., *Tourism and Regional Development: New Pathways*, Ashgate, 2006.

– HIRCZAK M., MOALLA M., MOLLARD A., PECQUEUR B., RAMBONILAZA M., VOLLET D., (2008a), « From the basket of goods to a more general model of territorialized complex goods: concepts, analysis grid and questions », *Canadian Journal of Regional Science*, XXXI, vol 2, p. 241-260.

– HIRCZAK M., MOALLA M., MOLLARD A., PECQUEUR B., RAMBONILAZA M., VOLLET D., (2008b) « Le modèle du panier de biens : grille d'analyse et observations de terrain » *Économie rurale*, n° 308, p. 55-72.

– MARKUSEN A., "A Consumption Base Theory of Development: An Application to the Rural Cultural Economy", *Agricultural and Resource Economics Review*, 36(1), 2007, p. 9-23.

– MOLLARD A., BOSCHET C., DISSART J.-C., LACROIX A., RAMBONILAZA M., VOLLET D., « Les aménités environnementales : quelle contribution à l'éco-développement » *in* « Les chemins du développement territorial » *Symposium PSDR,* Clermont-Ferrand, 2012.

– THIMOLÉON M., VOLLET D., « Les aménités environnementales du Massif central : quelle contribution au développement durable du territoire ? » *Revue d'Auvergne*, n° 1-2, 2012, p. 139-154.

– VOLLET D., « La gastronomie : un patrimoine, une ressource et une "clef d'entrée" dans le panier de biens et de services. Illustration à partir de l'Aubrac et du Sancy », colloque Gastronomie et développement local, Angers, 28-29 octobre 2012, Université d'Angers, 2012, 34 p.

– VOLLET D., DION Y., Les potentialités des modèles de la base pour guider la décision publique, *Revue d'Économie Régionale et Urbaine*, 2, 2001, p. 179-196.

Figure 1

Articulation des mécanismes endogènes (ressources territoriales) et exogènes (bases productive et résidentielle) dans le cadre des espaces de faible densité

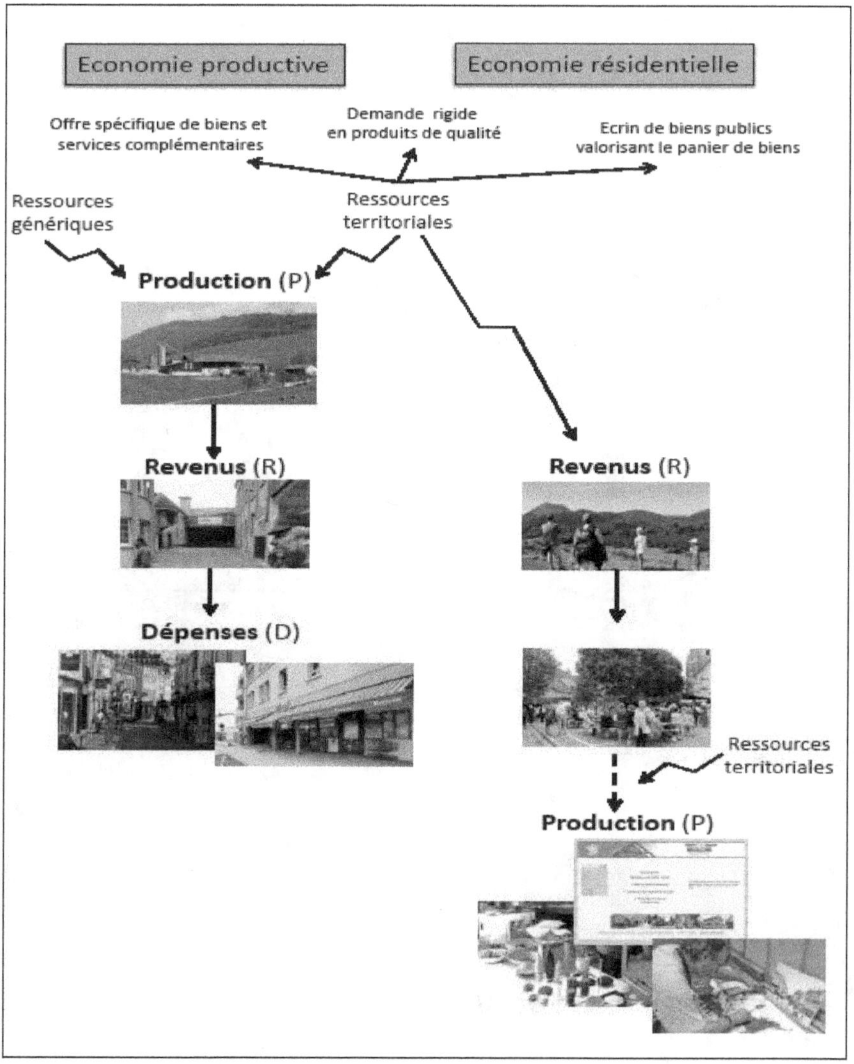

Source : Auteur.

Figure 2

Plasticité des modèles de développement sous l'effet des mécanismes endogènes et exogènes (mobilité des acteurs et des contraintes)
Illustration à partir du Cézallier et de l'Aubrac

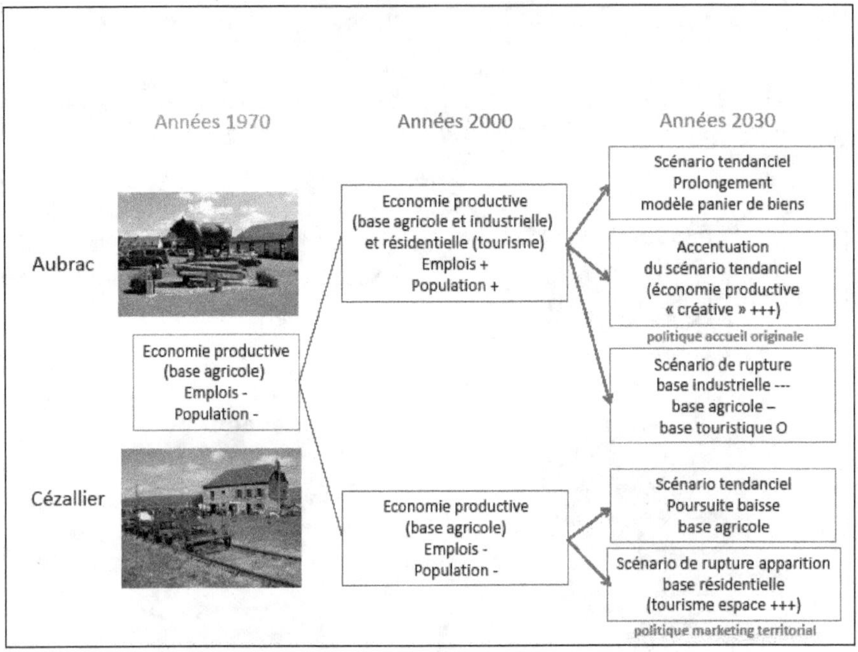

Source : Auteur.

LA MISE EN PLACE DES POLITIQUES D'ACCUEIL TERRITORIALES EN FRANCE. HÉRITAGE OU RENOUVELLEMENT DU MODÈLE DE DÉVELOPPEMENT LOCAL ?

Une analyse historique, comparative et critique des dynamiques à l'œuvre

par

Jean-François MAMDY

Professeur, VetAgroSup, Campus agronomique de Clermont, UMR Metafort

Marion GUILLOT

Ingénieure d'études, VetAgroSup, Campus agronomique de Clermont, UMR Metafort

C'est au cours de la dernière décennie du XXe siècle qu'émerge en France la question de l'accueil de nouvelles populations. Dès le recensement général de population de 1975, l'Insee avait annoncé un retournement démographique au profit des campagnes françaises, mettant fin globalement au mouvement d'exode rural. Le développement des migrations résidentielles se confirmant au fil des décennies, non seulement comme une forme de redéploiement urbain vers la campagne (périurbanisation), mais comme un processus de repeuplement majeur gagnant l'espace rural jusque dans ses confins les plus reculés (renaissance rurale), des territoires pionniers en viennent à penser le phénomène comme une opportunité de développement, susceptible de faire renaître localement la vie sociale et relancer l'activité économique. Des initiatives éclosent un peu partout en France, venant de petites communautés locales, comme des collectivités régionales. Depuis une quinzaine d'années, la notion d'accueil (accueil d'actifs, de nouvelles populations, d'entreprises), puis de territoire d'accueil, et de politique d'accueil fait son chemin, non sans résistances ou tensions, à mesure que les pratiques se déploient et que les modes opératoires s'affinent.

La question des migrations villes-campagnes, dans le cadre plus général du développement des mobilités de population, constitue en France et dans d'autres pays d'Europe ou d'Amérique du Nord, un des aspects saillants des mutations contemporaines des campagnes. Enjeu majeur de développement pour la France rurale, l'accueil dans les territoires ruraux pourrait-il « faire politique » au même titre que la valorisation des ressources économiques locales par le passé ? Disant cela, on ne peut s'empêcher de penser à l'émergence et au déploiement du modèle de développement local issu des années de crise sociale. Pourtant « toutes choses n'étant pas égales par ailleurs », l'analyse historique, comparative et critique des dynamiques d'accueil territoriales montre un profond renouvellement du modèle localiste. La vague du développement durable dans la décennie 1990, celle du développement territorial désormais, l'invocation des démarches participatives et de la gouvernance locale, l'émergence de l'ingénierie de projet territorial, disqualifieraient-ils le concept innovant des années de crise ?

Après avoir posé en préambule le cadre d'analyse construit sur les fondements du modèle de développement local, la communication procède à une lecture dirigée historique des dynamiques, depuis l'émergence, la construction, le déploiement des politiques d'accueil territoriales en France au cours des quinze dernières années. Tandis que l'héritage du passé se révèle au fil d'une analyse des fondamentaux, le panorama se complexifie face aux initiatives et constructions sociales multiples et diverses que les dynamiques territoriales font naître. Trente ans plus tard, le monde a bien changé et continue de changer, entre mondialisation, métropolisation, territorialisation, gouvernance… La donne initiale n'est plus la même. Que révèle l'analyse des politiques d'accueil ? Qu'en est-il des tensions et des résistances face à l'accueil de nouvelles populations, tensions internationales sur la question des migrations, effets destructeurs de la mondialisation générant une crise de l'emploi ? Qu'en est-il des choix stratégiques et politiques des nouveaux territoires, des dérives, des dépassements ou des perfectionnements méthodologiques, des innovations organisationnelles et managériales, sociales et sociétales ? En quoi la question de l'accueil contribue-t-elle au renouvellement des approches, des méthodes, des stratégies de développement local ?

I. Le modèle de développement local comme cadre d'analyse

Démarche radicalement nouvelle formalisée au cours de la décennie 1980, le développement local met en question le modèle dominant de développement « par le haut ». Il s'y oppose en tous points : initiative locale ou « *bottom/up* » plutôt que « *top/down* », projet collectif sur-mesure adapté au territoire plutôt que standard, auto-développement plutôt qu'assistance, approche globale plutôt que sectorielle…

En résumant, la spécificité du développement local tient en cinq points :

A. Le développement local est un processus avant d'être une procédure

L'expérience du développement local se construit sur la durée. La prise de conscience, l'organisation des acteurs, la conception d'un projet, constituent les étapes d'un processus souvent complexe et hésitant, mais producteur d'une dynamique locale. La dynamique de développement rend plus faciles la mobilisation et l'utilisation des procédures. Inversement, la procédure ne crée pas la dynamique, la subvention ne suscite pas le projet !

B. Le développement local procède de forces endogènes

Les réseaux locaux professionnels, de connivence, de parenté, de voisinage, canalisent les « forces vives » du territoire. Que survienne un événement, fermeture d'entreprise générant une crise sociale, projet d'aménagement lourd pesant sur le devenir du territoire, et la population se ressaisit, se mobilise pour agir, pour prendre des initiatives, s'organiser en pouvoir local, définir un projet.

C. Le développement local est un processus global et non sectoriel

Un processus de diversification et d'enrichissement des activités économiques et sociales, à partir de la mobilisation de ses ressources et de ses énergies[1].

Les territoires ne peuvent attendre passivement leur développement des logiques sectorielles qui animent les filières de notre système économique. La régénération du tissu économique local suppose un certain état d'esprit dans le milieu d'accueil, une culture locale d'entreprise, l'existence de « réseaux à finalité productive »[2], réseaux institutionnels, professionnels ou familiaux.

La conscience collective d'une identité forte est ainsi de nature à créer « le réflexe de survie, le réveil surprenant d'un pays qui ne veut pas mourir »[3]. Ainsi s'affirme la triple dimension, économique, sociale et culturelle du développement local.

1. X. GREFFE, *Territoires en France*, Economica, 1984, p. 146.
2. B. PECQUEUR, *Le développement local*, Syros/Alternatives, 1989.
3. P. HOUEE, « Démarches de développement local en milieu rural : l'expérience du Mené », *Les Cahiers de la Recherche Développement*, 1987.

D. Le développement local construit un projet collectif stimulant des projets individuels

L'idée de développement local dépasse par son ampleur celle du développement localisé. Elle suppose une démarche organisatrice des forces vives du territoire et un dépassement des intérêts particuliers en projet collectif. Élargi à l'ensemble des parties prenantes locales – acteurs socio-économiques, élus, associations, population locale –, le projet global se décline en programmes d'action, identifiant des axes prioritaires, et offrant en quelque sorte un cadre de référence aux projets privés ou publics émergeant du local ou d'origine exogène.

E. Le développement local légitime le territoire

L'appartenance au territoire symbolise une communauté de vie et de problèmes, crée des liens de solidarité, renforce ou construit une identité culturelle. Légitimé, le lien territorial devient alors source de reconnaissance vis-à-vis de l'extérieur, l'échelon territorial est en mesure de négocier son projet avec ses partenaires publics (départements, régions, État, UE), socioprofessionnels ou associatifs.

Établie dans ces fondamentaux, la dynamique de développement local a pu se déployer au cours des décennies passées imposant peu à peu de nouvelles démarches, des méthodes, des outils, des procédures, couronnant des politiques et des stratégies spécifiques.

La dynamique de l'accueil de nouvelles populations ou de nouvelles activités surgie à la fin des années 1990 d'initiatives territoriales spontanées put paraître anecdotique, ou à tout le moins sectorielle, dans ses débuts.

L'ampleur de son déploiement sous forme de politiques territoriales interpelle désormais. S'agit-il encore de développement local ou d'un processus nouveau en gestation régénérant les stratégies et les méthodes ? La construction des politiques d'accueil témoigne-t-elle de la solidité de l'héritage ou renouvelle-t-elle le modèle du développement local ?

II. La construction des politiques d'accueil à l'aune du modèle de développement local

En analysant l'émergence et la structuration, puis l'invention et la mise en place des politiques territoriales d'accueil de nouvelles populations dans le monde rural sur la base d'une grille de critères au fondement du développement local, nous tenterons d'apprécier le changement, les remises en question, les dépassements ou les innovations.

A. L'accueil dans les territoires : un processus en émergence depuis quinze ans

C'est au cours de la dernière décennie du XXe siècle qu'émerge la question de l'accueil. Depuis vingt ans déjà, l'Insee avait annoncé un retournement démographique au profit des campagnes françaises, mettant fin globalement à l'exode rural. Le développement des migrations résidentielles d'abord perçu comme phénomène spontané et inattendu, se confirmant, pouvait enfin être pris au sérieux. Il n'apparaissait plus seulement comme une forme de redéploiement urbain vers la campagne (périurbanisation), mais comme un processus de repeuplement, gagnant l'espace rural, jusque dans ses confins les plus reculés, et susceptible de faire renaître une vie économique. Certains territoires allaient désormais considérer le phénomène comme une opportunité à la fois économique et démographique.

La question de l'accueil est ainsi posée à la fois par des partants urbains notamment, « en désir de campagne » selon l'expression de Jean Viard[4], et par des territoires de projet, désireux de voir s'installer des porteurs de projets, bientôt créateurs d'activité. À l'initiative de deux militantes du développement local, Josée de Félice (université Paris-VII) et Sylvie le Calvez (*Magazine Village*) cinq colloques successifs dédiés à l'accueil sont organisés à Paris entre 1995 et 1999. Dès 1996, un collectif issu de la société civile est créé entre seize membres décidés à poser les fondements d'une réflexion sur l'accueil de nouvelles populations et d'activités à la campagne, et plus globalement la relation entre villes et campagnes.

Le Collectif Ville Campagne[5] s'organise sous forme associative en 1999, puis développe ses activités dans les domaines de l'information, de la communication, de l'accompagnement des partants, de l'appui aux territoires, enfin d'études diverses commandées par les pouvoirs publics et notamment la DATAR.

4. B. HERVIEU, J. VIARD, *Au bonheur des campagnes*, édition de l'Aube, 1996.
5. Le CVC organise des événements nationaux.

La connaissance des faits migratoires et des politiques d'accueil territoriales s'approfondit au fil des années[6]. Dans le même temps, les initiatives opérationnelles se multiplient à diverses échelles de territoire (pays, département, communauté de communes, voire communes). De nombreuses manifestations à Paris et en province disséminent l'idée de l'accueil. Le relais des médias spécialisés (*Village*, *l'Acteur rural* et la chaîne Demain) contribueront grandement et quelques régions font figure de pionniers ; ainsi du Limousin, une région confrontée à la désertification, qui la première se saisit de la thématique en créant un service régional de l'accueil, en mettant en place des pôles locaux d'accueil, en organisant des rencontres nationales (cinq éditions de projets en campagne de 2001 à 2009) pour favoriser le rapprochement entre partants et territoires, ou en conduisant des études nationales sur les mobilités et les territoires d'accueil Rhône-Alpes et l'Auvergne prendront aussi l'initiative, inventant de nouveaux dispositifs (les sites de proximité et les résidences d'entrepreneurs). Jamais l'État ne se posera en organisateur, se contentant *via* la DATAR d'apporter un soutien moral et financier aux initiatives d'envergure. Aucune politique d'envergure nationale ne verra le jour après quinze ans d'initiatives.

S'il est vrai que le développement local ne se décrète pas comme le disait Édith Cresson, le lent processus de conception, de mise en place et d'ajustement de la politique d'accueil en France en constitue une illustration nouvelle.

B. Des territoires concernés se mobilisent dans un mouvement bottom-up

Ascendant, endogène, le développement local s'est construit contre un modèle descendant et exogène. S'insurgeant contre les décisions imposées de l'extérieur, que ce soient les modèles prédéfinis ou les politiques de subventionnement, les ressources ou les financements d'assistance, et en déplorant les faibles résultats, ses militants ont construit leur édifice sur la mobilisation des forces vives locales, leur créativité et leur capacité à valoriser des ressources locales. Qu'en est-il en matière d'accueil ?

Il faut bien admettre que ce sont les territoires ruraux qui ont pris l'initiative ! Dans le magazine *Village*[7], on relate l'histoire de trente territoires d'accueil de toute la France, nominés aux « trophées de l'accueil » dans le cadre de la première manifestation de « Projets en campagne ». De simples villages comme Voivres,

6. J.-F. MAMDY (dir.), « Cap sur la campagne », Revue *POUR*, 2004, n° 182.
7. *Village Magazine*, « Territoires d'accueil, Bienvenue chez eux », n° 52, sept.-oct. 2001.

la commune de Lorraine lauréate du concours, des communautés de communes, syndicats mixtes, groupements Leader, pays ou parcs régionaux, sont mis en vedette pour avoir lancé des initiatives très diverses de la création de services (réouverture d'école, commerces, multiple rural, bistrot de pays...) ou d'activités culturelles innovantes (festival de jazz, résidences d'artistes...), à l'action en faveur du logement locatif ou l'accompagnement à la création d'entreprises, voire le recours à des moyens de communication innovants, toute la panoplie des idées pour rendre le territoire attractif et bien accueillir les candidats à l'installation est au rendez-vous !

D'année en année, au fil de nouvelles rencontres nationales de l'accueil, initiées par la Région Limousin (label Projet en campagne) puis par l'Auvergne (label Universités européennes de l'accueil), des territoires de plus en plus nombreux se signalent pour accueillir de nouvelles populations.

Ce sont donc bien les territoires qui prennent l'initiative au risque d'ailleurs de créer un foisonnement spontané, source de confusion pour les porteurs de projet, les institutions et les territoires !

Le « Qui fait quoi ? » devient dans la décennie présente la question principale en matière d'accompagnement à l'installation. Une association de territoires d'accueil se constitue sur le Massif central (6 régions et 22 départements) sous le nom « Créer et vivre en Massif central » pour échanger en réseau, et développer de bonnes pratiques d'accueil. Une autre se crée en Auvergne sous l'appellation Cap Actif, pour accompagner dans une logique de réseau les créateurs d'activité. Les régions chercheront à mettre de l'ordre dans cette profusion avec des résultats variables. On ne dompte pas si facilement les forces vives locales ! À l'échelle nationale, le CVC et le CNASEA porteront, avec le soutien de l'État, la création d'une Charte nationale de l'installation, cadre d'engagement en direction d'une politique d'accueil et bonnes pratiques. L'État restera discret et la charte ne sera pas signée !

Le rôle de l'État reste posé dans cette histoire. S'il a bien prodigué ses encouragements et participé, y compris financièrement, à l'action en faveur de la mise en place de politiques d'accueil, il n'est jamais apparu comme l'initiateur, mais plutôt comme le supporter discret d'une idée...

Ascendant certes, le développement local revendique la dimension endogène qui tient pour beaucoup à un principe de valorisation des ressources locales. Une grande part des expériences réussies ont de fait mis l'accent sur des ressources oubliées, paysagères ou naturelles (patrimoines naturels délaissés), bâtis de toutes natures (petit patrimoine, maisons paysannes, manoirs…), agricoles et alimentaires (produits de terroir), artisanaux ou industriels, savoir-faire, traditions, coutumes (patrimoines immatériels).

Mais qu'advient-il de ce caractère endogène si l'on considère que la politique d'accueil parie sur des ressources humaines exogènes, ce que l'on appelle en particulier les néoruraux ? L'appel à des énergies extérieures au territoire ne contredit-il pas l'idée même de ressources locales ?

L'analyse du mouvement néo-rural depuis « Le retour à la nature » de Bertrand Hervieu et Danièle Leger[8] jusqu'à maintenant, démontre que les nouveaux arrivants créateurs d'activités et d'entreprises sont de fait les meilleurs ambassadeurs du territoire qu'ils investissent.

Nos récents travaux de recherche sur les étrangers nord-européens[9] confirment le fait que les créateurs étrangers installés dans la campagne française recherchent l'ancrage territorial à la fois, dans l'activité qu'ils développent à partir de ressources locales (paysages, produits de terroir, patrimoines locaux), et dans les liens sociaux et culturels qu'ils tissent avec la communauté locale. Ils apparaissent dès lors comme porteurs de ressources endogènes pour le territoire. Ainsi l'axe accueil de nouvelles populations permet-il de réconcilier les forces exogènes et endogènes au profit du développement territorial. Pour autant la démonstration n'est pas reconnue partout ! Un décalage persistant existe entre l'adhésion à l'accueil de beaucoup d'élus territoriaux convaincus des effets bénéfiques des nouveaux arrivants extérieurs au territoire, et la réserve lancinante des populations plus repliées sur leur clocher[10] !

La mobilisation des forces vives des territoires, militants, agents de développement, chercheurs et bien sûr élus, sur l'ambition d'accueillir, d'installer, d'intégrer de nouveaux acteurs témoigne une nouvelle fois du souffle du développement local.

---

8. D. Leger, B. Hervieu, *Le retour à la nature*, édition du Seuil, 1979.

9. J.-F. Mamdy, « Des étrangers créateurs d'activité dans les campagnes d'Auvergne », Université européenne de l'accueil, Clermont-Ferrand, 16-18 juin 2010.

10. J.-F. Mamdy, « Les représentations des élus d'Auvergne sur l'accueil des nouvelles populations », Université d'été européenne de l'accueil, Clermont-Ferrand, 28-29-30 juin 2006.

C. *Accueillir : une démarche nécessairement intégrée et globale de développement*

L'arrivée spontanée de néo-ruraux dans les campagnes, l'approche opportuniste de quelques territoires à l'affût d'un industriel (improbable) ou d'un coup d'éclat (exceptionnel), a pu faire longtemps illusion. La montée en puissance des flux migratoires en quelques décennies a permis une prise de conscience et une rapide maturation des stratégies d'accueil territoriales. Même si chaque territoire présente une problématique spécifique, si la vision locale est ici plus portée vers l'accueil d'entreprises, là vers le repeuplement humain, ailleurs vers le contrôle des flux migratoires, la question de l'installation de nouveaux arrivants et de nouvelles activités traverse tous les cloisonnements, interpellant la vie sociale, l'économie locale, les espaces, l'ambiance territoriale...

D'aucuns continuent de penser que l'accueil serait un nouveau levier économique pour territoires en difficulté, qu'une approche sectorielle permettrait d'activer, ou que la recette du marketing territorial suffirait pour attirer et fixer des populations dans les territoires ruraux. Pour nombre d'élus, l'accueil de nouveaux arrivants ne se justifie que pour maintenir une situation, reprendre un commerce sans successeur, ou remplacer un médecin parti en retraite. Pour beaucoup, on ne veut entendre qu'accueil d'actifs, comme si le développement n'était fait que d'activité économique et que l'on ne veuille recevoir que la frange jeune et dynamique des candidats à la vie rurale. Ces opinions ont toujours pignon sur rue, mais les faits et les analyses les discréditent de plus en plus.

Les analyses récentes concernant les nouveaux venus[11] montrent l'importance de l'argument qualité de vie dans la décision de migrer, avant même les questions d'emploi, de logement, de proximités familiales... De fait leur migration répond à un projet de vie : projet de vie à la campagne, de couple, de famille, et projet professionnel pour la plupart d'entre eux. Dès lors, l'accueil du territoire ne peut être que global.

11. J.-F. MAMDY, V. ROUSSEL, « Nouveaux arrivants et territoires ruraux fragiles ; quelques exemples dans le Massif central », Revue *Espaces, Populations, Sociétés*, 2001-1-2, p. 109-122 ; F. COGNARD, « Reprise démographique et nouvelles populations dans les moyennes montagnes françaises », Revue *Espaces, Populations, Sociétés*, « Repopulation et mobilités rurales », 2001-1-1, p. 53-68.

Il s'agit d'abord de pourvoir aux demandes de logement pour la famille, de services pour la vie quotidienne (commerces, école, santé…), y compris la demande d'activités de loisirs, et d'immobilier et de services pour l'entreprise à créer ou l'activité à développer. Plus fondamentalement, les territoires s'organisent pour répondre aux attentes des candidats à l'installation en qualifiant l'offre du territoire, en inventant de nouveaux dispositifs pour mieux accompagner le processus d'accueil et d'installation, et faciliter l'intégration ou l'ancrage local.

Les territoires ont ainsi construit progressivement leur politique d'accueil, en travaillant l'attractivité de lieux, la promotion et la communication du territoire et de son offre qualifiée, l'ingénierie d'accompagnement des candidats à l'installation.

Une telle politique d'accueil prend son sens dès lors qu'elle est globale et intégrée au sein du projet de territoire. L'expérience Leader[12] montre bien comment les politiques d'accueil ont pu émerger et se structurer au sein de programmes européens en France, offrant aux territoires l'opportunité de « faire politique » autour de la qualification de l'offre territoriale, de la communication et de l'ingénierie. Outre ses effets positifs en termes d'attractivité, les politiques Leader+ Accueil ont permis de mettre à jour des nouvelles priorités stratégiques autour de la fonction résidentielle et productive des territoires : la mobilisation locale, le partenariat avec l'ensemble des échelons infra-régionaux, la formation des pilotes, la prospective…

D. L'aide à l'installation... ou la dimension collective de l'accueil

Si l'on a longtemps considéré la création d'entreprises comme le fait de l'entrepreneur revendiquant l'autonomie dans son statut et dans ses pratiques, on souligne désormais la dimension collective de la création d'activité et de la recherche d'ancrage territorial. Dès lors, il est illusoire de penser qu'une approche sectorielle du problème par un corps de spécialistes pourrait répondre à un tel enjeu. L'accueil de nouvelles populations, de nouvelles activités est territorial, transversal, multidimensionnel, et requiert la mobilisation de très nombreux acteurs.

12. CVC, « Attractivité des territoires ruraux et accueil de nouvelles populations », Analyse de 36 programmes Leader+ 2000/2006, janvier 2008, 104 p.

Telle est d'ailleurs l'hypothèse structurante du programme de recherche CreActE[13] qui entend mieux comprendre le processus de création d'activités nouvelles dans les espaces ruraux ou périurbains, dans leur dimension organisationnelle notamment. Le modèle d'hypothèses, baptisé « triptyque de la création d'activité », pose le principe de co-construction d'un processus d'installation, création, fonctionnement, que les analyses de terrain ont largement éprouvé, illustrant la contribution collective de réseaux informels, de structures d'accompagnement et de collectivités locales parties prenantes de l'accueil du créateur.

Parallèlement aux pratiques collectives spontanées, des organisations ont vu le jour à l'échelle de territoires d'ampleurs différentes, scellant de façon formelle des fonctionnements en réseau, permettant de mieux accompagner les créateurs et leurs familles en les aiguillant vers les acteurs les plus pertinents (Cap Actif sur le PNR Livradois-Forez), ou favorisant l'échange de bonnes pratiques à l'échelle des territoires d'accueil (Créer et vivre en Massif central, une association de territoires d'accueil labellisée et soutenue par la DATAR de 2000 à 2008).

Force est de constater qu'aujourd'hui la prise en charge de l'accueil par les ensembles territoriaux est multiforme. Si aux côtés des territoires de proximité, principalement des communes pionnières, mais aussi intercommunalités, communautés de communes ou pays, d'autres types de collectivités (départements et régions) et d'organisations para-administratives (chambres consulaires) et associatives se sont emparées de la question de l'accueil de créateurs d'activité et de nouvelles populations, leur collaboration n'est ni systématique ni naturelle.

Le Collectif Créer et vivre en Massif central, ou à l'échelle nationale le Collectif Ville Campagne, a tenté de repérer dans le maquis des intervenants, le *Qui fait quoi ?* On peut de fait s'interroger sur l'échelle de pertinence des territoires d'accueil autoproclamés, mais il faut bien admettre que la démarche active d'accueil couvre une vaste gamme de fonctions (observation, information, ingénierie, animation accompagnement, communication, promotion) qui objectivement relèvent de différents niveaux territoriaux, du communal à l'européen. Ainsi la communauté de communes est un bon niveau de mobilisation locale. Elle peut assurer le pilotage, la logistique, la mise en réseau des partenaires institutionnels, l'animation, mais encore la relation de proximité, le contact personnel. Le pays constitue un niveau

13. CreActE : Création d'activités nouvelles et d'emploi, facteurs d'émergence et modes de gouvernance, un programme de recherche PSDR (Pour et Sur le Développement Régional), portant sur l'Auvergne et Rhône-Alpes, 2007-2011. Porteurs de projet : J.-F. MAMDY et E. GRASSET.

pertinent pour la réflexion d'ensemble à plus long terme et la coordination, en lien avec les communautés de communes. Cependant, la plus petite commune pourrait jouer efficacement le rôle d'accueil de proximité : hospitalité, parrainage, accompagnement d'une part, repérage, qualification de l'offre en logement, immobilier, foncier ou activité d'autre part. Symétriquement, l'Europe et l'État pourraient jouer le rôle d'initiateur de politiques d'accueil, de producteur d'ingénierie et d'outils, de fédérateur d'échange d'expériences, d'évaluateur et diffuseur de bonnes pratiques.

Il n'en demeure pas moins que l'action collective ne se décrète pas, pas plus qu'elle n'est spontanée. Comment dès lors établir le dialogue, les liens de réseau, l'organisation durable des complémentarités entre partenaires. Il y a là une nouvelle ingénierie territoriale à inventer sur la question de l'accueil, qui fait appel aux grandes fonctions historiques du développement local que sont l'information, la formation, l'animation, le management territorial...

E. Légitimité des territoires pour organiser l'accueil

La recomposition territoriale et la territorialisation des politiques publiques sont un acquis incontestable du développement local historique. À une époque où l'essentiel des choix était le fait de l'État, les forces vives en région surent convertir le lent processus de décentralisation et d'intercommunalité en un mouvement de légitimation de nouveaux territoires, les territoires de projet. Les territoires de projet constituent de ce fait un produit du développement local et la façon dont ils se sont approprié la question de l'accueil témoigne de cette avancée.

Nous avons montré comment en une quinzaine d'années on était passé du constat de nouvelles mobilités vers les campagnes, à un dispositif complet capitalisant des expériences de porteurs de projet d'installation et des expériences territoriales organisant l'accueil, des « discours » et analyses organisés sur les problématiques, les stratégies, les guides de bonnes pratiques, les programmes d'action, enfin des acquis méthodologiques en matière de diagnostics spécifiques, de détection des potentiels, de construction d'offres territoriales, de mise en réseau et organisation opérationnelle (sites de proximité pour la création d'activités, pôles locaux d'accueil, résidences d'entrepreneurs…), de promotion et de communication, d'ingénierie d'accompagnement des créateurs ou de mobilisation des ressources entre partenaires.

Certes, le dispositif d'accueil en France est moins visible que s'il résultait d'une loi, d'un texte fondateur, d'un affichage national. Du reste, le projet de texte de la Charte nationale d'installation n'a jamais été signé par les parties nationales !

C'est un signe… En revanche, il n'a pas manqué d'événements nationaux (cinq Projets en campagne, trois Universités européennes de l'accueil, une Rencontre professionnelles de l'accueil) pour se faire rencontrer les acteurs de l'accueil : porteurs de projet, territoires et structures d'accompagnement et développer un *corpus* de connaissance, d'expériences, de dispositifs innovants et de modèles programmatiques. L'expérience française des *Leader* + Accueil (18 GAL) est d'ailleurs unique en Europe.

Ainsi peut-on dire que la question de l'accueil, et les politiques d'accueil qu'elle a générées, sont à mettre au crédit des territoires de projet stimulés par quelques décennies d'initiatives de développement local. Dans les dynamiques les plus avancées (Leader + par exemple), l'accueil a sans doute « fait projet » et « fait » politique.

Pour autant, comme dans toutes les expériences territoriales innovantes le consensus n'est pas total. La population locale reste réservée sur des choix stratégiques jugés risqués et détournant des fonds locaux d'un retour immédiat sur la population présente. La mobilisation locale pour l'accueil reste donc un challenge et la construction de politiques d'accueil territoriales un combat emblématique pour le développement local.

III. Les politiques d'accueil entre héritage et renouvellement du modèle de développement local

A. Dans le sillon du développement local… un florilège d'initiatives

La lecture historique des dynamiques d'accueil depuis l'émergence des premières initiatives dans les années 1990, puis la construction et le déploiement de politiques d'accueil territoriales en France au cours des quinze dernières années, *témoigne avec force des principes fondateurs du modèle de développement local* : démarches d'accueil initiées du local, développement progressif de l'action publique ou collective dans la transversalité, accomplissement au sein des territoires.

Mieux encore : l'action publique en faveur de l'accueil de nouvelles populations et de nouvelles activités au cœur des territoires n'est-elle pas *l'expression nouvelle du développement local ?*

De fait pour beaucoup de territoires aujourd'hui, l'histoire du développement se poursuit au fil des projets de territoires redéfinis dans les cadres renouvelés des communautés de communes et d'agglomération, des schémas directeurs (SCoT et PLU), et des mutations contemporaines (mondialisation et nouvelles technologies de l'information, mobilité et attentes sociétales).

Des initiatives expérimentales virent et voient ainsi le jour spontanément en des lieux divers, sans qu'elles puissent être immédiatement référées à la problématique de l'accueil. La montée d'une dynamique de l'accueil n'a sans doute pas été perçue comme telle, mais apparaît avec le recul du temps *comme une révélation* à mesure que le concept d'accueil s'éclaire, qu'un discours sur l'accueil se construit à l'occasion de rencontres et de débats nationaux ou régionaux, qu'une ingénierie s'échafaude dans la construction de stratégies de plus en plus globales, voire de politiques d'accueil dûment nommées comme telles.

En l'absence de prise de pouvoir étatique et d'institutionnalisation politique, *une grande diversité d'initiatives émerge*, révélatrice d'une toute nouvelle créativité territoriale. Françoise Cognard montre dans sa thèse[14] comment trois territoires de moyenne montagne, le Diois, le Séronais et le Morvan, construisent leur propre projet sur des problématiques toujours particulières, ici le renouvellement de l'agriculture, là le maintien d'une école, ailleurs une prise de conscience de la désertification, jouant d'opportunités locales ou nationales, de *leaders* providentiels, et d'une dynamique collective susceptible d'impulser un projet peu à peu structurant autour de l'accueil de nouvelles populations et d'entreprises.

À toutes échelles apparaîtront ainsi des initiatives, des processus et des organisations exemplaires de construction sociale de politiques d'accueil. De la plus petite commune, telle Les Voivres en Lorraine, à l'organisation interrégionale de territoires d'accueil « Créer et vivre en Massif central », en passant par les pôles locaux d'accueil de la Région Limousin, le dispositif d'origine québécoise « Place aux Jeunes » ou le réseau d'accueil « Cap Actif » initié par le Parc Naturel Régional du Livradois Forez se révèle un panorama composite de la créativité territoriale

14. F. Cognard, « Migrations d'agrément et nouveaux habitants dans les montagnes françaises : de la recomposition territoriale au développement territorial ; l'exemple du Diois, du Morvan et du Séronais », Thèse d'université, Faculté de géographie de l'université Blaise Pascal, Clermont-Ferrand, 2010.

en termes de politiques publiques (Annexe 1). Le répertoire Rural Innova[15], sans prétendre à l'exhaustivité, offre un inventaire récent des initiatives territoriales en matière d'accueil sous forme de fiches-actions et guide de bonnes pratiques.

Dans le même ordre d'idées, l'analyse de trois régions françaises très investies dans les politiques d'accueil, le Limousin, l'Auvergne et Rhône-Alpes offre une belle illustration de la diversité créatrice des territoires en termes d'accueil (Annexe 2). On constate ainsi que si la Région Rhône-Alpes, s'appuyant sur son savoir-faire en termes d'ingénierie met l'accent sur le dispositif d'accompagnement que sont les « Sites de proximité », la Région Limousin parie plus sur les porteurs de projet qu'il faut accueillir au sein des communautés locales au sein des « Pôles locaux d'accueil », tandis que la Région Auvergne confie l'accueil aux territoires considérés dans la logique régionale de l'ARDTA comme les fers de lance du développement territorial : trois stratégies différenciées de l'accueil que le programme de recherche-développement synthétise dans son modèle dit « triptyque de l'accueil ».

B. Des résistances, des tensions et des remises en question

Il ne saurait être question de porter une évaluation sur les politiques d'accueil territoriales, comme le souligne du reste Françoise Cognard dans sa thèse[16], relevant à la fois la complexité à distinguer les effets imputables à l'action publique des processus indépendants de cette action, et l'absence de résultats ou simplement de recul sur un phénomène généralement mal circonscrit. En revanche, l'analyse des dynamiques et des processus en construction autour de la question de l'accueil *révèle bien des résistances et des tensions.*

L'étude nationale sur « l'installation durable de citadins à la campagne »[17], conduite en 2003, avait déjà souligné en son temps *la divergence* des représentations, des attentes, des points de vue sur l'accueil de nouvelles populations, entre néos-ruraux « accueillis » et maires ou habitants « accueillants ». Dans le cadre d'une étude menée auprès des élus municipaux d'Auvergne pour le compte de la région[18], il est apparu que si les élus étaient par le discours largement favorables à

15. Rural Innova, *Guide-Répertoire des politiques d'accueil de nouvelles populations*, 2007.

16. F. COGNARD, *op. cit.*, 2010, p. 418.

17. Conseil régional du Limousin : Ipsos, mai 2003,

18. J.-F. MAMDY, « Perceptions et représentations de l'accueil de nouvelles populations en Auvergne ; points de vue d'élus communaux », Université européenne de l'accueil, Clermont-Ferrand, 29 juin 2006.

l'accueil, considérant qu'il représentait une chance pour le développement territorial, ils émettaient des réserves quant aux catégories à attirer : résidents secondaires, populations en situation précaire, ou étrangers. De surcroît, interrogés sur l'avis de la population, ces élus « dénonçaient » nettement leur population pour leur franche réserve quant à l'accueil d'étrangers d'Europe du Nord (44 % de positions favorables pour les populations locales contre 71 % pour leurs élus). *La propension à accueillir de nouveaux habitants dans les campagnes n'est donc pas si partagée* que ne le laisseraient penser les seuls discours. Françoise Cognard confirme le fait dans sa thèse prenant appui non seulement sur des témoignages directs, mais aussi sur ceux de chercheurs nord-américains.

Il est patent que les discours circulants sur l'accueil sont ambigus, et qu'à l'exception de quelques *leaders* bien identifiables dans les médias, les discours politiques ont quelque difficulté à afficher une stratégie d'accueil volontariste. En premier lieu, le concept reste confidentiel ; on comprend très bien ce qu'est une politique de développement local, mais moins bien ce qu'est une politique d'accueil. La visibilité d'une telle politique, qui consacrerait les ressources locales à des acteurs extérieurs, serait-elle par ailleurs comprise de la population locale ? La plupart des élus préféreront souligner l'action publique au profit des habitants.

Dans les territoires les plus investis sur le sujet de l'accueil, à commencer par le Limousin, pionnier parmi les régions françaises, le consensus n'est jamais total et durable et l'affichage politique reste contingent. *La tentation sélective est omniprésente* et la politique d'accueil est très généralement tournée vers les porteurs de projet, les familles jeunes avec enfants, et si possible pourvues de revenus ou de perspectives de revenus… *Cette cible « d'actifs »* devient ainsi très vite la priorité et *la raison d'être d'une politique d'attractivité.* Il est alors aisé de justifier l'investissement financier s'il s'agit de faire venir et s'installer de nouvelles entreprises, à reprendre pour renouvellement du tissu existant, ou à installer pour conforter l'économie locale. Tandis que certaines régions (Limousin), pour des raisons démographiques, cherchent avant tout le repeuplement et s'emploient à accueillir des nouvelles populations dans leurs pôles locaux d'accueil, d'autres mettent en avant l'économique, se lançant dans le marketing territorial en qualifiant leurs offres territoriales et en investissant les médias pour attirer les porteurs de projet économique. La Région Auvergne illustre cette stratégie marketing agressive jouant sur l'image d'une région où il fait bon vivre (*auvergnebienvenue.com*, *Auvergnelife.com*) surtout si l'on peut y développer une entreprise dynamique dans le cadre d'une « résidence d'entrepreneur ».

La construction des politiques d'accueil territoriales *n'est donc ni consensuelle, ni exempte de dérives, voire de révisions déchirantes.* Non seulement ses résultats restent encore incertains, faute de recul suffisant, mais ses fondements restent fragiles sous l'empire de mentalités protectionnistes. Il est vrai que nous entretenons en Europe et en France un curieux paradoxe qui consiste à promouvoir l'idée d'accueillir de nouvelles populations en région alors même que l'Europe et l'État hérissent leurs barrières aux frontières pour contenir l'immigration.

C. Renouvellement ou dépassement ? L'accueil fait-il politique ?

Initiatives territoriales et expérimentations, convergences organisationnelles et diversité des formes, résistances et remises en question ou tensions et controverses, *la question de l'accueil passionne et fait débat au cœur du développement local. En cela, elle reste dans la lignée* de ce que fut ce courant d'idées et d'énergies en rupture avec le modèle dominant de développement.

Trente ans après cependant, le monde a changé. La mondialisation libérale s'est imposée partout, la métropolisation de l'emploi et des hommes se poursuit, l'action publique d'État, si dominante en France, s'est recentrée et éloignée des territoires tandis que ceux-ci imposaient leur empreinte localement, la révolution technologique a changé la donne accompagnant une mutation complète de la société, des pratiques et des attentes des citoyens.

En France, comme ailleurs en Europe, ou en d'autres pays développés, le monde rural participe de ce changement : changement subi pour partie, mais aussi changement dirigé. La construction de politiques d'accueil au sein des territoires ruraux en est une belle illustration.

De fait, c'est aujourd'hui autour de cette problématique d'accueil que s'approfondit la révolution territoriale. C'est là en effet que les territoires, à toute échelle, continuent d'apprendre par l'exercice de l'initiative, du débat en réseau, de la formation en situation, de la créativité. Toutes les régions françaises ne sont pas nécessairement en pointe, mais les plus rurales, celles de moyenne montagne notamment, le sont, poursuivant cette fonction d'innovation et d'expérimentation, ou de laboratoire d'idées.

Même si l'ambition de cette communication reste modeste au regard des approfondissements, des innovations, des dépassements obtenus dans le registre des problématiques d'accueil, tentons d'en faire un premier inventaire.

La problématique de l'accueil a d'abord permis l'affirmation de *la légitimité territoriale à conduire une politique autonome de développement local.* Il est vrai que la question de l'accueil est nouvelle pour tous les territoires, à l'exception notable de l'État qui avait conduit dès l'après-guerre une politique unique de migration d'agriculteurs entre régions françaises. En approfondissant une réflexion d'abord sectorielle, beaucoup de territoires en sont venus à positionner la stratégie d'accueil au centre de leur projet politique. C'est aujourd'hui le cas du Massif central, de l'Auvergne, de certains PNR tel le Livradois-Forez, de 18 territoires GAL/Leader qui ont choisi l'étendard de l'accueil, de près de 20 % des pôles d'excellence rurale. L'accueil a donc permis et permettra encore à de nombreux territoires de faire vraiment politique.

L'action publique en direction de l'accueil pose inévitablement la question du *territoire pertinent*. De l'analyse des faits ressort l'idée qu'aucune échelle territoriale n'est illégitime en la matière. Dès lors, *la pertinence tient plus au volontarisme politique ou local qu'à la vocation* et à la capacité à mobiliser multiples niveaux territoriaux au service de l'action. Les trophées de l'accueil attribués au cours des différentes manifestations nationales (foires à l'installation) ont d'ailleurs distingué tous formats de territoires.

La mise en relation entre projet d'entreprise, projet de vie et ancrage territorial, souligne la nécessaire transversalité des politiques d'accueil. Cette caractéristique fait de plus en plus consensus sur un plan théorique, mais se heurte dans les faits aux pratiques sectorielles et cloisonnées de certains acteurs, aux prés carrés institutionnels, et aux mentalités de notre société. *C'est dans ce domaine que les dépassements les plus hardis ont été tentés.* Si les nouvelles technologies ont facilité de telles avancées (*http://www.installation-campagne.fr*), l'innovation tient avant tout à la volonté des acteurs de dépasser les cloisonnements habituels. L'expérience inaboutie « Créer et vivre en Massif central » a tout de même permis de dresser l'inventaire des parties prenantes de l'accueil à l'échelle du Massif central, de montrer leur complémentarité et tenté de construire un outil de progrès partagé. Des initiatives comme Cap Actif au sein du MNR Livradois-Forez sont allées plus loin encore dans une forme d'organisation intégrée en réseau de l'accueil de porteurs de projets. Ainsi la construction de nouveaux dispositifs collectifs territoriaux aura-t-elle permis *d'expérimenter des formes innovantes de gouvernance locale.*

En poursuivant la réflexion sur les renouvellements et dépassements induits par la construction d'une stratégie territoriale d'accueil, deux horizons méritent d'être éclairés : en amont la question de l'emploi, de la création d'emploi et de la territorialisation des emplois dans les espaces diffus des campagnes, là ou précisément la métropolisation ne joue pas, en aval, l'invention de nouvelles méthodes et nouveaux outils opérationnels pour accueillir les populations et les activités.

La mise en place de politiques d'accueil au sein de territoires marqués par leur fort caractère rural fut largement déterminée par la recherche du développement économique. Il est vrai que dans des espaces ruraux laminés par l'exode rural et affaiblis par la chute d'activité économique, la relance de l'emploi local s'imposait.

Or, traditionnellement l'action publique en matière d'emploi passait par l'appui à l'entreprise, directement au nom de l'aménagement du territoire et du développement économique, ou indirectement au niveau des infrastructures physique et de services, de l'appui à la création d'entreprises ou de la professionnalisation. L'innovation majeure des politiques d'accueil fut d'élargir progressivement la voie techniciste pointue centrée sur l'entreprise à la prise en compte du projet de vie familial *impliquant une approche globale du projet d'installation, et un accompagnement multiforme organisé à l'échelle du territoire.*

Plus tard, les politiques de développement local mirent l'accent sur la valorisation des ressources locales. Ce sont désormais les hommes, porteurs de projet ou nouveaux arrivants, que l'on cherche à accueillir. Ils constituent les ressources actives du développement, celles sur lesquelles s'appuieront les territoires. Il y a donc dans la construction des politiques d'accueil un *renversement de posture*, au sens où l'on en appelle à des ressources exogènes pour valoriser les ressources du local et développer l'emploi, un signe d'ouverture et de dépassement des horizons anciens.

D'une façon plus visible, la mise en place en place de *dispositifs ou d'outils innovants et d'une nouvelle ingénierie* est à porter au crédit de l'action publique en matière d'accueil.

Le concept d'offre territoriale qualifiée matérialise un assemblage complexe d'opportunités pouvant constituer l'architecture d'un projet d'activité et de vie. Il transpose d'une certaine façon la notion de produit touristique au monde de l'accueil.

L'irruption du marketing territorial dans le champ de l'accueil a donné naissance à *de multiples arborescences internet* rivalisant d'originalité pour exprimer l'attractivité des lieux, en images virtuelles, ou en relais sur les territoires d'accueil.

D'immenses progrès ont aussi été accomplis en matière d'organisation territoriale grâce à l'internet sans doute, mais surtout à la volonté politique de décloisonner les organisations et les secteurs, d'associer les parties prenantes et d'installer *une nouvelle gouvernance au service du candidat à l'installation.*

Au cœur de cette construction sociale, *une ingénierie de l'accueil* est en voie d'élaboration pour affiner le diagnostic des potentiels d'activité, procéder à l'assemblage d'offres territoriales qualifiées, communiquer avec les candidats potentiels, promouvoir le territoire à l'extérieur, accompagner les porteurs de projet et les nouveaux arrivants, en activant continuellement les réseaux professionnels ou territoriaux…

Si l'analyse historique, comparative et critique des politiques d'accueil conduites en France, et spécifiquement dans la France rurale, atteste d'un processus en expansion depuis une quinzaine années, souligne une prise de conscience de nouvelles potentialités de développement fondées sur l'humain, dynamise des communautés humaines autour de projets de territoire et innove par les démarches, les outils, les méthodes, il n'est pas acquis que l'accueil fasse durablement politique dans un monde en changement sous tension. Mais peut-être suffit-il qu'il fasse débat pour lui trouver de l'intérêt.

Bibliographie

– AROCENA J., *Le développement par l'initiative locale : le cas français*, coll. « Logiques sociales », Paris, L'Harmattan, 1986.

– BERGER A., ROUZIER S., « L'espace rural, élargissement conceptuel et orientation méthodologique », *Économie Rurale*, n° 229, septembre-octobre 1995, p. 3-10.

– COGNARD F., « Les nouveaux habitants des territoires ruraux », Rapport d'enquête auprès des élus ruraux, mai 2000, *Mairie-Conseils.*

– COGNARD F., « Migrations d'agrément et nouveaux habitants dans les montagnes françaises : de la recomposition territoriale au développement territorial ; l'exemple du Diois, du Morvan et du Séronais », *Thèse d'université, Faculté de géographie de l'université Blaise Pascal*, Clermont-Ferrand, 2010.

– DIRY J.-P., « Les nouveaux habitants des campagnes isolées du Massif central », *Rapport au Commissariat du Massif central*, Clermont-Ferrand, décembre 2001.

– FOUGEROUSE C., « Le renouveau rural, dépendance ou autonomie », Paris, L'Harmattan, 1996.

– HERVIEU B., LEGER D., « Le retour à la nature. Au fond de la forêt… l'État », Le Seuil, Paris, 1979.

– HERVIEU B., VIARD J., « Au bonheur des campagnes », *L'Aube*, La Tour d'Aigues, 1996.

– HOUEE P., « Territoires ruraux et développement », *Syros alternatives/Adels*, Paris, 1992.

– KAYSER B., « La Renaissance rurale : sociologie des campagnes du monde occidental », Armand Colin, Paris, 1990.

– MAMDY J.-F., « Les conditions du développement local en zone rurale fragile », Thèse d'université, Faculté de géographie de l'université Blaise Pascal, Clermont-Ferrand, 1993.

– MAMDY J.-F., ROUSSEL V., « Nouveaux arrivants et territoires ruraux fragiles : quelques exemples dans le Massif central », *Espace, Populations, Sociétés*, 2001, p. 109-122.

– MAMDY J.-F. (dir.), « Cap sur la campagne », Revue *Pour*, n° 182, 2004.

– MAMDY J.-F., « Perceptions et représentations de l'accueil de nouvelles populations en Auvergne ; points de vue d'élus communaux », Université européenne de l'accueil, Clermont-Ferrand, 29 juin 2006.

– MARSAT J.-B., MIGNON C., MAMDY J.-F., VITTE P., MOQUAY P., « La gestion des territoires ruraux sensibles ; nouvelles populations, activités, emplois », *Ingénieries*, numéro spécial, 1998, p. 17-35.

– MATHIEU N.-0., « La notion de rural et les rapports ville-campagne en France, des années 50 aux années 80 », *Économie rurale*, n° 197, mai-juin 199, p. 35-41.

– MATHIEU N., « La notion de rural et les rapports ville-campagne en France, les années quatre-vingt-dix », *Économie rurale*, n° 247, sept.-oct. 1998, p. 11-20.

– MENGIN J., « Guide du développement local et du développement social », L'Harmattan, Paris, 1989.

– PECQUEUR B., *Le développement local, pour une économie des territoires*, Array, Grenoble, 2000.

– PERRIER-CORNET P. (dir.), « Repenser les campagnes », *L'Aube*, La Tour d'Aigues, 2002.

– SCHMITT B., PERRIER-CORNET P. (dir.), « Les campagnes et leurs villes », *Série Contours et Caractères*, Insee/INRA, 1998.

– SENCEBE Y., « Les lieux et les temps de l'appartenance », Thèse de doctorat en sociologie, Lyon, Université Lyon-II, 2001.

– VACHON B., « Le développement local. Théorie et pratique. Réintroduire l'humain dans la logique de développement », *Gaëtan Morin*, Boucherville (Québec), 1993.

– ZUINDEAU B. (dir.), « Développement durable et territoire », Presses universitaires du Septentrion Lille, 2010.

QUELLES POLITIQUES D'ACCUEIL ?

par

Mathieu SÉCHAUD

Chargé de missions études et formations
Collectif Ville Campagne

Les territoires ruraux connaissent depuis plus de deux décennies une recomposition démographique sensible, basée sur un solde migratoire largement positif. Si cette tendance reste à nuancer selon les régions, elle incite à reconsidérer sous un angle nouveau son ressort essentiel : les migrations résidentielles. Celles-ci révèlent des mutations socio-économiques et culturelles profondes[1].

Cette recomposition réinterroge les collectivités et les acteurs dans leurs choix de développement. Elle nécessite un accompagnement lucide et volontariste pour ne pas subir des contraintes liées à la mondialisation et à la financiarisation de l'économie, au réchauffement climatique, aux enjeux alimentaires et démographiques et à l'augmentation du coût de l'énergie.

Se poser la question de l'accueil et du maintien de populations permet de remettre à plat son organisation. C'est une manière de redessiner son projet de développement et ses pratiques professionnelles.

I. Les principes fondamentaux

A. Transversalité : construction d'une offre globale d'accueil

Maintenir sa population et en attirer de nouvelles suppose pour le territoire d'avoir une « offre » à proposer et d'agir sur les facteurs qui participent de son attractivité tant résidentielle qu'économique.

1. Pour aller plus loin, lire le manifeste du Collectif Ville Campagne : *www.installation-campagne.fr*

Il s'agit ainsi de construire et de qualifier une offre globale qui pourra satisfaire aux besoins et attentes des populations existantes et à venir et qui sera composée de :

- l'offre d'un « cadre de vie » (aménités naturelles, paysages, image et identité du territoire) ;
- l'offre d'activités (reprises, créations, emplois, potentiels d'activités à développer…) ;
- l'offre de locaux professionnels, de foncier d'entreprise ou agricole ;
- l'offre en matière de logement (marché immobilier, locatifs disponibles…) ;
- l'offre de services (éducation, santé, transports, loisirs, commerces, vie sociale et culturelle… ce qui participe de la qualité de vie) ;
- l'offre d'accompagnement et d'intégration des candidats à l'installation (structures et personnes ressources, offres de formations, sessions d'accueil, outils : coopérative d'activité, incubateur…) ;
- l'offre d'hospitalité du territoire (caractère accueillant des populations, ouverture des mentalités, intégration).

Une politique d'accueil est donc une démarche globale et transversale qui vise à renforcer l'attractivité du territoire. Elle suppose de travailler de manière décloisonnée avec les différents acteurs du territoire et d'articuler les différentes politiques sectorielles et les différentes échelles de territoires.

B. Interterritorialité : liens d'interdépendance…

Parce que les populations sont mobiles et ne connaissent pas les frontières géographiques et administratives, et parce que les actions et politiques mises en place par un territoire peuvent avoir des répercussions sur un autre territoire ou être impactées par celles mises en place par d'autres, la mise en œuvre d'une politique d'accueil suppose d'interroger les liens interterritoriaux pour mieux articuler les actions et les politiques entre elles. Trois niveaux d'interdépendance entre les territoires sont à prendre en compte :

- lien entre les différentes échelles de territoires ;
- lien avec les territoires voisins et lointains ;
- lien entre territoires ruraux et territoires urbains.

Toutes les échelles territoriales doivent être mobilisées dans le cadre d'une telle politique, car elles ont toutes un rôle à exercer en matière d'accueil. À chaque échelle correspondent des fonctions et la qualité des complémentarités exercées conditionnera l'efficacité des politiques. Ainsi, les niveaux de la région et du département ou de la province semblent incontournables si l'on veut permettre l'émergence et l'efficience des politiques locales d'accueil. Cela ne condamne néanmoins pas à l'échec des expériences menées localement dans des régions qui ne se sont pas saisies de la question politique, mais cela les rend plus difficiles, plus aléatoires, plus lentes et moins pérennes.

Au vu des expériences observées, le cadre le plus pertinent et le plus apte à conduire et organiser une politique d'accueil se situe au niveau du « bassin de vie », du « territoire de proximité » (intercommunalités, GAL Leader, des Parcs naturels régionaux…). Ce niveau de proximité, même s'il peut varier selon le contexte, semble être la bonne échelle pour permettre :

- une connaissance fine du territoire ;
- une proximité du terrain d'action et des populations locales et la culture de l'accueil ;
- la construction d'une offre globale suffisamment étoffée pour pouvoir communiquer et prospecter de nouveaux actifs ;
- une mobilisation des ressources financières ;
- une instrumentation des politiques (l'ingénierie d'action) et leur animation (accompagnement des candidats et des projets d'installation.)

1. Entre territoires voisins et lointains

Les contextes des territoires voisins et lointains et les politiques mises en place par ces derniers peuvent avoir des effets sur le développement et les flux de population d'un territoire : coût de l'immobilier, dégradation du cadre de vie, services proposés à la population, voies d'accès et moyens de transport, développement ou déclin économique et de l'emploi… La politique et la stratégie d'accueil doivent intégrer les relations à ces autres territoires. À titre d'exemple, un territoire peut bénéficier de l'attractivité d'un pôle voisin et voir venir s'installer de nouvelles populations attirées par le cadre et le coût de l'immobilier. Cet afflux de population peut représenter une nouvelle ressource en inversant par exemple la courbe démographique ou en contribuant à maintenir les services et l'activité économique sur place.

Ainsi, les mobilités supposent de s'interroger sur les liens qu'un territoire peut avoir avec les territoires d'origine des nouvelles populations, qu'ils soient voisins ou lointains, notamment sur les facteurs d'attractivité ou de répulsion, les interactions lieu de résidence/lieu de travail/lieu de consommation et de loisir…

Par ailleurs, la relation aux autres territoires peut s'entendre sous l'angle de la collaboration. Il s'agit ici de travailler à plusieurs pour mutualiser les forces, les outils, les informations pour aller dans le même sens. Cette stratégie peut concerner plus particulièrement les territoires qui ne bénéficient pas d'un appui de l'échelle supérieure (département, région…) à l'image des territoires de la Lozère.

De réunions informelles (échanges de pratiques), les Pays/GAL de Lozère et le réseau Relance se sont organisés pour mettre en place des actions communes de prospection de candidats à l'installation (participation au salon Prov'emploi à Paris). Cette dynamique collective initiée par les territoires a incité le département de la Lozère à accompagner la structuration progressive d'un réseau des acteurs de l'accueil à son échelle.

2. Entre territoires ruraux et territoires urbains

La ville qualifie la campagne, et inversement la campagne qualifie aussi la ville. Les populations intègrent souvent dans leurs critères de choix du territoire d'installation la proximité ou l'éloignement d'un centre urbain (l'importance de ce pôle urbain est également un critère : accès à certains services…) lorsqu'il s'agit de s'installer en milieu rural ou dans un pôle urbain de taille plus réduite. De même, lorsqu'il s'agit de s'installer dans un pôle urbain pour des raisons professionnelles ou autres, la proximité de la campagne peut également influer. Les personnes peuvent en effet envisager d'y résider par la suite ou bien d'en faire un espace de loisir et de détente.

Aujourd'hui, la tendance est à l'élaboration de politiques d'aménagement qui favorisent le maillage et la mutualisation des infrastructures en s'appuyant sur les pôles urbains du territoire. La stratégie du territoire doit donc être pensée en fonction de la proximité ou de l'éloignement de centres urbains et de l'attractivité et de l'offre proposées par ces derniers. Il s'agit de penser articulation et complémentarité aussi bien en matière de logement, de services à la population (dont les transports) que d'activités économiques et d'emplois (exemple des liens au travers des filières économiques – circuits courts…, des navetteurs et des télétravailleurs…).

La proximité d'agglomérations urbaines importantes peut induire un flux spontané de nouvelles populations à l'origine de déséquilibres (ex. Pays de la Provence verte). L'enjeu pour ces territoires est d'adopter une posture active pour ne plus subir, d'anticiper et d'orienter leur stratégie pour maîtriser leur développement, notamment en matière d'aménagement et d'urbanisme. Les SCoT peuvent être dans ce cas de bons outils en la matière. Ils permettent de mettre en cohérence et d'inscrire dans le temps les actions qui ont trait à l'enjeu démographique et des mobilités résidentielles.

C. Inscription dans le projet de territoire

Intégrer dans les objectifs et la stratégie

La question de l'accueil et de l'intégration de nouvelles populations sur un territoire survient souvent suite à des constats de déséquilibres démographiques, économiques, socioculturels ou environnementaux. Que le territoire connaisse une déprise démographique, un vieillissement de sa population ou, au contraire un afflux nouveau, voire important de nouveaux résidents, seule une politique volontariste, inscrite clairement dans le projet du territoire, permettra de passer d'un stade passif (celui du constat où le territoire « subit ») à un stade actif (mise en œuvre d'actions où le territoire « agit »).

Parce qu'elle recouvre des secteurs tels que l'économie, l'urbanisme, l'habitat, ou le cadre de vie, la politique d'accueil permet de donner un sens commun aux politiques sectorielles traditionnelles. Et, parce qu'elle agit sur l'organisation d'un territoire, mais aussi sur les mentalités, cette politique doit s'inscrire dans la durée (projet à dix-quinze ans).

Le travail autour de la formalisation du projet permet de travailler l'adhésion au projet des élus et des acteurs locaux et donc d'acter et d'asseoir la démarche. La sensibilisation et la mobilisation des acteurs sont donc une phase incontournable. Le projet formalisé devra inscrire la démarche dans le temps et permettra de donner un sens, une orientation et une cohérence à l'action autour de l'enjeu de l'accueil.

II. La démarche « accueil » : une méthodologie spécifique

Il s'agira dans un premier temps d'identifier l'offre existante ou potentielle, de construire, puis assembler cette offre (associer offres d'activité, de réceptivité et d'aménités).

L'étape suivante consistera à faire connaître, à promouvoir cette offre auprès des candidats potentiels à l'installation (accueillir/faire venir), mais également à la population locale (maintien/faire rester), et à accompagner les individus dans leur projet (aussi bien ceux qui souhaitent s'installer que ceux qui souhaitent rester vivre sur le territoire).

Pour mettre en œuvre la stratégie définie et traduite dans le plan de développement, il s'agira d'animer et de faire vivre la démarche. Pour se faire, il sera nécessaire de mettre en regard les moyens et les outils pour animer, coordonner et piloter la politique d'accueil, mais aussi de veiller à communiquer et mobiliser les acteurs sans qui l'accueil ne pourrait se faire[2].

(Contribution rédigée en novembre 2012)

2. Voir la méthodologie « accueil » Mairie-Conseils-Collectif Ville Campagne : *www.installation-campagne.fr*

Les expériences étrangères
Apports et limites ?

L'ESPAGNE

par

Vicente BIELZA DE ORY

Professeur
Université de Saragosse

I. Problematica general: definición y función en la ordenación del territorio

A. Los espacios de baja densidad: España, Aragón

Según la Comisión Europea[1] una zona de baja densidad se define por:

> "estar lejos de centros urbanos y grandes redes de transporte…, por su aislamiento topográfico,… población que envejece y escasa dotación en infraestructuras, bajo nivel de servicios básicos y renta per cápita, mano de obra poco cualificada; y escasa integración en la economía global…".

El mapa de las zonas débilmente pobladas en Europa (< 12,5 hab./km^2), incluye en España: Pirineos y Sistema Ibérico, donde se encuentran el norte y el sur de Aragón, que forman parte de la Diagonal Continental, una franja territorial transfronteriza franco-hispano-portugesa, cuyas características comunes globales son: una baja densidad de población, un elevado tipo de población agrícola,… un relativo aislamiento. La Diagonal es una de las ocho grandes regiones diferenciadas por la Comisión Europea. En 1997, los Presidentes de cuatro regiones (Midi-Pyrénées, Limousin, Aragón y Extremadura) fundaron la Conferencia de las regiones de la Diagonal continental con el fin de coordinar sus esfuerzos de desarrollo e integración. Auvergne y otras regiones se añadieron después.

1. Comisión Europea : *III*[e] *Rapport sur la Cohésion*, 2004.

La Diagonal Continental es una prolongación europea de la famosa *Diagonale du vide française* (<30 hab./km^2), que se alarga desde el Jura francés al Alentejo portugués. La prolongación inmediata está por el centro de los Pirineos en el norte de Aragón, región donde el mapa de densidad de población tiene numerosos municipios menores de seis habitantes por kilómetro cuadrado. En el censo de 2011, Aragón con 28,2 habitantes/km^2, junto con otras regiones del interior peninsular, registra la más baja densidad de población de España. Las provincias montañosas de Huesca (14,6) y Teruel (9,7), están en la parte baja de la clasificación española de densidades provinciales. Por todo lo anterior, es lógico que una gran parte de la atención en este artículo la dediquemos a las experiencias en la región de Aragón.

La baja densidad del interior español, salvo Madrid, es el resultado de la evolución de la población rural española, que emigró masivamente en la década 1950-60, acelerando su éxodo de 1960 a 1981, con inclusión de la mayoría de las provincias españolas (40 sobre 48) para remitir a partir de 1981-91. (Cuadro 1).

Cuadro 1

Variación anual y provincias con despoblación rural

Decenios	Tasas de variación media anual (%)	N° de provincias con despoblación rural (sobre 48)
1900-1910	0,5	4
1910-1920	0,2	17
1920-1930	0,4	9
1930-1940	0,2	15
1940-1950	0,2	9
Decrecimiento		
1950-1960	-0,3	35
1960-1970	**-1,5**	**40**
1970-1981	**-1,0**	**39**
1981-1991	-0,3	33
Recuperación		
1991-2001	**0,4**	**23**
2001-2008	0,5	13

En la última década del siglo XX la población rural española creció por primera vez en 50 años y en la primera década del XXI siglo consolidó este cambio de tendencia a partir de la inmigración extranjera. Entre 2000 y 2008 se produjo la gran migración hacia los espacios de baja densidad de la España oriental.

El peso de la inmigración en la recuperación de la población rural de España se comprueba en que en el año 2000 los inmigrantes suponían sólo un 1.8 % de la población total de los municipios rurales y en 2008 pasó a representar un 9.3 %.

La crisis 2008-2012 ralentizó la inmigración rural y el aumento de sus tasas en el medio rural.

B. El lugar y la función de estos espacios en la ordenación del territorio

Las políticas de ordenación territorial se abordaron en Europa por primera vez a partir de la depresión de 1929, en las zonas minero-industriales, deprimidas, de alta densidad y no en las de baja población. El instrumento de partida, luego extensible al territorio rural, fue la Carta de utilización del suelo (1939) de L. Dudley Stamp[2], base de la *Town and Country Planning Act* en el Reino Unido (1947).

Los primeros planes territoriales en espacios de baja densidad se realizan en 1941 con el *Raumordnung de la Polonia ocupada*[3], a partir de la teoría de lugares centrales de W.Christaller.[4]

---

2. L. D. STAMP, *Applied Geography*, Londres, Penguin Books, 1960, 247 p.

3. 3. T. LIJEWSKI, « Walter Christaller and his connection with Poland on centenary of his birth ». Rev. *Przeglad Geograficzny*, T. LXV, z 1-2, Varsovia, 1993, note de V. Bielza, Rev. *Geographicalia*, Universidad de Zaragoza, 2009.

4. W. CHRISTALLER, *The Central Places of Southern Germany* (1933), Nueva York, Prentice Hall, 1966 ; « Rapports fonctionnels entre les agglomérations urbaines et les campagnes », *in Comptes rendus du Congrès international de Géographie*, Ámsterdam, t. ll, secc. IIIa, 1938, p. 123-138.

Raumordnung de la Polonia ocupada
par W. Christaller en 1941

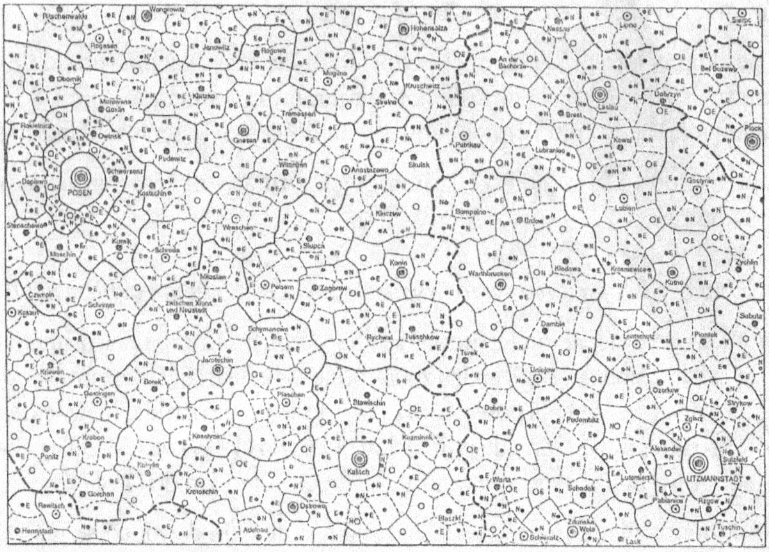

Source : T. Lijewski, 1993.

En Francia, la DATAR aplicó la teoría de los polos de François Perroux a la política de *Métropoles d'équilibre*[5] (1963). En España (1964) se imitó la política francesa *d'aménagement du territoire,* creando polos de desarrollo en las metrópolis regionales, como Zaragoza. El proceso de concentración de las industrias en las capitales regionales debería causar un fenómeno de difusión (*spray*) en las pequeñas ciudades y las zonas rurales.

Las políticas regionales exógenas del Estado fueron incapaces de contener la despoblación rural de Aragón y de España. Pero en cambio, la política de los polos de desarrollo comarcales (de *pays*) de Navarra consiguió contener el éxodo rural (1964). Las nuevas licencias industriales atraídas por las ventajas fiscales

5. J. LABASSE, *L'Organisation de l'Espace. Éléments de géographie volontaire*, París, Hermann, 1964 ; J.-P. LACAZE, *L'Aménagement du territoire*, París, Flammarion, 1995.

forales se situaron en las cabeceras comarcales (Tudela, Estella, Sangüesa, Tafalla, Alsasua),[6] equilibrando la macrocefalia de Pamplona con el sistema de las pequeñas ciudades navarras.

El éxito de los polos comarcales (*des pôles du pays*) en Navarra se prueba comparando la evolución de la población de dos pequeñas ciudades vecinas (a 15 km.): Tudela de Navarra y Tarazona de Aragón tenían 14 000 habitantes en 1964, fecha de la creación del polo estatal de Zaragoza (metrópoli de Tarazona) y del polo comarcal en Tudela. En el año 2000 Tudela tenía más de 30 000 habitantes y Tarazona solo 12 000.

II. ¿Qué políticas europeas para las zonas no densas?: protagonistas e instrumentos para la ordenación territorial de los espacios poco poblados en España

A. El desarrollo local endógeno en las políticas territoriales europeas de los 90'

Después del fracaso de la política exógena, la superación de la crisis de 1973 y la aparición del endogenismo en los años 80' plantean la necesidad de una nueva prospectiva del territorio en los años 90'.

En 1993, la Conferencia de Poderes Locales del Consejo de Europa propuso combinar las políticas exógenas de desarrollo regional con las endógenas de desarrollo local, utilizando como unidad estratégica la comarca, le pays o el *district.*[7]

En 1994, le *Comité développement spatial de l'UE* (Leipzig) planteó la necesidad de: "nuevas actividades económicas compatibles con la protección del medio ambiente..., que permitan detener la despoblación".

B. La Estrategia Territorial Europea

La *Stratégie territoriale européenne "Vers un développement équilibré et durable du territoire de l'Union européenne"*[8] en 1999 para impulsar la población en el ámbito rural, propuso:

6. V. BIELZA, "Las ciudades navarras: una jerarquía urbana de tendencias armónicas". *Ap. Española al XXI Cong. Geográfico Internacional*, Inst.° Geográfico y Catastral, Madrid, 1968, p. 377-386.

7. Conseil de l'Europe, *Conférence de Pouvoirs Locaux*, Résolution n° 257, 1993.

8. Union européenne. *La Stratégie territoriale européenne. Vers un développement équilibré et durable du territoire de l'UE*, Postdam, Luxemburg, 1999, 89 p.

- la complementariedad del exogenismo, facilitado por el sistema policéntrico de ciudades, apoyado en las infra e info-estructuras con el endogenismo procedente del medio rural;
- el desarrollo endógeno de los espacios rurales con diversidad y eficacia;
- la asociación entre ciudad y campo con interés para la fijación de la población en el medio rural.

La opción politica n° 20 de la *Stratégie territoriale européenne* es la promoción de la cooperación entre ciudad y campo con el fin de reforzar las regiones (o comarcas) funcionales, de acuerdo con la propuesta del Consejo de Europa (Conferencia de Poderes Locales, 1993). Esta opción política se aplicó bajo distintas fórmulas comarcales (*pays*) en las zonas de baja densidad de Cataluña, Aragón y Galicia.

C. *Protagonistas e instrumentos para la ordenación territorial de espacios poco poblados en España.* Ley del Estado 45/2007 de Desarrollo Sostenible del medio Rural

Las Administraciones, como protagonistas institucionales, son las principales responsables de la ordenación del territorio, en combinación con los actores socioeconómicos (empresarios y sindicatos) y la implicación de los ciudadanos. En España, son las Comunidades Autónomas el nivel de la administración más competente en materia de políticas de ordenación del territorio a través del Plan o Estrategia Territorial, aplicado a las zonas rurales mediante directrices parciales o zonales. Por encima de las Comunidades Autónomas deben tenerse en cuenta también niveles administrativos superiores: la Estrategia Territorial Europea, los fondos estructurales y la PAC de la Unión Europea y las leyes del Estado español concernientes a las zonas rurales.

Por debajo de la región están las siguientes Administraciones que también intervienen en la ordenación y desarrollo del territorio rural: las Diputaciones provinciales (*conseil général*) que actúan en las zonas rurales con los planes de obras y servicios, las mancomunidades (asociaciones de municipios) que administran algunos servicios, los comarcas (*pays*) que tienen un consejo y un plan de desarrollo comarcales y los municipios, con sus propios planes de urbanismo. La cooperación entre las administraciones se convierte así en el primer objetivo que debe lograrse para una buena gestión de los territorios débilmente poblados.[9]

9. Vid. V. Bielza, *Introducción a la ordenación del territorio. Un enfoque geográfico*, Prensas Universitarias de Zaragoza, Zaragoza, 2008, 274 p.

La crisis económica actual sacó a la luz la necesidad de reducir los escalones administrativos, de eliminar la dualidad de competencias y de reducir los costes. (Cuadro 2.)

Cuadro 2

Actores e instrumentos para la ordenación territorial de espacios poco poblados en España

Actores institucionales	**Instrumentos**
Unión Europea	– Estrategia territorial Europea (1999), regiones (o comarcas) fonctionales – Fondos estructurales europeas – PAC y programas Leader
Gobierno central	– La política territorial en las zonas rurales
Diputaciones provinciales *(conseil général)*	– Plan de obras y servicios
Comarcas *(pays)*	– *Plan de développement* comarcal – *Services* comarcales
Mancomunidades *(fédérations des mairies)*	– *Exécution des travaux et des services*
Ayuntamientos *(Mairies)*	– Plan de ordenación urbana

La norma jurídica del Estado español más importante para la gestión de las zonas de baja densidad es la Ley 45/2007 de Desarrollo Sostenible del medio Rural, a base de criterios y directivas d'*aménagement du territoire*, que diferencian zonas rurales según su tipología y prevén un plan por zona, buscando más integración territorial de las zonas rurales con el medio urbano. Las acciones y las medidas son plurisectoriales y medioambientales.

Las Directivas que promueven Planes de Desarrollo Sostenibles (PDRS) en 219 zonas del Estado (2010-14) tienen por objetivos:
– Diversificar y extender la base económica de los territorios rurales;
– Estimular la competitividad y la innovación;
– Reforzar los sistemas de empresas;
– Contribuir a mantener y producir empleo de calidad;
– No dañar al medio ambiente;

– Planes de zona: definición de actividades económicas sostenibles;

La crisis económica actual y el cambio de Gobierno retrasaron el desarrollo de esta ley para el desarrollo rural.

III. ¿Qué aporta la cooperación intercomunal y entre colectividades públicas en España?

A. Las estrategias de organización administrativo-territorial: la comarca

Ante el minifundismo comunal español las estrategias de organización administrativo-territorial en las zonas de baja densidad en España, sobre todo en tiempo de crisis, han tendido a reducir los costes administrativos por la reagrupación de municipios. España utilizó varias formas desde que comenzaron a vaciarse numerosos municipios rurales a mediados del siglo XX. La primera fórmula, la de fusionar los municipios de baja densidad comenzó a declinar en los años 80, cuando los pequeños municipios no querían perder su nombre e identidad.

La cooperación entre pequeñas poblaciones vecinas, tan extendida en Francia desde su mayor minifundismo, cuajó en España bajo la fórmula de "mancomunidad" para servicios comunes que es, desde entonces, la más extendida. La ley de Bases del Régimen local de 1985, habilitó a las comunidades autónomas para crear estructuras intercomunales por debajo de la provincia: los mancomunidades (asociaciones intermunicipales para el desarrollo compartido de algunos trabajos y servicios que son de su competencia) y las comarcas (*pays*). Las comunidades autónomas, de acuerdo con las disposiciones de sus estatutos respectivos, podrán crear en su territorio comarcas u otras entidades que comprendan varios municipios con un interés común especificado (Artículo 42, ley de 1985).

La comarca (o *pays*), además de forma de organización del territorio a escala supramunicipal, puede ser un instrumento de *aménagement du territoire* y también reconocerse como una entidad local. En España, existen dos tipos de comarcas: la comarca como espacio-programa para el desarrollo territorial, caso de Galicia, tal y como ocurre con *le pays* en Francia, y la comarca como entidad local y unidad político-administrativa, utilizable para la planificación y el desarrollo del territorio, como ocurre en Cataluña y Aragón.[10]

---

10. V. Bielza *et al.*, *De la ordenación a la planificación territorial en el ámbito regional-comarcal*, Prensas Universitarias de Zaragoza, Universidad de Zaragoza. 618 p. + CD, 2010. S. Clarimont, « L'émergence de nouveaux territoires de la prospective : de la comarca des géographes à une

B. La Comarca, *entidad local en Aragón*

La ley de Comarcalización de 1993 definió las comarcas como unidades funcionales de cohesión socio-territorial, compuesta de municipios vecinos, con un pasado común y un proyecto de futuro. Se delimitaron en otra ley, la de "Delimitación comarcal" en 1996, basada en un estudio dirigido por el abajo firmante, "Bases y propuestas para la comarcalización de Aragón"[11] (1992), a partir de encuestas y modelos territoriales.

Las 33 comarcas aprobadas fueron desarrolladas por las leyes subsiguientes, a excepción de la región metropolitana de Zaragoza. Las comarcas resultantes varían mucho en extensión, población y número de municipios, cuatro son supraprovinciales. Los problemas que se plantean son los siguientes: la incapacidad que tienen las comarcas pequeñas para administrarse, la falta de coordinación de los Departamentos regionales, la ausencia de tradición asociativa local en el sur, la falta de participación de la población, el aumento de los gastos públicos por salarios y edificios y la intromisión de los aparatos de los partidos en el nombramiento de los consejeros y presidentes comarcales, dado que se hace a través de elecciones orgánicas y no directas. La crisis económica actual puso de relieve la necesidad de no repetir las competencias de otros escalones administrativos y de hacer economías en los salarios de funcionarios y políticos y en los gastos de los edificios.

Hasta ahora no se han transferido las competencias de ordenación del territorio y urbanismo a la comarca, pero ya hay aprobadas directrices comarcales de ordenación del territorio.

structure intercommunale nouvelle », Rev. *Sud-Ouest Européen*, n° 20, Toulouse, 2005, p. 115-130.

11. V. BIELZA, *Bases y propuestas para la comarcalización de Aragon*, Zaragoza, DGA, 1992, 355 p. El estudio sirvió de base para el debate y acuerdo político del mapa alcanzado por los alcaldes y parlamentarios regionales.

IV. ¿Qué estrategias para las zonas no densas?

A. ¿Que aporta el desarrollo exógeno y/o endógeno?. Las nuevas tecnologías

La complementariedad del exogenismo, propiciado desde el sistema policéntrico de ciudades, con el endogenismo procedente del medio rural, implica la necesidad de la pequeña ciudad en el marco de los proyectos Leader y de otros proyectos de desarrollo y ordenación territorial en las comarcas (*pays*).[12]

El endogenismo es una buena experiencia de la crisis anterior, pero ahora hay también nuevas tecnologías en el medio rural (Internet) que favorecen la conexión exógena.

Un buen ejemplo de cómo conectarse los lugares poco accesibles y escasamente poblados con el mercado internacional lo tenemos en una pequeña empresa familiar de prendas deportivas (Barrabés) situada en los Pirineos centrales españoles. La venta on line por Internet, hasta competir en el mercado de Nueva York, desde un valle aislado de los Pirineos (Benasque) generó en 1999 un Parque de nuevas tecnologías, *Walqa*, situado en la capital provincial, Huesca. (60 empresas con 900 empleos en 2012).

B. ¿Qué políticas de acogida en España?

En estos últimos años, ha habido varias iniciativas de las autoridades regionales y locales para atraer inmigrantes a las regiones poco pobladas.[13] Así, el Gobierno de Aragón en el año 2000 promovió un *Plan integral demográfico y de la población de Aragón.*

En el 2001, una pequeña ciudad de Aragón, Aguaviva, fomentó la creación de la “Asociación de los municipios españoles contra la despoblación” (más de 80 municipios de Aragón, Valencia, Galicia y Castilla-León.). Aguaviva entre 2001 y 2003 atrajo 55 familias de América Latina, y Rumania.

En el mismo año 2001, varios pueblos de las despobladas provincias de Teruel y Guadalajara, que tenían proyectos del programa Leader II, crearon con Limousin el grupo ANER para la recepción de los inmigrantes.

---

12. V. BIELZA et A. HUMBERT, « Le rôle de petites villes dans l’aménagement du territoire en Espagne : le cas de l’Aragon », *in* J.-P. LABORIE y J. RENARD, *Bourgs et petites villes*, Toulouse, Presses Universitaires du Mirail, 1997, 471 p.

13. F. COLLANTES *et al.*, *El impacto demográfico de la inmigración en la España rural despoblada Área*: 21/09/2010 Real Instituto Elcano. Madrid, España.

En 2003 una quincena de Grupos de Acción Local del Programa Leader de Aragón, Castilla-León, Cantabria y Madrid creó "Abrazar la Tierra", para facilitar la acogida de 124 familias.

La crisis económica actual ralentizó la atracción de inmigrantes y además mostró la necesidad de medidas de adaptación que acompañen a las políticas de recepción.

V. Estado de los lugares

A. ¿Cómo explotar el potencial de los recursos naturales y culturales?. El Parque cultural

La explotación de los recursos naturales potenciales en la España poco poblada, en gran parte coincidente con paisajes atractivos de montaña, se dirigió hacia los deportes de nieve, el turismo ecológico y los deportes de aventura.

Los municipios de los Pirineos y Sistema Ibérico, que han conseguido instalaciones de esquí, en el último tercio del siglo invirtieron la tendencia demográfica regresiva, aumentaron sus rentas y abrieron otra vez las escuelas, como ocurrió antes en la vertiente francesa del Pirineo (Saint Lary). El ya citado municipio de Benasque, emigracional en la primera mitad del siglo XX siglo, invirtió su tendencia con la apertura de las pistas de esquí y es hoy uno de los municipios de Aragón que tiene más elevada renta per cápita.

El municipio de Camarena de la Sierra (Sistema Ibérico) despoblado y envejecido, estaba a punto de la despoblación total en los años 80, pero la apertura de pistas de esquí en la Sierra de Javalambre, después de haber superado la oposición del falso ecologismo, apoyado en la posible desaparición de una planta relicta, significó su renovación de la población.[14]

Más excepcional es la explotación de los recursos culturales de estas regiones para crear empleos y aumentar la población y aún más excepcional es la explotación conjunta de los recursos naturales y culturales. Podemos mostrar dos tipos de experiencias en Aragón, de la época en que el abajo firmante fue responsable del patrimonio cultural, como Consejero o Ministro regional de Cultura de Aragón.

14. Fue necesario efectuar un estudio de impacto territorial, en que puse de manifiesto que el problema no estaba en la vegetación relicta del Prado de Javalambre, sino en la necesidad de agua para abastecer los cañones de nieve. Solucionado este problema el abrirse las nuevas pistas significó mejor protección ambiental y repoblación humana. Vid. V. Bielza *et al.*, *De la ordenación a la planificación territorial en el ámbito regional-comarcal*, 2010, 618 p.

1. El proyecto *Terra Incognita*, ejemplo de desarrollo del patrimonio cultural. Aragón

La de *Terra Incognita* fue en 1997, uno de los primeros proyectos de fondos de la UE., que contemplaba el desarrollo territorial mediante la valorización del patrimonio cultural. *Terra Incognita*, proyecto presentado para el programa Terra (de Feder), tenía "por objeto crear redes de autoridades locales y regionales públicas competentes en el ámbito de la ordenación del territorio ", agrupando dos comarcas de los Pirineos aragoneses (el Somontano y Prepirineo), dos de Cataluña (Garraf y Peralada) y Alghero (Italia). El proyecto, con el fin de promover el patrimonio de la antigua Corona de Aragón en estos territorios mediante la creación de ecomuseos y el desarrollo del turismo cultural, fue presentado en Alghero por los alcaldes de los municipios y el Consejero de Cultura de Aragón (V. Bielza). Los resultados se recogen en un libro de 2002.[15]

2. El Parque Cultural, un ejemplo de valorización de los recursos endógenos naturales y culturales

Los parques naturales regionales franceses desde 1967 mostraron su valor como instrumentos de la ordenación del territorio y revitalización rural. La figura legal del parque cultural en Aragón se inspiró en los parques naturales regionales de Francia.[16]

El proyecto de ley de Parques Culturales fue presentado al Parlamento de Aragón por V. Bielza, como Ministro regional y geógrafo, con la colaboración de F. López Ramón, profesor de derecho administrativo. La ley de Parques Culturales de Aragón de 1996 estipula en el artículo 1:

> "Un parque cultural consta de una zona que contiene elementos importantes del patrimonio cultural, integrados en un marco físico de valor, de paisaje y/o singular ecológico, beneficiándose de la promoción y la protección global en su conjunto, con medidas de protección especiales para estos elementos pertinentes".

Los cinco parques reconocidos por la ley, (Albarracín, Maestrazgo, río Martín, río Vero, San Juan de la Peña) intentan alcanzar los objetivos enunciados en el capítulo 3 de la ley: la protección y la conservación del patrimonio, la promoción del turismo, la planificación y el desarrollo rural duradero.

15. *Terra Incognita. La gestione creativa del patrimonio culturale*. (Miró y Masia, 2002),

16. V. BIELZA, « Desarrollo sostenible, turismo rural, y parques culturales », *Cuadernos de Investigación Geográfica*, Universidad de La Rioja, t. XXV, 1999, p. 125-137.

B. ¿Cómo estimular la actividad rural hacia la agro-industria?: Estrategias integradas de desarrollo rural desde el coopératisme agrícola. Guissona

En el norte de España, de montañas y pequeñas explotaciones, como en Bretaña, fueron movimientos cooperativos agrícolas con sus dirigentes locales (pertenecientes a grupos cristianos) los que desde finales de los años 50, pasaron de la concentración parcelaria al cultivo en común y a la agroindustria.

Uno de los primeros movimientos fue el de la cooperativa de Santa Maria Zúñiga,[17] en Navarra, tomado como ejemplo por otras cooperativas que se crearon en las montañas del País Vasco, Navarra y Burgos.

El sindicato de Mondragon fue el de más éxito en el País Vasco. Pero quizá la experiencia más importante de estrategias integradas en España desde el cooperativismo agrícola es Guissona, cooperativa agrícola creada en 1959 y que se ha convertido en uno de los grupos empresariales más potentes de la industria alimentaria española y europea,[18] capaz de crear numerosos empleos en una de las comarcas catalanas de menor densidad, y de quedar fuera de la crisis económica actual (la Segarra, Cataluña).[19]

Cuadro 3

Evolución de Cooperativa Guissona (1959) a Grupo Alimentario Guissona (2012)

- 1959. Cooperativa agricola ganadera de aves y cerdos : 1 000 miembros, 63 trabajadores.
- 1962. Producción de piensos et creación de Caixa Guissona
- 1974. Matadero general, réfrigerador.
- 1995. Franquicias para comercializar sus productos : BonÁrea.
- 2012. Complejo mayor europeo de la carne : 100 000 m², 40 000 miembros, 3 000 trabajadores.

17. V. Bielza, *Tierra Estella. Estudio Geográfico*, Institución Príncipe de Viana, CSIC, 1972, 356 p.

18. Las actividades agroindustriales en la crisis actual resistieron mejor que el empleo medio de la industria en España. La industria alimentaria española ocupa el 4° lugar en Europa y es el primer sector industrial español con más de un 17 % del empleo industrial (7,66 % del PIB). Destacando la industria de la carne (21 %) como la de Guissona.

19. P. Alonso, "La significación de las coperativas agrarias en el desarrollo del medio rural: el caso de Guissona Univ. Lérida", Actas Col Ibérico de Geografía, 2012, p. 1326.

Las consecuencias para la ciudad y comarca (Segarra), en términos de empleo y población, de la estrategia de desarrollo integrado de Guissona cooperativa, transformado en gran grupo alimentario, fueron las siguientes:

- la población de Guissona en 1975 era de 2.418 habitantes, en 2011 de 6.255 y sigue creciendo en plena crisis (50 % extranjera, 1ª de España en porcentaje);
- la comarca de la Segarra aumentó un 30 % entre 1975 y 2011;
- desplazamiento diario de 400 trabajadores de Segarra a Guissona;
- la tasa de desempleo de Guissona es un 5 % frente a una tasa del 24 % en la media de España.

VI. Conclusiones

El mapa de las zonas débilmente pobladas en Europa (< 12,5 hab.es/km^2), incluye en España: el norte y el sur de Aragón, que forman parte de la Diagonal Continental y donde se centran nuestras experiencias. La baja densidad es el resultado del éxodo rural masivo del interior de España iniciada en la década 1950-1960. Durante la última década del siglo XX, la población rural ha aumentado en España por primera vez en 50 años y en la primera década del siglo actual se reforzó este cambio de tendencia por la inmigración del extranjero. La crisis 2008-2012 retardó la inmigración.

En España (1964) se imitó la política francesa de *Aménagement du territoire*, creando polos de desarrollo en las metrópolis regionales, como Zaragoza. Pero la política de los polos de desarrollo de *pays* (comarcales) de Navarra, vecina de Aragón, consiguió contener mejor el éxodo rural.

En 1993, una Conferencia del Consejo de Europa propuso combinar las políticas exógenas de desarrollo regional con las endógenas de desarrollo local, utilizando como unidad estratégica la comarca, el pays o el *district*. La *Stratégie territoriale européenne*, 1999, propuso para la fijación de la población en el medio rural, reforzar las regiones (o *pays*) funcionales. Se aplicó esta opción política bajo diversas formas de comarca (*pays*) en las zonas de baja densidad de algunas regiones españolas.

En España, son las Comunidades Autónomas las Administraciones más competentes en materia de ordenación del territorio a través de la planificación, aplicada a las zonas rurales gracias a directivas parciales o zonales. Inferiores a la región son los siguientes Administraciones: diputaciones provinciales, mancomunidades, comarcas (*pays*) y los municipios. La crisis económica actual sacó a la luz la necesidad de reducir los escalones, de eliminar la dualidad de competencias y de recortar los costes de políticos y funcionarios.

La Ley 45/2007 del Estado español de "Desarrollo Sostenible del Medio Rural", con criterios de *aménagement du territoire*, prevé un plan por zona, busca más integración territorial de las zonas rurales con el medio urbano. La crisis económica actual y el cambio de Gobierno retrasó el desarrollo de este plan para el desarrollo rural.

Ante el minifundismo municipal español las estrategias de organización en las zonas de baja densidad en España tendieron a reducir los costes administrativos mediante la reagrupación de municipios. La primera fórmula, de fusionar los municipios, comenzó a declinar en los años 80. La cooperación entre las pequeñas poblaciones vecinas, cuajó en España bajo la fórmula de "mancomunidad" para servicios comunes que es, desde entonces, la más extendida.

La ley de Régimen local de 1985, habilitó a las comunidades autónomas para crear estructuras intermunicipales por debajo de la provincia: mancomunidades y comarcas.

La ley de comarcalización de Aragón de 1993 definió las comarcas. Las 33 comarcas aprobadas fueron desarrolladas por las leyes subsiguientes, a excepción de la región metropolitana de Zaragoza. Los problemas que se plantean son: la incapacidad de administrarse bien las pequeñas, la falta de coordinación de los ministerios regionales, la ausencia de tradición asociativa local en el sur, la falta de participación ciudadana, el aumento de los gastos públicos sobre los salarios y los edificios.

El endogenismo es una buena experiencia de la crisis anterior, pero ahora hay también nuevas tecnologías en el medio rural que favorecen la conexión exógena. Un buen ejemplo: La venta *on line* desde una empresa del valle aislado de Benasque generó en 1999 un Parque de nuevas tecnologías en Huesca.

Estos últimos años, ha habido varias iniciativas de las autoridades regionales y locales para atraer a los inmigrantes en las regiones poco pobladas y sobre todo en Aragón.La crisis económica actual retrasó la atracción de inmigrantes y se palnteó la necesidad de medidas de adaptación que acompañen las políticas de recepción.

La explotación de los recursos naturales potenciales en la España poco poblada, se dirigió hacia los deportes de nieve, el turismo ecológico y los deportes de aventura. Los municipios de los Pirineos y Sistema Ibérico que consiguieron pistas de esquí alcanzaron en el último tercio del último siglo la inversión de la negativa tendencia demográfica y aumentar sus rentas.

Más excepcional es la explotación de los recursos culturales de estas regiones para crear empleos y de aumentar la población y aún más excepcional es la explotación conjunta de los recursos naturales y culturales.

Nuestras experiencias pueden ofrecer los dos tipos en Aragón, en los momentos en que el abajo firmante era responsable del patrimonio cultural, como Ministro regional de Cultura de Aragón: El proyecto *Terra Incognita*, uno de los primeros proyectos de fondo de la UE., que contemplaba la mejora del desarrollo territorial mediante el patrimonio cultural y la ley aragonesa de Parques Culturales, para la valorización de los recursos endógenos naturales y culturales.

En el norte de España, desde finales de los años 50, hubo movimientos cooperativos agrícolas, impulsados por dirigentes locales y unas estrategias que pasaron de la concentración parcelaria al cultivo en común y a la agroindustria. La experiencia más importante de estrategias integradas en España desde el cooperativismo agrícola es la de Guissona, cooperativa agrícola creada en 1959 y que se ha convertido en uno de los grupos más potentes de la industria alimentaria española y europea, capaz de crear numerosos empleos en una de las comarcas catalanas de menor densidad y que ha quedado fuera de la crisis económica actual (la Segarra, Cataluña).

GOVERNMENT AND ADMINISTRATION OF THE LOW-POPULATION-DENSITY AREAS: THE ITALIAN NORMATIVE FRAMEWORK

par

Alfonso Maria CECERE

Professeur agrégé de droit des collectivités locales
Université de Naples Federico II

In Italy, the municipalities with 5 000 inhabitants or less are deemed to be low-population-density areas. Art. 19 of the Law Decree No. 95 of 2012, as converted into law by Law No. 135 of 2012, envisages the possibility for these areas to associate in providing functions and services through the instruments of either the union of municipalities or the Convention. Indeed, some studies on local-government have showed that a local institution must have a population ranging between 20 000 and 40 000 inhabitants in order to be efficient and functional.

I. The Unions of Municipalities in the previous normative framework

The previous normative framework governing local authorities already provided for the associate exercise of functions and services among municipalities. The Law No 142 of 1990 envisaged the Union of municipalities as a new legal subject, aimed at creating the fusion among associated municipalities. Nevertheless, the final duty to end up into a fusion strongly discouraged the Union of municipalities. For this reason, the Law No. 265 of 1999 eliminated the duty of fusion. Indeed, Art. 32 of the Consolidated Law on the rules governing local authorities ruled the possibility to create a union of municipalities without necessarily turning it into a fusion, and this allowed small municipalities to associate and provide services at lower costs without losing their identities.

According to the Consolidated Law on the rules governing local authorities, the Union of municipalities was regarded as a local authority, and both its instrument of incorporation and its statute had to be approved by the boards of the participating municipalities. The President of the Union had to be chosen among the majors of the participating municipalities and the members of the other bodies of the Union had to be chosen between the councillors and City councillors of the associated municipalities. Moreover, the Union of municipalities was subject to the same rules governing the formation of the bodies of the municipalities. After the 2001 amendment of Title V, part II of the Italian Constitution, Union of municipalities have been qualified as local authorities and have been attached "legislative power" by Law No 131 of 2003.

The Convention among municipalities was envisaged by Law No 142 of 1990, with the legal purpose of endorsing a sort of coordination in carrying on specific services and functions. The management then remains separate, although the municipalities could decide to delegate it to one of the municipalities involved in the Convention, which should act in compliance with common guidelines and thanks to a common financial assistance. Law No 265 of 1999, amends this framework allowing the municipalities involved into a Convention to establish common offices for a joint management. The Consolidated Text on Local Authorities dedicates to the Conventions of municipalities Art. 30, para. 1.

II. The mountain communities

Law No 1102 of 1971 on the development of mountains establishes the Mountain community as an autonomous entity related to the municipalities which are part of it. Municipalities with a population exceeding 40 000 inhabitants cannot be part of the Mountains communities. Originally, Regional Laws were entitled to rule: on the delimitation of the area of the Mountain communities and of the municipalities belonging to it, on the drafting of Statutes, on the composition of administrative bodies, on the zone-plans and on the annual programs of the communities, on the criteria for allocating both national and regional funding, on the relations with other organizations working in the area of communities.

The nature of autonomous legal entity is clarified by Law No 142 of 1990 governing the law of local authority, which qualifies Mountain communities as "Mountain unions" (at Art. 28 as amended by Art. 7, para. 1, of Law No 265 of 1999). They are legal entities with a functional independence for a better exercise of the competences attributed to the municipalities of the community and they may be delegated powers by the Region. The Consolidated Text on Local Authorities (Legislative Decree No. 267 of 2000) specifies at Art. 27 that the Mountain communities are "unions of municipalities, local authorities established among mountain municipalities". They are no more established by a regional law, but by and administrative act of the President of the Region in the homogeneous area identified in agreement with the municipalities concerned, which may also belong to different provinces. The statute rule on the constitution of both a representative and an executive body, notwithstanding the duty to choose the members of the executive body among the administrators of the municipalities of the community. The President of the Community can combine this office with that of being also major of one of the municipalities. The Consolidate Text confirms that the Mountain community holds both proper administrative functions and functions conferred by the municipalities for a common and associated exercise.

After the reform of Title V, Part II, of the Italian Constitution, the Mountain community is provided with an express statutory and regulatory power by Art. 4, paragraph 5, of the Law No. 131 of 2003. Nevertheless, according to the provisions of the Consolidated Text on local authorities (Art. 27, paragraph 4), still into force, it is the regional law to have the task to rule on the following aspects related to Mountain communities: *a)* approval of the statute; *b)* consultation procedures; *c)* regulation of zonal plans and annual programs; *d)* criteria for allocations of regional and European funding among mountain communities; *e)* relations with other bodies working in the area.

The Constitutional Court in a number of judgments (244 and 456 of 2005; 397 of 2006) confirms that the discipline of Mountain communities belongs to the residual legislative competence of the regions notwistanding their qualification as local authorities contained in Consolidated Text on Local Authorities. The Court endorses the qualification of the Mountain community as a Union of municipalities, already introduced by the Consolidated Text, specifying that "this is a special case of Union of municipalities, created in view of the development of mountainous areas, in order to exercise proper, delegated, and municipal functions in a more adequate and efficient way that the fragmentation of mountain municipalities would do" (judgment No 244 of 2005).

The new rules on the associated exercise of municipal functions and services (Art. 19 of the Law Decree No. 95 of 2012, as converted by the Law No. 135 of 2012).

Art. 19 of the Legislative Decree No. 95 of 2012 establishes the Union of municipalities as a local authority to be characterized as mandatory rather than voluntary. Indeed, already with the Law Decree No. 138 of 2011, as amended by Law No 148 of 2011, the Union of municipalities was mandatory for municipalities with less than 1 000 inhabitants and non belonging to a convention. Along not dissimilar lines, Art. 14, paragraphs 30 and 31 of the Law Decree No. 78 of 2010 (converted by the Law No 122 of 2010), allowed Regions to detect – by regional laws and in the field of their legislative competences – the optimal and homogeneous territorial dimension of each geographic area finalized to manage essential functions in a necessarily associated form. This optimal dimension was also identified in consultation with the concerned municipalities.

Municipalities with a territorial dimension less than optimal had to choose between exercising fundamental functions either through a convention or through a Union of municipalities. The minimum requirement of 10 000 inhabitants was set to allow several municipalities to associate and exercise fundamental functions. The duty to associate did not apply to the main city as well as to the municipalities with more than 100 000 inhabitants. The novelties introduced in 2012 are expected to expand the establishing of Unions of municipalities for the exercise of those fundamental functions amended by the Law Decree No 95 of 2012. Indeed, Art. 19, para. 1, amends Art. 14, para. 27, of the Law Decree No 78 of 2010 and draws up the following list of the fundamental functions of the municipalities:

a) general organization of the administration, financial management, accounting and control;
b) organization of public services of general interest at the municipal level, including local public transport;
c) land register, excepting functions belonging to the State;
d) planning and building at the local level, as well as participation to the territorial planning at a supra-municipal level;
e) local scheduling of coordination of civil protection and first aid;
f) management of services for the collection, disposal, and recovery of waste and related tax collection;
g) design of the local social services and provision of related services to citizens according to Art. 118, para. 4, of the Constitution;
h) school construction (when not attributed to provinces);
i) local administrative and municipal police;
j) keeping of register of civil status, personal and electoral and statistic services, in the exercise of national competences.

The functions ranging from *a)* to *i)* must be exercised in an associated way by all small municipalities (with less than 5 000 inhabitants, or with less of 3 000 inhabitants in the case of mountain municipalities, Art. 19, para 1, lett. *b)*).

For the mandatory exercise, the municipalities can choose either to establish a Union of municipalities or a convention. In the latter case, the convention shall last at least three years and shall be subject to a final assessment regarding its effectiveness, efficiency and economy. It this final assessment is negative, the participating municipalities shall establish a Union of municipalities (in this case both the demographic requirement of 10 000 inhabitants, the task of the regional legislator to detect the optimal territorial dimension apply). Article 19, para. 1, let. *e)*, in amending paragraph 31*ter* of the Law Decree No. 78 of 2010, redefines the time limits of the duty of associate to exercise the fundamental functions. Only three functions must be exercised in an associated way by 1st January 2013. All the other functions (from letter *a*) to letter *i)*) must be exercised in an associated way by 1st January 2014. Should these time limits not be respected, the Government can exercise its substitutive power. The prefect warns the defaulting municipalities to act by a specific time limit, after which Art. 8 of Law No 131 of 2003 apply.

The novel rules allow the municipalities with less than 1 000 inhabitants two options: either they associate to exercise only the fundamental functions (from letter *a)* to letter *i)*), or all the functions and services through the establishing of the special Union of municipalities envisaged by Art. 16 of the Law Decree No 138 of 2011. The special Union of municipalities (now simply Union) is subject to special provisions derogating from Art. 32 of the Consolidated Text on Local Authorities. The main competences of the Union entail the accounting, the economic and financial programming, taxing powers upon the associated municipalities. The Union approves the provisional budget together with the participating municipalities. Each of them issues a board resolution approving their own programmatic document.

The Union takes the place of the participating municipality from the accounting and administrative point of view. All the human resources necessary to exercise the delegated functions and all the relevant financial reports resulting from budget are transferred to the Union. From 2012 onwards the Unions are subject to the internal stability pact for local authorities according to the provisions related to the municipalities with the same amount of population. The overall population of the special union of municipalities shall exceed 5 000 inhabitants, and can be of 3 000 inhabitants just in case the participating municipalities belong to a mountain community. The establishing of the special union of municipalities builds on a proposal of aggregation endorsed by the municipal Councils and submitted to the Region, which shall deliberate by 31 December 2013 (even without a formal proposal of aggregation).

The bodies of the Union are the Council of the Union, the President of the Union and the *Giunta*. The Council of the Union is composed by all the majors of the municipalities of the Union and by two municipal counsellors for each municipality (both elected and at least one representing the opposition party). The Council of the Union elects the President of the Union out of the majors of the associated municipalities. Up to the election of the President, his/her functions are carried on by the major of the most densely populated municipality. The office of the President last 2 years and 6 months and it can be renewed. The tasks of the President of the Union are the same that Art. 50 of the Consolidated Text on Local Authorities attaches to the major. The majors of the associated commons still retain the power to order as per Art. 54 of the Consolidated text. The *Giunta* contains the President and the counsellors appointed by the President among the majors of the Council.

The Union holds statutory autonomy and endows the Council with the task of approving the statute with an absolute majority, within the 20 days starting from the establishing of the Union. The salaries of the administrators of the Union, cannot be combined with the salaries of the offices related to the single municipalities belonging to the Union.

Art. 19 – in amending Art. 32 of the Consolidated text – also modifies the general provisions related to the Union. Among them, it can also be included the Union of mountain municipalities which substitute for the Mountain Communities. The President of the Union is selected among the majors of the associated municipalities and the members of the *Giunta* are chosen among the executives of the municipalities. Also the members of the Council of the Union, are elected by the single Councils of the associated municipalities. The Council of the Union shall not have more counsellors of those municipalities which have the same amount of inhabitants of the Union. It shall moreover be representative of all the municipalities of the union.

Like the other local authorities the Union has statutory autonomy and regulatory power and is subject to all the rules applying to the municipalities. Associated municipalities confer to the Union human resources and the necessary instruments to exercise the delegated functions at costs which do not exceed the burdens previously sustained by the single municipalities. Union of municipalities keeps revenues from taxes, rates and fees for the services conferred to them.

***
*

To conclude, the new provisions introduced by the Law Decree No 95 of 2012 try to rationalize the public expenditure of the low-density-population areas. This is way it qualifies as mandatory the association of municipalities at least to exercise some fundamental functions, and it endorses the establishing of the Unions of municipalities requiring also the Regions to do so. Regions are also required to identify with a regional law the optimal and homogeneous territorial dimension for the geographic area for the association of municipalities. The Unions of municipalities can moreover be subject to both ordinary and special provisions (reserved to the smallest municipalities – which usually are mountain municipalities). It is still to be assessed if and to what extent these institutional choices can affect the concrete management of the socio-economic problems of the low-density-population areas. The rationalization and strict containment of the public spending, indeed, could also constitute an obstacle to the service-providing functions of these territories. Attention should be devoted on the possibility to organize health services, education, transport, energy, etc., trying on the one hand to exploit the unexpressed potentiality of these territories, and on the other to build a network able to integrate the populations of those territories with the metropolitan communities without losing their diversity and uniqueness.

References

- DE MARTIN G.C., MERLONI F., PIZZETTI F., VANDELLI L. (a cura di), *Il decentramento amministrativo. La complessa attuazione del d. lgs. 112/1998*, Maggioli editore, Rimini, 2000.
- MELONI G., *L'amministrazione locale come amministrazione generale*, Luiss University Press, Roma, 2005.
- PINTO F., *Diritto degli enti locali*, Giappichelli, Torino, 2012.
- PIZZETTI F., « Piccoli Comuni e grandi compiti: la specificità italiana di fronte ai bisogni delle società mature », *in* D. FORMICONI (a cura di), *Comuni, insieme, più forti!*, EDK, 2008.
- STADERINI F., *Diritto degli enti locali*, CEDAM, Padova, 2009.
- VANDELLI L., *Il sistema delle autonomie locali*, il Mulino, Bologna, 2011.
- VANDELLI L. (a cura di), *Le forme associative tra enti territoriali*, Giuffrè, Milano, 1992.

INTERMUNICIPAL COOPERATION AS A MODERN TOOL FOR LOCAL SELF-GOVERNMENT DEVELOPMENT IN UKRAINE

par

Vyacheslav TOLKOVANOV
Docteur en droit de l'université de Strasbourg
Directeur de l'Agence nationale de la fonction publique d'Ukraine

Since 2001, Ukrainian government has been working on the design of its local self-government reform. There is now a new political basis to undertake the reform in the decree of the President of Ukraine of 27 April 2011 n° 504/2011 and in the "Organisation plan for implementing the decree of the President", approved by the Cabinet of Ministers of 11 May 2011. According to this political guidance, the administrative reform, including the local government reform, is a key point of the programme aimed at improving the competitiveness of the economy of Ukraine.

In this regard, Intermunicipal Cooperation (IMC) represents an excellent tool for improvement of the existing structure of the territorial organization of the country and further development of local democracy on the basis of the principle of the subsidiarity[1].

We can identify IMC is a relationship between two or several local authorities (ie entities in the first level of territorial administration) having a status of legal persons and enjoying political, legal and financial autonomy (in accordance with the European Charter of Local Self-Government[2]).

1. V. TOLKOVANOV, "Intermunicipal Cooperation". Kyiv, "Kramar", 2011, 320 p.
2. V. TOLKOVANOV, A. GUK, "European Charter of Local Self-Government and Problems of Its Implementation in Ukraine". Kyiv, "Kramar", 2007, 280 p.

Local government reform in post-soviet countries (including Ukraine) was sometimes accompanied by territorial fragmentation; municipalities wanted to be more independent, especially in respect of the former “rayons” or districts. This desire for independence, paradoxically, must now be balanced by opportunities for cooperation.

Entering into a certain form of cooperation is often a clear answer to the challenges faced by municipalities. But it may not be easy; there can be obstacles that make it difficult: political differences between municipalities; the complexity of IMC legal procedures and forms; the lack of finance and expertise.

Comparative studies[3] show that IMC is more frequent than is thought because many municipalities actually practise it, mostly in very practical and modest ways, without specific additional resources and without even calling it IMC. But it is clear that there may be important issues at stake and that a national policy on IMC is needed, with special legal provisions and with incentives to facilitate its expansion.

The greatest need is for central and local government to understand the benefits that can be obtained through IMC by municipalities and their citizens, and how they can be gained in a reasonable manner.

IMC is of special importance because it is municipal. Municipalities everywhere have vital competences that determine the quality of life of citizens and their collective welfare. They are about roads and traffic management, transport, water supply, schools and kindergartens, health centres, sports facilities, waste collection and disposal, museums, theatres and music-halls, cemeteries.

Ukrainian municipalities (gromadas) are the smallest territorial units of public administration and constitute the first tier of local self government. This does not mean that they are necessarily too small or weak, but very often they do not have sufficient size and resources to undertake all the functions they are required to carry out. There is no better way of strengthening the capacity of municipalities than through partnership and cooperation.

Cooperation is essential for the welfare and development of any society and very common between public entities. Ministries cooperate with universities and laboratories; regions cooperate with other regions. There are everyday working relationships between municipalities and local State bodies in domains such as

3. Toolkit Manual on Intermunicipal Cooperation, Strasbourg, Council of Europe, 105 p.

education and water supply. This "vertical cooperation" is a necessity because the territory and the population served by the different official bodies are the same, and many competences are overlapping or complementary.

Each municipality is in theory independent from its neighbouring municipalities and is entitled to be self-administered. It is therefore not surprising that relationships between local authorities may sometimes be limited because they have no common challenges; or they have just one challenge (e.g. drawing water from the same water supply); or they face occasional challenges (e.g. a calamity).

However, experience shows that municipalities are never totally self-sufficient, whatever the size of their territory and population may be. This is why IMC is both a universal challenge and a frequent practice. It is a logical solution for limiting the consequences of a non-optimal distribution of competences and resources or of inadequate municipal boundaries.

Municipalities have very ancient roots in the history, geography, demography and culture of their respective countries. They are the products of the political and administrative organisation of old settlements in rural societies, industrial sites or cities with traditional political or commercial functions. But society is changing quickly, due to:

- New technology (e.g. transportation, communications);
- New economic realities (e.g. less agriculture, less industry, with people living in a different place from their work);
- New cultural realities (e.g. television, schools and universities, internet);
- Changing life-styles (e.g. production of waste, demand for more public services);
- Changing demography with people moving from rural to urban areas with little regard to administrative frontiers.

The traditional limits of local authorities are not in line with this reality. Therefore Ukraine needs an ambitious and long-termed strategy for IMC development. In 2010 the Ministry of Regional Development and Construction of Ukraine prepared the draft law on voluntary amalgamation of the territorial communities (Ukrainian model of IMC).

Many recommendations have been prepared to this document and have been discussed with the participation of the Ukrainian officials, local and international experts. This means that political decisions have to be taken as soon as possible in order to give a framework on ongoing discussions with all stakeholders. In our opinion, the draft law should be approved shortly and become the road map for the local government reform as a whole[4].

At the same time, it seems extremely important to overcome the gaps between reform projects which were prepared during the previous period and to achieve a more coordinated approach on LSG reform implementation strategy. It seems also extremely important to avoid that the development of inter-municipal cooperation, as necessary and useful it can be and whatever its forms in all contexts, can be instrumentalised against the territorial reform in the present political context.

The National Concept of the Local Self-Government Reform should be the leading and framework document, and specific drafts (like draft law on inter-municipal cooperation) should be designed in compliance with the political guidelines formulated in the Concept.

***
*

Local government reform has been discussed in Ukraine for more than 10 years, and the basic data are well identified: excessive fragmentation at the first tier of local government, unclear definition of the first tier (*gromada*), *absence of real self-governance capacity at the regional level, excessive centralization of the management of services to the population, lack of financial autonomy, etc. Nevertheless, Ukrainian Government did not yet found an appropriate way model for the modernization of its LSG system.*

At the same time, IMC represents a flexible and innovative tool for further improvement of the territorial organization of the country taking into account different factors – cultural, social, economic and others. By the new draft law on the amalgamation of territorial communities which was prepared in 2011 by the Ministry of Regional Development and Construction of Ukraine, Government plans to introduce the principle of voluntary amalgamation of the territorial com-

4. V. Kuybida, A. Tkachuk, V. Tolkovanov, "Experience on the implementation of good governance standards on local level in Ukraine and other European countries", Kyiv, "Kramar", 2010, 317 p.

munities (gromada). (decision taken by local referendum) and the fact that the decision could be taken only on the basis of "perspective schemes for the formation of territorial communities" (PPFG).

It will be important to establish these schemes on the basis of a broad consultation process of the local authorities in order to build a political agreement on new boundaries. It is also important to ensure the principle of full coverage of the Ukrainian territory with municipalities which are involved in IMC.

References

- Decree of the President of Ukraine dated from 1 February 2012, no 45/2012 of "On State Human Resource Policy Strategy for 2012-2020".
- Decree of the President of Ukraine dated from 9 December 2010 "On optimizing the system of central executive power bodies".
- Law of Ukraine on the Local Self-Government dated from 21 May 1997.
- Law of Ukraine on the Service in Local Self-Government Bodies dated from 7 June 2001, n° 2493III.
- KUYBIDA V., TKACHUK A., TOLKOVANOV V., *Experience on the implementation of good governance standards on local level in Ukraine and other European countries*, Kyiv, "Kramar", 2010, 317 p.
- TOLKOVANOV V., *Intermunicipal Cooperation*, Kyiv, "Kramar", 2011, 320 p.
- TOLKOVANOV V., GUK A., *European Charter of Local Self-Government and Problems of Its Implementation in Ukraine*, Kyiv, "Kramar", 2007, 280 p.
- *Toolkit Manual on Intermunicipal Cooperation*, Strasbourg, Council of Europe, 105 p.

LA RETERRITORIALISATION DE LA DIASPORA DANS LES ESPACES À FAIBLE DENSITÉ EN GRÈCE : L'EXEMPLE DE LA COMMUNE D'ELLINOPYRGOS

par

Dimitris GOUSSIOS

Université de Thessalie
Département d'Aménagement, d'Urbanisme et de Développement Régional
Laboratoire de l'Espace Rural – DYNTAR

L'attractivité des zones rurales comme lieu d'installation est un phénomène de plus en plus généralisé et, considéré comme mouvement d'occupation d'espaces marginalisés, il devient la force motrice des changements et des diversifications à l'intérieur de l'espace rural. En même temps, des questions sont posées quant à sa portée et son rôle dans la construction d'une nouvelle ruralité. Certes, si la force de l'urbanisation et le poids de la ville – qui pèsent encore aujourd'hui sur l'approche de ce phénomène – semblent pertinents pour discerner les frontières entre ce phénomène et son contexte (Woods, 2011), ils le sont moins pour déceler des construits plus territoriaux dans les espaces d'accueil. L'espace, redécouvert par les nouveaux arrivés qualifiés d'utopistes ou d'exclus de la ville, n'est le plus souvent considéré par de telles approches que comme un simple support spatial dominé par cette dernière. C'est ce qui a amené à considérer ce phénomène comme une simple extension de la ville (dortoir, divertissement) ou mieux, un produit des nouveaux usages de l'espace rural préconisés par les plans d'aménagement, ces espaces attractifs s'intégrant en marge de l'espace urbain.

Cependant, son extension en tant que phénomène persistant nous offre une diversité de formes qu'il revêt et de voies qu'il suit selon l'évolution historique et socio-économique des zones rurales. À travers de récents trajets inscrits sur les espaces ruraux, il nous fournit des exemples qui nous aident à nuancer ces approches – appuyées surtout sur les théories de centre-périphérie et des avantages comparatifs – et à chercher des constructions territoriales émergentes notamment dans des pays où le processus d'urbanisation est moins ancien. Dans un tel effort, l'approche territoriale (Pecqueur, 2006) ouvre de nouvelles pistes afin que ces mutations soient décelées et que le paradoxe du recouvrement des zones difficiles par ce mouvement puisse être interprété (Campagne, 2009). Construire par exemple des ressources spécifiques et bénéficier de nouvelles rentes est lié à une capacité plus cognitive et moins tributaire des infrastructures. Ce qui expliquerait pourquoi dans ces zones des acteurs ouverts vers l'extérieur, ayant des ancrages territoriaux et combinant divers types de proximités, optent pour le développement territorial (Goussios, 2007).

Un tel exemple vient de l'évolution du même phénomène dans un pays du sud européen, la Grèce. Si l'attraction de son espace rural s'est renforcée depuis la récente crise, elle est liée pour autant aux mêmes dynamiques qui caractérisent le mouvement vers le rural en Europe : multifonctionnalité, diversification des économies locales, levée des contraintes de distance-temps et de communication par le progrès technologique, orientation des consommateurs vers l'authenticité des biens. À une différence près : il s'agit d'un mouvement non pas de néo-ruraux d'origine urbaine sans ancrages territoriaux, mais de sujets de l'exode des années 1960 et de leurs descendants résidant en Grèce (Goussios, 2010).

Dans l'article qui suit, nous présentons l'intervention organisée de la diaspora interne d'origine rurale à travers son processus de reterritorialisation qui intègre sa commune d'origine appartenant aux espaces à faible densité. La mise en valeur des liens, des réseaux sociaux, des ressources et des NTIC met en évidence les nouvelles possibilités dont même ces espaces peuvent disposer afin de pouvoir récupérer leur capital humain patrimonial attiré par la ville dans un passé relativement récent. Si dans ce mouvement le rôle de la diaspora apparaît novateur, c'est par sa capacité de rassembler en elle-même trois fonctions piliers pour le développement territorial : elle est à la fois ressource patrimoniale, consommatrice fidèle et entrepreneur latent. L'activation des formes sociales et organisationnelles innovantes vient annoncer une rencontre féconde de la ville avec l'espace rural dans le processus même de territorialisation. Il en résulte des dynamiques durables pour l'avenir des espaces en question, d'autant plus qu'elles s'inscrivent dans l'effort de réorganisation du rapport de l'État avec son territoire *via* la décentralisation et l'action territoriale publique.

I. Espace de faible densité et diaspora

La notion de faible densité renvoie principalement à la démographie, à l'accessibilité aux équipements socioculturels ainsi qu'à la carence d'activités et de ressources mises en valeur. En Grèce, les espaces de faible densité s'identifient avec le rural montagneux. Mais, au-delà de ces critères, ils sont caractérisés par l'existence d'un grand nombre de petites communes, par les forts ancrages territoriaux de leurs sujets de l'exode, ainsi que par le partage de problématiques communes : exode, polarisation très faible, patrimoine naturel et culturel riche, restants de systèmes de production de valeur patrimoniale et un tourisme rural qui se développe lentement. C'est dans ces communes d'origine que l'on observe un mouvement de reterritorialisation de la diaspora interne résidant dans les villes grecques, et organisée en communautés et en associations. Ce mouvement se concrétise par le retour des retraités dans un premier temps, et de certains jeunes diplômés qui s'installent dans leurs villages d'origine dans les années 2000. Le retour des jeunes coïncide avec un processus de restructuration de l'agriculture résultant de la réforme de la PAC en 2003 – découplage des aides – et menant à la recherche de produits de terroirs (qualité, identité). La crise ne fait qu'accroître ce flux en y intégrant cette fois-ci de jeunes chômeurs – de 2e et 3e génération – orientés vers de nouvelles activités notamment autour des ressources patrimoniales. Comment peut-on alors expliquer ce choix de retour dans de petites régions à faible densité qui, tout en restant hors de portée des services, ne sont pas exclues du mouvement d'attractivité et d'installation des populations urbaines ? Comment ce retour s'opère-t-il et quels sont les appuis dont dispose la diaspora pour mettre en œuvre sa stratégie de reterritorialisation ?

Vouloir répondre à ces questions, c'est s'appuyer surtout sur ce qui semble constituer l'objectif même du mouvement de reterritorialisation de la diaspora, à savoir : transformer son lieu d'origine, lieu symbolique intégré dans son espace polytopique et dans son réseau social, en espace d'intérêt économique à travers le développement territorial. En fait, ses ancrages maintenus et sa capacité de bien maîtriser l'espace de sa commune d'origine permettent à la diaspora d'entreprendre ce nouveau mode de développement dit territorial.

Il s'est avéré que l'exode rural, bien que vécu comme un processus de déterritorialisation et de marginalisation des espaces de départ, n'a pas pour autant conduit à l'abandon définitif de ces espaces, mais par contre les liens avec le territoire d'origine se sont conservés, voire renforcés. Cela s'explique par le fait que si l'exode a toujours été considéré comme un progrès (Munohur, 2011), il a été en même temps senti comme une extension du territoire d'origine qui serait bénéficiaire de ce progrès. La légende populaire, selon laquelle l'homme de l'exode ayant réussi devrait aider sa commune, véhiculait et même imposait une forte valeur de solidarité. Ce rôle socialement reconnu a contribué au maintien des liens socioculturels reproduits au sein d'un réseau intégrant les lieux de résidence et le lieu d'origine de la diaspora. Des efforts parallèles de réduire la distance *via* la mobilité et la télécommunication – la technologie aidant – ont contribué à la consolidation d'une communauté élargie.

Certes, la vision pour l'avenir de la commune d'origine reflète en grande partie les aspirations et les intérêts de cette communauté élargie et dominée par les membres de la diaspora. En effet, la diminution et le vieillissement des habitants de la commune sont à l'origine de la récupération progressive de son capital spatial par une diaspora qui devient de plus en plus « impliquée » par le renforcement de son caractère territorial et sa substitution progressive au capital social local (Lardon, 2007). Les territorialités qui en émergent renforcent le rôle de la diaspora dans la prise de décisions concernant l'avenir de sa commune d'origine et de ses ressources. Ceci, car elle s'appuie sur ses attaches socioculturelles, sa présence physique ou virtuelle de plus en plus fréquente et son patrimoine foncier et d'habitation maintenu. Cet avenir a une importance majeure pour le maintien de la cohésion de la diaspora. Les liens et les attaches de ses membres se réfèrent à un passé qui se construit à partir d'un symbolisme (Aglieta et Orléans, 1995) pour lequel le rôle du territoire d'origine reste important puisqu'il évoque ce passé. Il constitue un espace de référence et, par conséquent, un support de rassemblement et de coopération pour ces membres, ce qui explique l'insistance de la diaspora sur la protection du patrimoine de sa commune d'origine.

Cependant, à partir des années 2000, trois faits majeurs viennent modifier la forme et le contenu d'intervention de la diaspora dans leurs communes : *a)* les réformes administratives et de décentralisation qui renvoient aux questions de la maîtrise de l'espace et de la prise de décisions à l'échelle communale, *b)* le poids grandissant des politiques d'aménagement et de développement, et *c)* l'apparition d'un nouveau mode de développement dit territorial qui donne une place importante au patrimoine dans la création de ressources spécifiques.

Or, dans la Grèce actuelle, les réformes de décentralisation ont opté pour l'efficacité par l'agrandissement des unités élémentaires *via* le fusionnement des communes, ce qui est interprété par la diaspora comme une menace : renforcer donc sa place au sein de la nouvelle unité administrative agrandie devient un objectif de première importance. Pour y répondre, la diaspora doit participer au processus d'élaboration de l'action territoriale telle qu'elle est définie par les politiques de décentralisation et mise en œuvre par des formes d'organisation plus appropriées comme la gouvernance territoriale. Ce qui lui permet de passer des initiatives individuelles à un projet plus intégré et territorial en s'appuyant principalement sur ses liens bien souvent excessifs avec le patrimoine de ses communes.

Si le patrimoine constitue donc l'essence de la spécification des ressources, il devient le pilier de la reterritorialisation de la diaspora. C'est ce qui rend les espaces difficiles attractifs étant donné que plus ils sont éloignés, plus ils disposent d'un patrimoine important et de ressources latentes (Campagne-Pecqueur, 2009). La forte correspondance entre la double nature matérielle et idéelle du patrimoine et du territoire – dont la diaspora se nourrit pour renforcer sa cohésion et sa reproduction – constitue un appui sur lequel elle va opérer son processus de reterritorialisation et la construction de ressources spécifiques.

Dans ce cadre, le renforcement de la territorialité de cette diaspora provient donc de son rapport étroit et plein de symbolisme avec le patrimoine communal constituant pour elle comme pour les dynamiques territoriales un cadre de référence (Requier-Desjardins, 2009). Or, le symbolisme auquel la diaspora fait appel pour reproduire ses liens avec sa commune d'origine se nourrit de la même signification sur laquelle elle s'appuiera pour spécifier ses ressources (Colonomos, 1995). La « territorialisation du patrimoine » entreprise aujourd'hui par la diaspora n'est alors que la prolongation de son mouvement de « patrimonialisation de sa commune » auquel elle avait activement participé dès son exode (Goussios, 2010). En réalité, le patrimoine constitue dans ce cas l'élément d'articulation des ressources de la diaspora et des ressources territoriales avec l'ensemble sociospatial d'accueil (Landel, 2009). Cette articulation devient un nouvel objectif d'ordre économique pour le réseau social de la diaspora. Vu les multiples fonctions que celle-ci réunit, elle apparaît, en effet, comme un vrai opérateur *leader*. Être à la fois consommateur fidèle et entrepreneur latent, résidant urbain et originaire actif de l'espace rural, cela devient un avantage pour la conception et l'élaboration d'un projet territorial ainsi que pour l'identification et la construction des ressources.

Pour la commune d'origine, la récupération des ressources humaines et de leur capital social lui fait bénéficier des nouvelles informations apportées par celles-ci sur la valeur des ressources latentes locales. En effet, la découverte d'une telle valeur et l'obtention des gains probables font que la diaspora y entrevoit un intérêt économique. Ce qui semble être le moteur dans la redynamisation de ses liens avec ses communes d'origine situées même dans les zones marginalisées. Par ses nouvelles formes et ses nouveaux outils d'intervention et de coordination, la diaspora est en train de se forger une interterritorialité déterminée par son passage d'une période de double absence à une situation d'omniprésence[1].

---

1. A. Sayad, *La double absence. Des illusions de l'émigré aux souffrances de l'immigré*, Liber, Seuil, 09/1999.ISBN : 2020385961, 448 p.

II. L'exemple de la commune d'Ellinopyrgos du dème de Mouzaki[2]

La commune d'Ellinopyrgos, située sur les pentes centre-est du massif du Pinde à une altitude de 750 m, est représentative des communes montagneuses qui, après avoir atteint le maximum démographique dans les années 1950-1960, suite à l'exode et en l'espace de quelques décennies ont perdu la grande majorité de leur population. C'est ainsi qu'entre 1960 et 2000, Ellinopyrgos voit sa population passer de 1 150 à 120 habitants très âgés. On n'y recense que cinq exploitations familiales tandis que le peu de ses terres agricoles sous-exploitées ou louées aux agriculteurs externes sont localisées aux pieds du village à une distance de 7 km.

Marginalisée par l'attraction de la ville et la concurrence des systèmes agricoles intensifs de la plaine, la commune présente aujourd'hui de nouvelles perspectives que l'on peut discerner par une approche de ses potentialités plus territoriales. En effet, la commune dispose d'importantes ressources inscrites sur la liste des biens très demandés par les consommateurs : forêts, pâturages, plantes aromatiques, vignoble, châtaigneraies, patrimoine architectural, paysage, etc. S'agissant de ses relations avec l'extérieur, elle constitue le nœud principal du réseau hyperlocal de sa diaspora qui est composée de 2 500 personnes organisées en six associations (Athènes, Thessalonique, villes de Thessalie) et en petites communautés à l'étranger (Canada, Australie, Allemagne, etc.). Enfin, sa position par rapport aux grands lieux touristiques de Thessalie et au réseau routier n'est pas désavantageuse : proximité du lac Plastira (25 km), des Météores (50 km), et de l'autoroute E35 (35 km).

L'œuvre de la diaspora y est déjà remarquable. Elle comprend de multiples actions de gestion du patrimoine, de micro-aménagements, d'équipements sociaux dont le plus important est la construction d'un petit hôtel. Aujourd'hui, elle s'efforce d'organiser le retour d'une vingtaine de nouveaux arrivés dont la plupart sont de jeunes couples.

---

2. Depuis 2010, la commune est fusionnée à la nouvelle unité administrative élémentaire (Le dème) dont les limites coïncident avec celles du territoire historique de Mouzaki. La commune y est représentée par un conseil communal responsable de la gestion des biens communaux et publics, mais sans droit de vote au conseil municipal.

A. Motifs d'intervention et formes de reterritorialisation

Les difficultés à sortir de la crise, l'intérêt croissant de jeunes chômeurs à s'installer dans leur commune d'origine et l'absence d'une politique d'accueil régionale et locale ont fait de sorte que la diaspora d'Ellinopyrgos eut hâte d'intervenir de façon plus intégrée et durable[3]. Cette intervention devrait être concertée et inscrite sur un projet territorial dont les objectifs ayant mobilisé et rassemblé la diaspora ont été les suivants :

- renforcer le rôle de la commune comme centre de reproduction des liens socio-culturels de la communauté élargie d'originaires, et nœud de leur réseau social ;
- créer une nouvelle forme d'organisation territoriale qui – dans le nouveau contexte politico-administratif (réforme, action territoriale) – permettrait de légitimer son processus de reterritorialisation et de renforcer le pouvoir décisionnel de la commune au sein du dème ;
- élaborer un plan d'action qui correspondrait aux aspirations et aux besoins de cette communauté élargie et de la commune.

Pour y répondre, les représentants de la diaspora ont demandé au Laboratoire de l'Espace Rural de l'université de Thessalie un travail de diagnostic qui a proposé les actions suivantes :

- former une gouvernance territoriale appuyée sur une charte ;
- articuler le patrimoine avec la spécification du territoire ;
- accueillir de nouveaux installés (fonds de solidarité et marché fidèle) ;
- et organiser une « école territoriale ».

B. Charte territoriale, plan d'action et forme de gouvernance

Sous l'initiative des six associations de la diaspora, un ensemble d'acteurs locaux et régionaux ayant accepté leur participation dans une forme de gouvernance territoriale se sont réunis pour élaborer une charte territoriale et un plan d'action. La charte signée le 15 août 2010 contient les objectifs susmentionnés et les engagements de ces associations, du dème de Mouzaki, de l'agence de développement local et de l'université de Thessalie. Elle déclare la volonté de redéfinir les relations de la diaspora avec sa commune d'origine et leur rôle respectif dans les décisions les concernant au moyen de nouvelles formes de coopération et de coordination. La signature de la charte a fortement légitimé la formation de la gouvernance dont la structure est la suivante :

3. L'intervention des diasporas dans la plupart des communes de montagne prend diverses formes (association, initiatives individuelles ou collectives, etc.).

Les composantes de la gouvernance territoriale

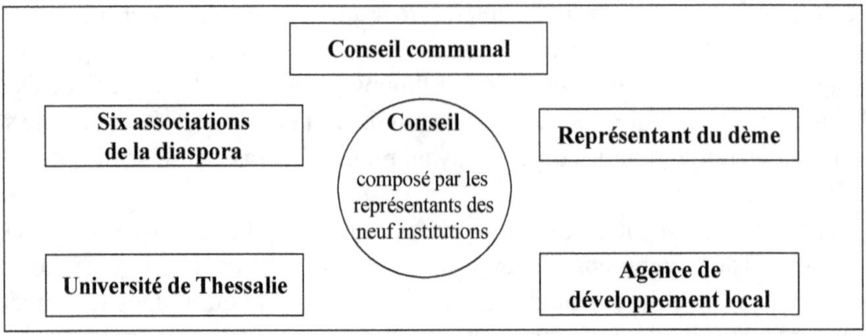

Source : Auteur.

Le fonctionnement de cette structure de coordination s'appuie sur des formes et des outils d'intégration et d'action disposés sur plusieurs niveaux :

- organisation interne – formes proposées par la charte pour l'organisation et le fonctionnement internes de la gouvernance territoriale (GT) :
  - conseil de GT (représentants des neuf institutions ayant signé la charte),
  - groupes thématiques (social, culture, production, environnement, cadre de vie),
  - l'assemblée générale annuelle de la communauté élargie ayant lieu le 14 août à l'occasion de la fête du village, avec participation de la diaspora *via* satellite ;
- insertion au territoire : comités de concertation et de culture proposés par le cadre administratif qui régit le nouveau dème, rassemblements (fêtes, vacances, etc.) et assemblées de la diaspora dans les villes de résidence ;
- formes et outils pour la mise en œuvre des objectifs du plan d'action :
  - structure de soutien (université, agence de développement, dème),
  - construction d'un outil 3D de représentation spatiale comme support à la participation active de la société locale (concertations, diagnostics, etc.) ;
- recensement de la diaspora (instruction, expérience professionnelle) ;
- communication : utilisation généralisée d'internet, des journaux de la diaspora, fonctionnement d'un site (portail) et téléconférences ;
- création d'un fonds social de solidarité et d'une école territoriale.

Figure 1

Assemblée générale des membres de la diaspora via *satellite, 14 août 2011* (1)

Source : Auteur.

Figure 2

Assemblée générale des membres de la diaspora via *satellite, 14 août 2011* (2)

Source : Auteur.

C. Les principaux engagements de la Charte

1. Gestion et territorialisation du patrimoine

La protection et la mise en valeur du patrimoine ne sont perçues que comme renforcement des correspondances étroites (fondées sur la même double nature matérielle et idéelle) entre diaspora, patrimoine et territoire. Ayant conservé le passé du lieu d'origine, l'objectif est de le mettre en valeur en s'orientant plus à l'avenir du territoire, bref, de passer de la patrimonialisation du territoire à la territorialisation du patrimoine. Une telle opération nécessite la participation active des membres de la diaspora en tant qu'entrepreneurs, consommateurs urbains et « citoyens » du territoire d'origine, et donc porteurs de mémoire. Cette participation devrait se dérouler tout au cours de l'élaboration et de la mise en œuvre d'un projet de développement territorial centré sur l'identification et la révélation des ressources spécifiques. Enfin, un autre engagement met l'accent sur la question cruciale pour la diaspora, à savoir l'accès de tous à l'utilisation des biens communs et collectifs patrimoniaux. La crainte que la mise en valeur des ressources également fondée sur ces biens communs crée des conflits internes implique l'engagement commun pour une gestion collective de ces biens, assurant ainsi la cohésion sociale au sein de la communauté élargie.

2. Le soutien des nouveaux installés

Le mouvement de retour dans la commune, sporadiquement manifesté après 2005 et accéléré ensuite par les effets de la crise, a rendu nécessaire l'élaboration d'une politique d'accueil au niveau local. D'après la charte, des actions doivent être centrées sur l'habitat, l'emploi, les services et la réinsertion territoriale des jeunes s'adressant à trois groupes d'originaires : *a)* les saisonniers (retraités, résidence secondaire), *b)* ceux qui s'y installent définitivement cherchant un emploi, et *c)* les entrepreneurs. Ce soutien serait étayé par des formes de solidarité telles que la création d'un fonds social de solidarité et la mobilisation des membres de la diaspora en tant que consommateurs fidèles des produits d'Ellinopyrgos.

3. Organisation d'une « école territoriale »

La durabilité du rapport entre commune d'origine et diaspora s'appuie sur les liens culturels et l'identité que celle-ci partage avec les habitants permanents, mais elle dépend surtout de la reproduction de ces liens. Ainsi, un des principaux engagements de la charte concerne le renforcement de l'« appartenance territoriale » pour les originaires d'Ellinopyrgos tout comme pour ceux œuvrant pour le bien de la commune. Le renforcement de cette « appartenance » s'appuie principalement sur l'éducation des jeunes, le principal objectif restant leur insertion territoriale. Mais par qui cette éducation serait-elle prise en charge ?

L'« école territoriale » n'est pas une invention récente. Son fonctionnement avait été lancé dès les années 1960 par les associations des originaires dans les villes où ils s'étaient installés. Son objectif était de transmettre aux jeunes le patrimoine et l'identité de la commune d'origine. Mais, le processus de reterritorialisation avançant, il révèle les limites de ces écoles et la nécessité d'élargir leurs objectifs pédagogiques et éducatifs.

Ce constat renvoie à la nécessité d'un dialogue plus général entre l'éducation et le territoire. Dans le cas grec, ceci devient plus impératif vu le retard enregistré quant à la décentralisation de l'école nationale et à son intégration dans un processus de renforcement de ses relations avec l'espace de la communauté locale. La réflexion sur l'école territoriale avancée dans la charte s'appuie, d'une part, sur la longue expérience des communautés de diaspora quant au fonctionnement d'« écoles informelles », d'autre part, sur le constat que les objectifs de l'école nationale restent hyperlocaux et nationaux cherchant même jusque récemment à « éradiquer » chez les enfants les spécificités locales. Mais, ce rôle n'est plus acceptable parce qu'il n'est ni compatible ni conforme aux objectifs de territorialisation requis. En généralisant, serait-il légitime de prétendre que, tout comme dans ses premiers pas, l'État-Nation avait senti le besoin de disposer d'un système d'éducation nationale pour renforcer sa cohésion territoriale, une communauté – comme celle que nous présentons – ressent aujourd'hui l'absence d'un tel outil à partir du moment où sa vocation est d'établir une stratégie de renforcement de ses relations avec son espace ?

Par conséquent, les objectifs élargis de l'école territoriale ont été définis comme suit :

– intégrer dans son programme deux espaces et deux temps différents (ville et village) en collaboration avec les écoles des villes où réside la diaspora et à l'aide de la télématique. Les objectifs pédagogiques devraient mettre en valeur la complémentarité de ces deux espaces, le but étant en faire de sorte que se resserrent les liens entre les jeunes citadins ayant un vécu commun, à savoir leur résidence au village d'origine ;
– contribuer à la reproduction des liens des jeunes avec leur lieu d'origine par la compréhension de celui-ci, la participation active aux associations et les actions collectives. L'école doit pouvoir permettre au jeune d'équilibrer deux territoires : l'un « rêvé » et symbolique, l'autre « vécu » et de plus en plus lié

à l'action, en mettant l'accent sur l'interdépendance entre milieu, pratiques, représentations, organisation socioculturelle et politique (Champollion, 2011) qui renvoie à des territorialités activées (Vanier, 2007). Enfin, l'école doit transmettre aux élèves des valeurs socioculturelles et citoyennes et contribuer ainsi à leur socialisation avec l'identité territoriale ;

– se relier au projet du territoire afin de le soutenir en convergeant avec ses objectifs et en y intégrant des actions pratiques provenant de la communauté élargie. Appuyée sur ces activités, l'école doit favoriser la coopération et la créativité dans le domaine du local (culture et entrepreneuriat). Cet objectif peut être atteint grâce à la formation d'un partenariat avec les acteurs publics, sociaux et privés.

L'équipe pédagogique de cette école se compose d'enseignants, de représentants des institutions et de personnes ayant une bonne connaissance de l'histoire et de l'entrepreneuriat local. En complémentarité avec l'école nationale, l'école territoriale doit donc proposer son propre système pédagogique avec des objectifs éducatifs innovants. La charte prévoit qu'elle doit y intégrer la dimension patrimoniale et territoriale des ressources locales et mettre l'accent sur un meilleur équilibre entre tradition et modernité. Enfin, elle doit guider les jeunes pour en faire des citoyens actifs tant de leur commune d'origine que de leur communauté élargie.

D. La phase de l'application

L'aggravation de la crise après 2010 et la montée du chômage chez les jeunes ont multiplié le nombre de ceux désirant s'installer dans leur commune d'origine. La réponse en est la mobilisation des formes de coopération et des structures d'accompagnement dont la commune vient de disposer en vue d'organiser l'insertion territoriale de ses nouveaux habitants. Il a été donc décidé que les axes d'une politique locale d'accueil soient les suivants : *a)* se focaliser sur les ressources territoriales à fort caractère patrimonial pour mobiliser la diaspora, *b)* utiliser le fonds social de solidarité dans l'investissement initial des nouveaux installés, *c)* mettre en valeur des programmes de type Leader, et *d)* organiser l'intégration des originaires en tant que consommateurs fidèles aux circuits courts des nouveaux producteurs.

Un travail de préparation a été organisé dans l'objectif d'accroître la capacité de création des ressources territoriales. Ce travail s'est appuyé sur la représentation virtuelle de l'espace en 3D avec l'utilisation d'outils annexes pour reconstituer les terroirs, facilitant en plus la participation des personnes essentielles pour l'identification et la révélation des ressources territoriales. La reconstitution de l'espace des ressources s'est agencée autour de la double nature de celles-ci : *a)* matérielle (terroirs, organisation spatiale, micro-aménagement, accès et usage actuel du foncier, gestion collective, paysage, etc.), et *b)* immatérielle (mémoire collective, savoir, savoir-faire, réputation, etc.). La représentation de l'espace en 3D a facilité la mobilisation des mémoires des plus âgés et, par conséquent, la recherche des éléments qui pourraient concourir à l'identification et à la révélation des ressources de caractère patrimonial. Enfin, cet outil a contribué à l'effort de pallier la dissymétrie observée entre l'espace vécu et l'espace perçu des jeunes candidats de 2e et 3e génération notamment par rapport à l'usage du capital spatial de la commune d'origine. Ce travail, tout en favorisant l'insertion territoriale des jeunes, a permis de révéler et de renforcer les correspondances et les synergies entre diaspora, patrimoine et ressource marqués par cette même double nature.

L'identification a révélé certains types de ressources caractérisées par des spécificités locales plus ou moins distinctes relevant de l'agriculture, de l'élevage et des services : plantes aromatiques (origan, thé), viticulture (vin, eau-de-vie, feuilles de vigne), fromage de brebis, miel de châtaignier, légumineuses, services aux retraités et aux visiteurs du week-end. Une fois les ressources identifiées et révélées, les animateurs ont procédé au choix définitif des jeunes candidats selon leurs préférences et leur expérience en fonction du registre des ressources spécifiques. Procédant par la suite à l'organisation des unités de production des jeunes candidats, les animateurs ont dû se pencher sur les questions suivantes :

- le foncier : concertation avec les membres de la diaspora pour la concession de terres (location à un prix symbolique) à chaque candidat ;
- le financement de l'installation (activer le fonds de solidarité à base de critères fixés pour couvrir une partie du capital initial d'investissement) ;
- le marché : intégration des membres de la diaspora engagés comme consommateurs fidèles au circuit court des jeunes producteurs, recherche d'autres marchés de niche.

Ces démarches achevées ou en cours ont servi à l'élaboration d'un plan d'action afin de créer à moyen terme un panier des biens du territoire. Parallèlement, en collaboration avec le dème de Mouzaki, il a été envisagé de transposer à des échelles supérieures l'exemple de territorialisation de la diaspora et de sa réinsertion dans l'économie territoriale : une fois le transfert aux dèmes achevé, le projet prévoit de procéder à l'organisation d'une structure similaire à l'échelle régionale. Pour le dème de Mouzaki et la région de Thessalie, on estime que la diaspora peut mobiliser 10 000 et 150 000 membres respectivement soit 35 % et 20 % de la population permanente des deux collectivités territoriales.

***
*

Le cas que nous venons de présenter correspond à l'une des voies que le monde rural profond suit pour se placer selon Béteille (1996) « plus que les autres espaces ruraux, au cœur de la dialectique associant les idées de crise et de renouveau de la ruralité dans un contexte changeant animé de fortes mutations ». La force et l'originalité du mouvement vers le rural véhiculé par cette voie sont liées à la capacité de la diaspora de combiner l'attractivité idéelle et matérielle de son lieu d'origine avec l'adoption du mode de développement territorial. Quant à la crise, elle n'est pas à l'origine de ce mouvement. Elle n'apparaît qu'à mi-chemin et la diaspora s'en sert pour renforcer ses valeurs de solidarité dans le cadre de son intervention de plus en plus concertée et collective. Il ne s'agit pas non plus d'un retour massif de la diaspora ni de son enclavement dans l'espace productif de son lieu d'origine. Sans proposer une installation permanente, la diaspora construit les fondements pour sa présence active dans ce lieu afin d'assumer son nouveau rôle comme animateur de son projet de reterritorialisation (Goussios, 2007). Elle se sert de sa longue expérience d'avoir vécu en deux temps et en deux lieux, en deux chez soi naviguant entre le réel et le virtuel *via* sa mémoire pour activer ses territorialités tout en les intégrant dans son espace de dimension interterritoriale comprenant aussi la ville. Ce qui permet la diffusion d'informations sur la valeur des ressources latentes ainsi que l'ouverture à l'extérieur de la commune. De même, elle contribue à réintégrer son lieu d'origine dans le marché aussi bien que dans son espace d'activités socio-économiques. Ainsi, la diaspora a le rôle protagoniste « maîtrisant » la rencontre de la ville avec les espaces ruraux difficiles. L'absence d'une politique d'accueil publique fait de sorte que la diaspora se voit obligée d'y jouer un rôle de coordination. Pour ce faire, elle se fonde sur l'effort d'intégration de l'espace rural opéré par les politiques de développement et de décentralisation qui ont permis d'améliorer les infrastructures et d'institutionnaliser la participation au développement local.

En essayant de mieux expliquer cette attractivité des espaces à faible densité, il faudrait rappeler que bien avant l'apparition de la voie possible de développement territorial, ils constituaient déjà des lieux intégrés par les sociétés de multiappartenance et polytopiques telles que la diaspora. Favorisés par les NTIC, ces lieux d'origine répondent bien aux mutations externes influant sur les rapports entre l'espace et le temps, aux éclatements des territoires de vie et des mobilités et, par conséquent, aux aspirations des membres de la diaspora urbaine. Composant une population moins hétéroclite que celle des néo-ruraux – vu leur identité commune et l'importance de ces lieux dans leur mémoire et leur imaginaire – ils sont caractérisés par une forte sociabilité et une identité culturelle commune.

Retrouvant ainsi de nouvelles fonctions et activités, ces lieux sortent d'un état symbolique et d'une situation de marginalisation. Leur passage du symbolique au réel ne s'accomplit que par le mouvement de reterritorialisation de la diaspora qui, au fait, reflète la transition du lien d'appartenance vers une action concertée d'appropriation des ressources territoriales. Ceci mène à une récupération matérielle, idéelle et immatérielle de ces espaces par les diasporas. Mais, de l'autre côté, il s'agit également d'une récupération de ce capital humain et social par la commune d'origine lui permettant ainsi d'acquérir de nouvelles compétences organisationnelles pour la valorisation de ses ressources. Considéré comme capital patrimonial, ce potentiel semble se transformer en capital social une fois entré dans le processus participatif de territorialisation.

Revitalisée par le mouvement de reterritorialisation de la diaspora, la commune devient lieu d'installation, d'emplois et d'activités multiples d'intérêt économique. Pour ce faire, elle dispose de tout un arsenal de liens, d'outils et de formes sociales innovantes. Facilitée par le nouveau cadre de transfert de pouvoir public dont l'espace rural est bénéficiaire, la diaspora utilise les NTIC pour renforcer la démocratie participative et l'insertion des jeunes au territoire. Elle mobilise son réseau pour soutenir les nouvelles installations par la création d'un fonds social de solidarité et d'un circuit court pour les produits spécifiques. Enfin, l'école territoriale vient compléter les efforts pour la reproduction durable des liens de la diaspora avec sa commune.

La spécificité de ce territoire émergeant réside en ce que tout en étant construit sur les restants de la commune d'origine, il est le produit d'une communauté élargie et le nœud central de son réseau de plus en plus interterritorialisé. Les territorialités qui en émergent contribuent à relativiser deux handicaps déterminant le repositionnement de ces espaces à l'échelle locale et régionale : la distance-temps et la faible densité des ressources. Le premier handicap est réduit par une proximité socioculturelle et par la mobilisation des réseaux sociaux déterminés par les NTIC et le second, par la capacité de la diaspora d'obtenir l'accroissement de la valeur ajoutée des biens moyennant un projet de spécification à la fois des ressources et du territoire d'origine. Dans un tel contexte, l'importance n'est plus la taille de la commune ni sa position marginale, mais son appartenance à un réseau intégrant la diaspora, la commune et la ville. Les nouveaux rapports qui en résultent transforment ces espaces difficiles en laboratoire d'expérimentation sur les relations hybrides qui se tissent entre la ville et le rural enrichissant le concept de la ruralité ainsi que sur l'émergence d'un nouveau modèle de développement de ces espaces dans la période post-crise.

III. Bibliographie

- AGLIETA M. και ORLEAN A., *Légitimité, souveraineté de la monnaie*, Paris : coll. « Cahiers finance, éthique, confiance », 1995.
- BARTHE L., CAVAILLE F., EYCHENNE C., PILLEBOUE J. (coord.), *Habiter et vivre dans les campagnes de faible densité*, Actes du 2e colloque franco-espagnol de géographie rurale, Foix 15-16 sept. 2004, PU de Clermont, CERAMAC n° 23, 2007, 785 p.
- BETEILLE R. et MONTAGNE-VILLETTE S., « Le "rural profond" français », Dossiers des images économiques du monde, SEDES, 1996, 166 p.
- CAMPAGNE P. και PECQUEUR B., « Zones difficiles, territoires de développement ? » στο SGHAIER M. (επιμ) Sociétés en transition et développement local en zones difficiles DELZOD, Medenine (Τυνησία) : Institut des Zones Arides, 2009, p. 19-40.
- CHAMPOLLION P., Dossier « Les collèges ruraux », *Cahiers de l'Éducation*, n° 110, 2011, *http://www.cahiersdeleducation.com/?q=node/3171.*
- CHRISTAKIS N., *Connected-The suprising Power of Our Socail Networks and how they Shaoe our Lives*. Ed Katoptro, 2010. En grec. Athènes.
- COLONOMOS A., *Pour une application à la sphère transnationale*, éd. Sociologie des réseaux transnationaux, Paris, L'Harmattan, 1995.
- GOUSSIOS D., « Développement rural dans la petite région de Mouzaki en Thessalie occidentale (Grèce) : du territoire identitaire au territoire-réseau », *in* Eds J.-P. CHASSANY, J.-P. PELLISSIER, *Politiques de Développement durable en Méditerranée dans le cadre de la politique de voisinage de l'UE*, Revue *Options Méditerranéennes.* Série A., n° 71. Paris, 2007.
- GOUSSIOS D., « Grèce : Vers une reterritorialisation de la diaspora pastorale », *in* F. LERIN (dir.), *Pastoralisme méditerranéen : patrimoine culturel et paysager et développement durable*, Montpellier : CIHEAM/IAMM, 2010 ; D. GOUSSIOS, « Grèce : Vers une reterritorialisation de la diaspora pastorale », Options Méditerranéennes, 2010, Série A (93), p. 155-171.
- GUIHENEUF P.-Y., « Les trois dimensions du dialogue territorial », Assemblée internationale de l'ICOMOS et du réseau des Grands Sites de France Cap Hornu (France), 17-19 juin 2004, 2004.
- GUMUCHIAN H. και PECQUEUR B., *La ressource territoriale*, Paris, éd. Economica, 2007.

– LANDEL P. A. και SENIL N., « Patrimoine et territoire, les nouvelles ressources du développement », Développement durable et territoires, Dossier 12 : Identités, patrimoines collectifs et développement soutenable, 2009, *http://développement durable.revues.org/7563.*

– LARDON S., LOUDIYI S. και ANGEON V., *Capital social et développement territorial. Quel impact spatial des relations sociales ?* ENGREF – POP'TER, 2007, *http://eso.cnrs.fr/IMG/pdf/los.pdf.*

– MUNOHUR A., « La territorialité », 2011, *http://www.upim.info/philosophie/la-territorialite/.*

– PECQUEUR B., « Le tournant territorial de l'économie globale », revue *Espace et Société*, n° 124-125, 2006.

– PECQUEUR B., HIRCZAK M. και MOLLARD A., « Le modèle du panier de biens : grille d'analyse et observations de terrain », *Économie Rurale*, 308 : 55-70, 2008.

– REQUIER-DESJARDINS D., « Territoires – Identités – Patrimoine : une approche économique ? », Développement durable et territoires, Dossier 12 : Identités, patrimoines collectifs et développement soutenable, 2009, *http://developpementdurable.revues.org/7852.*

– VANIER M., « Territoires, territorialité, territorialisation : et après ? », Communication, congrès international PACTE-Territoire, Grenoble, 7-8 juin 2007, Université J. Fourier Grenoble, 2007.

– WOODS M., *Rural Geography-Processes, Responses and Experiences in Rural Restructuring*, éd. Kritiki, Athènes (en grec), 2011.

Restitution et Perspectives

Synthèse des ateliers

QUELS MOYENS POUR ACTIVER LES ZONES NON DENSES ?

par

Jacques FIALAIRE
Professeur
Université de Nantes, Codirecteur du GRALE

Claude DEVÈS
Professeur émérite
Université d'Auvergne, IADT

Pour clôturer ce colloque, une table ronde était organisée sur l'avenir des espaces à faible densité.

Participaient à ce débat :
- René Souchon, président du conseil régional d'Auvergne ;
- Jean-Yves Bechler, commissaire à l'aménagement, au développement et à la protection du Massif central ;
- Marc Fesneau, représentant de l'Assemblée des Communautés de France ;
- Roger Gordes, président du Parc naturel régional des Volcans d'Auvergne.

Le colloque ayant déjà donné lieu à des actes numériques, le lecteur pourra prendre connaissance du contenu de cette table ronde en allant sur le site de l'IADT, *http://iadt.fr/.*

Nous entendons néanmoins reproduire une synthèse des cinq ateliers qui se sont déroulés pendant ce colloque et dont la restitution était confiée à des étudiants appartenant aux différents Masters logés à l'IADT, à savoir le Master (M2) Droit, économie, gestion des collectivités territoriales (Gaëlle Bernard, Flavie Pradel), le Master Territoires, acteurs et modélisation (Anthony Leroy, Vanesta Keufack, Seydou Ba, Marie Fleur Desreumaux) le Master Dynamique territoriale et aménagement rural (Anthony Leroy, Marie Fleur Desreumaux).

Nous les remercions pour leur investissement et leur disponibilité. Leur compte rendu des différents ateliers a permis de rédiger cette synthèse.

– L'atelier n° 1 présidé par J.-M. Callois (IRSTEA) et A. Lognon, vice-président du conseil général de l'Allier s'est interrogé sur la question démographique.

J.-M. Callois a d'abord abordé la question de la démographie du point de vue de l'économiste. Il a ainsi présenté, après un constant des faits (c'est-à-dire une longue baisse de la population rurale, compensée dernièrement par une légère augmentation), quelques grands principes applicables à la démographie (revenu réel espéré, avantages comparatifs, effets répulsifs…) pour en conclure qu'emplois et populations sont très fortement liés dans les territoires de faible densité.

C'est ensuite A. Lognon, vice-président du conseil général de l'Allier, qui est venu présenter un concept retenu dans son département pour garder, voire attirer des populations, preuve du rôle fondamental des collectivités en matière de démographie, particulièrement dans les espaces à faible densité. Il s'agit du concept de « Nouvelle ruralité », mis en place suite à un diagnostic de la conjoncture dans laquelle se trouve actuellement son département (perte de population, faiblesses, mais atouts) et basé sur cinq priorités (la jeunesse, l'emploi, l'accessibilité, le cadre de vie et le développement rural).

Quant au débat, plusieurs problèmes ont été soulevés. Il a d'abord été question du manque de moyens auxquels les collectivités doivent faire face, le nécessaire maintien ou pas de services publics locaux coûteux tels que les collèges dans les zones non denses ainsi que la nécessité de partenariat entre les élus et les populations locales. Il a été ensuite relevé que les mouvements de population dépendent de l'emploi bien entendu, mais aussi des cycles de vie, des inconvénients du milieu urbain comme la casse sociale, même si beaucoup rappellent que ce n'est pas forcément des personnes en souffrance qui quittent la ville.

– Dans l'atelier n° 2 consacré aux potentialités de ressources naturelles, R. Chabrillat de l'ADEME et A. Charles de la direction régionale de l'Alimentation, de l'Agriculture et de la Forêt d'Auvergne ont passé en revue les différentes ressources naturelles qui peuvent être valorisées en espace à faible densité pour s'interroger sur ce qu'elles peuvent apporter au développement de ces zones.

Comment valoriser ces ressources, dans quelles logiques, pour quelles activités économiques ? Quel est l'intérêt d'avoir des projets territoriaux à des échelles variables et un peu structurées pouvant permettre le développement économique ?

La question vise aussi l'usage des énergies renouvelables pour équiper, vivre et habiter dans les territoires à faible densité : il y a deux logiques spécifiques aux espaces à faible densité.

Les ressources retenues par ordre d'apparition historique sont le bois, l'air et l'eau, le soleil et la biomasse (à part le bois).

Les énergies renouvelables ont aussi un intérêt en ce qu'elles peuvent permettre, y compris là où on n'a pas de raccordement au réseau de gaz, d'alimenter correctement en énergie des activités économiques. Ces investissements sont nécessaires dans une logique de développement, soit en tant qu'énergie nécessaire à des activités locales, soit en tant qu'énergie à revendre sur le réseau ou des organisations de réseaux d'approvisionnement en énergie locale.

Ce développement peut être assuré avec des acteurs économiques locaux que l'on peut inciter, accompagner, à qui l'on peut fournir des outils comme les schémas régionaux climat et énergie qui ont vocation à identifier par région des perspectives de développement, d'évolution des consommations d'énergie, de production d'énergie locale renouvelable.

– L'atelier n° 3 avait pour thème les ressources industrielles et artisanales. Placé sous la direction d'E. Durantisn (ARDE Auvergne), de V. Guiraud (MACEO) et de M. Schmit, ancien secrétaire général de la Chambre des métiers du Puy-de-Dôme, celui-ci a particulièrement débattu de la connexion ou du rapport de ces ressources avec le territoire. Ainsi, il est bien plus difficile d'implanter une activité industrielle ou artisanale dans une zone à faible densité que dans des bassins peuplés, en croissance et bien desservis. Du fait de leur activité et de leur marché, les entreprises artisanales ne sont pas délocalisables. Elle englobe 15 % de la population active, mais l'artisanat n'a pas échappé à la concentration urbaine. En Europe, c'est la France qui offre la plus grande surface de concentration d'activités au km². Il existe sept *clusters* d'excellence d'Auvergne labélisés dont Analgésia Partnership, Auvergne TIC, etc., pour ne citer que ceux-ci. C'est en partie grâce à sa richesse industrielle avec la présence de certaines entreprises de renom comme le groupe Michelin que l'on peut attirer certains investisseurs étrangers à la région pour s'y implanter.

Dans l'optique du développement durable, il est nécessaire de pratiquer l'écologie industrielle prenant en compte le soleil comme moteur. Cela implique une minimisation des pertes de matières premières dans les processus de consommation et de production (vapeur, eau, déchets…).

– L'atelier n° 4 dirigé par M. Chadid (Université Blaise Pascal, Mati Cabinet Conseil), J. Chazalet de la chambre régionale d'agriculture d'Auvergne et S. Houdemon du pays de Saint-Flour a bien noté que s'agissant de l'agriculture et du patrimoine, il y avait là un couple récurrent des espaces à faible densité.

En termes de potentialités touristiques, les travaux de l'atelier ont fait ressortir les dynamiques actuelles qui portent sur la valorisation des ressources locales dans le but de développer une économie endogène impactant tout le territoire. Ces dynamiques sont innovantes grâce aux partenariats et sont vecteurs d'images positives pour le territoire. Les principales contraintes qui restent récurrentes viennent du manque d'accessibilité des lieux touristiques dans ces espaces de faible densité, de certains conflits d'usage entre agriculture et tourisme et des risques de manque de rentabilité. Ces risques liés à la rentabilité peuvent être atténués par une diversification des porteurs de projets et une forme de pluriactivité. On retrouve souvent dans ces espaces des agriculteurs se tournant vers le tourisme pour développer une nouvelle forme de valeur ajoutée. L'Auvergne est une zone de montagne habitée, c'est un atout, mais aussi une contrainte. Les jeunes agriculteurs qui s'installent veulent vivre aujourd'hui avec le confort des citadins. À l'échelle européenne, la réforme de la PAC (politique agricole commune) devrait passer d'une organisation économique tournée vers l'alimentation de la population européenne vers des enjeux d'aménagement du territoire. Au niveau local, les diverses expériences présentées dans cet atelier s'appuient sur l'implication des acteurs locaux et plus particulièrement d'une nouvelle génération d'élus jeunes et dynamiques à la recherche de fonds et de subventions pour porter ces projets.

Dans le cadre de cet atelier, il a été beaucoup insisté sur l'émergence d'une forme de mixité au sein des activités économiques locales entre agriculture et tourisme où celles-ci seraient connectées à la vie « villageoise » des bourgs ruraux. Ces espaces devront offrir des services d'urbanité pour répondre aux attentes actuelles d'une population en quête de confort standardisé. Il faudra investir, innover tout en gardant un lien avec le territoire et en profitant de l'image positive de ces espaces à faible densité.

– Au sein de l'atelier n° 5, M. Kada (Université de Grenoble – GRALE) a tout d'abord rappelé quel était le cadre institutionnel français de l'intercommunalité. Après une longue période au cours de laquelle il ne s'est pas passé grand-chose depuis la création des syndicats intercommunaux, la loi Chevènement de 1999, reprenant et complétant celle de 1992 relative à l'administration territoriale de la République, a créé des formes nouvelles de coopération institutionnelle (communautés de communes, communautés d'agglomération) à fiscalité propre qui ont connu un certain succès, tout en faisant apparaître certaines faiblesses. Celles-ci ont animé le débat autour de la taille des EPCI, de la place des petites communes dans la gouvernance, du financement de ces structures.

Il est également apparu au cours du débat que la coopération contractualisée (chartes, conventions) avait aussi été d'un apport réel dans la lente évolution de l'intercommunalité. Cette coopération contractualisée a notamment joué un rôle important dans le développement d'une coopération transfrontalière, même si Daniel Dürr (Université Lumière Lyon 2) a évoqué la difficile émergence de cette dernière forme de coopération. Pour lui, l'apparition des groupements européens de coopération territoriale, dont la création remonte à un règlement du 5 juillet 2006, marque un tournant important, du fait que le texte communautaire s'impose aux droits internes des États.

– La question des moyens pour faire émerger des initiatives locales a été évoquée au sein de l'atelier n° 6. Jean-François Bizet, juriste et élu local, a passé en revue les différents supports institutionnels (associations, SEML, SPL, GIP) qui impliquent tous plus ou moins un investissement des collectivités locales. À ces outils institutionnels, il faut ajouter les outils de type contractuel, reposant sur un partenariat public/privé (bail emphytéotique, AOT, contrat de partenariat) mais qui demeurent rares dans le monde rural, compte tenu de la taille des projets, et souvent jugés aventureux pour des communes de petite et moyenne dimension.

Plus positives sont certainement les initiatives visant à réduire la fracture numérique. William Gilles (université Paris 1 – GRALE) estime qu'il existe deux types de fracture numérique. L'une est humaine ou générationnelle, l'autre plus spécifiquement territoriale qui pose la question de l'accessibilité à ces nouveaux services. Or, leur développement devrait explicitement permettre de décloisonner les territoires. Le télétravail, la télémédecine, l'e-administration sont certainement des moyens ou des services nouveaux permettant d'envisager la disparition progressive des inégalités territoriales.

En tout cas, la Région Auvergne s'emploie à réduire cette fracture. Après un premier plan d'équipement numérique, elle s'efforce, selon Sophie Rognon (conseil régional d'Auvergne), de mettre en place un plan d'équipement très haut débit, malheureusement à un coût de financement important.

– Cette question de financement du numérique renvoie clairement à celles des finances locales en général. Jean-Luc Albert, au cours de l'atelier n° 7, tout en évoquant l'orientation nouvelle vers une politique de globalisation, *via* les « pôles d'excellence rurale », estime que l'effort de solidarité en faveur des territoires ruraux est insuffisant. Il rappelle les moyens limités de la dotation d'équipement des territoires ruraux, de la dotation de solidarité rurale. Le seul élément structurant pour lui est la zone de revitalisation rurale (ZRR).

Dans ce même atelier, Michel Sauvade, élu local dans le Forez insiste lui aussi sur ces insuffisances, alors même que ces territoires présentent un paradoxe : ils sont fragiles, mais ils n'en comportent pas moins des facteurs de dynamisme qu'il faut encourager.

– Faut-il alors se tourner vers l'Europe ? Erik Gløersen de l'université de Genève, au cours de l'atelier n° 8 évoque la politique européenne de cohésion applicable aux zones comportant 8 habitants au km², mais il regrette aussitôt qu'il n'existe pas de réelles politiques européennes pour les zones moins denses alors que la notion figure dans le Traité.

Chantal Moreau (conseil régional d'Auvergne) évoque quand même les perspectives tirées de la stratégie de la commission européenne pour 2014-2020. Si celle-ci comporte des apports intéressants puisqu'elle fait référence à la notion « d'innovation sociale », cette politique n'est toutefois pas véritablement territorialisée.

Chantal Moreau insiste pour finir sur la nécessité d'impliquer beaucoup plus la société civile dans les démarches de type Leader, ce qui ne surprendra personne si l'on veut donner du concret à l'idée européenne.

– L'atelier n° 9 présidé par A. Odouard, géographe et R. Gardes, président du PNR Volcans d'Auvergne s'est interrogé sur la manière de favoriser les synergies entre espaces ruraux et urbains.

L'urbanité se diffuse-t-elle dans tous les espaces ? Comment lier les métropoles et l'arrière-pays vers un avenir commun ? Pour répondre à ces questions, au cours de cet atelier, les travaux se sont appuyés sur l'avenir du pôle métropolitain clermontois, à savoir : comment celui-ci va-t-il interagir avec l'espace rural ? Comment établir un dialogue entre ces deux espaces complémentaires ? Dans ce cas précis, la métropole se trouve en juxtaposition avec le Parc naturel régional des Volcans d'Auvergne, d'où une volonté encore plus marquée des acteurs locaux de lier à la fois le développement urbain du pôle et la préservation des espaces naturels. La zone du parc connaît depuis ces dernières décennies une évolution croissante de son poids démographique qui s'explique par la volonté de nombreux citadins de quitter la ville pour les premiers espaces à dominante rurale des couronnes périurbaines, mais en retrouvant toutefois les services de proximité présents dans la ville. L'urbanité s'est généralisée aux espaces ruraux. Des problèmes apparaissent quant à l'importance des flux pendulaires générés entre les couronnes et leur pôle. La résolution de ces derniers passera par la mise en place de modes de déplacements en transport en commun. Pour cela, il est nécessaire de s'appuyer sur la fonction des bourgs-centres qui auront un rôle moteur dans ces nouvelles dynamiques.

– L'atelier n° 10 animé par un chercheur de l'IRSTEA, Dominique Vollet et Pascal Guittard de l'Agence régionale de développement des territoires d'Auvergne avait à répondre à la question suivante : quels mécanismes de développement endogène et exogène ? Comment les territoires de faible densité bénéficiant d'afflux de revenus résidentiels peuvent-ils générer des activités productives ?

Les travaux au cours de cet atelier se sont appuyés sur les mécanismes économiques de développement dans les territoires ruraux. L'objectif est de montrer les différents modèles de développement dans les milieux ruraux. Les espaces à faible densité ont des atouts naturels, patrimoniaux, mais ces espaces sont souvent isolés. Le modèle de la base repose sur une vision dichotomique : il s'appuie sur une base productive qui correspond au revenu des habitants grâce à des entreprises vendant leur production à l'extérieur. Les bases résidentielles sont les revenus « captés » par leurs territoires grâce à leurs « atouts ». Ce sont les dépenses des touristes, des retraités, migrants alternants. Le « panier de biens » n'est pas une fin en soi ; il est une méthode pour créer de la richesse économique, environnementale et sociale. Ces trois composantes sont une offre spécifique de biens et de services complémentaires de qualité liée à un territoire donné, une demande rigide pour ces produits liée à la qualité et à la réputation du territoire, des biens publics qui valorisent le panier de bien (l'écrin) : environnement, nature, culture et patrimoine. Les trois facteurs favorables à la formation de panier de biens sont la coordination des acteurs privés, des coordinations institutionnelles favorables et motrices, l'équilibre et la cohérence entre action privée et action publique (gouvernance territoriale). La plasticité des modèles de développement augmente sous l'effet des mécanismes endogènes et exogènes (mobilités des acteurs et des contraintes). Si on utilise les travaux de prospection, on peut imaginer des développements différents. Dans certains cas, un pays peut se maintenir grâce à une économie de panier de biens (exemple du cas de l'Aubrac). Dans d'autres cas, on peut avoir une économie créatrice qui se développe grâce à des politiques d'accueil efficaces. Au contraire et dans le pire des cas, c'est un scénario de rupture avec l'Europe qui restreint les fonds alloués, avec des *leaders* locaux qui ne se renouvellent pas. Le projet de PNR tombe alors à l'eau. La base agricole et industrielle se défait. C'est le scénario catastrophe.

– Le dernier atelier (n° 11) s'est interrogé sur les politiques d'accueil que l'ARDTA met en œuvre avec un certain succès. Pour Marion Guillot de l'école VetaAgroSup et Matthieu Séchaud du Collectif Ville campagne, cette politique s'est développée dans les années 1990.

C'est un processus complexe avant d'être une procédure et le monde rural devient ou redevient un objet de désir. Dès lors, les territoires d'accueil sont des territoires de projet qui sont propres à un espace identifié. Par exemple dès 1994, la Région Limousin a souhaité lutter contre l'exode rural et le vieillissement de la population. L'accueil relève dès lors d'un fait politique dans et pour les territoires. Incontestablement les élus de terrain jouent un rôle essentiel et mobilisent les moyens (PNR, programmes Leader). Il est évident qu'il ne peut y avoir de politique d'accueil sans mobilisation forte, mais il est vrai aussi que des personnes peuvent s'installer sur un territoire d'eux-mêmes, sans l'aide de quiconque. Mais cette démarche est beaucoup moins fréquente que dans l'hypothèse où se mettent en place des politiques publiques d'accueil.

Table des matières

ÉTAT DES LIEUX

QUELS MOYENS POUR ACTIVER LES ZONES NON DENSES ?

QUELLES STRATÉGIES POUR LES ZONES NON DENSES ?

LES EXPÉRIENCES ÉTRANGÈRES. APPORTS ET LIMITES ?

RESTITUTION ET PERSPECTIVES

Questions juridiques aux éditions L'Harmattan

Dernières parutions

ÉTHIQUE (L') DE L'AVOCAT PÉNALISTE
Rude-Antoine Edwige - Préface de Jean Danet
L'avocat est représenté, dans la fiction, sous les traits d'un être ambigu, sans cesse sur le fil... ce livre tente d'en approcher la réalité, qui est tout autre. Quelles relations d'ordre éthique l'avocat entretient-il avec lui-même mais aussi avec l'autre : son client, qu'il soit prévenu ou accusé, les jurés, les magistrats ? Peut-on parler du rapport de l'avocat à la vérité ? Comment peut-il construire des lignes de défense tout en restant partenaire de justice ?
(Coll. Éthique en contextes, 21.00 euros, 208 p.)
ISBN : 978-2-343-05222-9, ISBN EBOOK : 978-2-336-36460-5

NAISSANCE DE L'OBSERVATOIRE DE LA RÉCIDIVE ET DE LA DÉSISTANCE
Un long processus inachevé
Tournier Pierre V.
L'analyse de la récidive aurait logiquement dû relever de la compétence de l'Observatoire national de la délinquance et des réponses pénales placé sous l'autorité du Premier ministre. Mais sous l'impulsion de Christiane Taubira le choix s'est porté sur la création d'un observatoire *ad hoc* de plus, dépendant du ministère de la Justice : l'Observatoire de la récidive et de la désistance (août 2014). Ne s'est-on pas ainsi privé des outils d'une évaluation indépendante de la loi du 15 août 2014 sur la contrainte pénale et la libération sous contrainte ?
(Coll. Criminologie, 19.00 euros, 184 p.)
ISBN : 978-2-343-05118-5, ISBN EBOOK : 978-2-336-36387-5

ÉLÉMENTS DE PRÉVENTION DU CRIME
Lemaître André
Cet ouvrage montre la diversité des modèles de prévention de la délinquance, leur spécificité mais aussi leur nécessaire complémentarité. Il insiste également sur l'obligation de veiller aux aspects éthiques des politiques de prévention mises en place. En effet, l'utopie d'une société débarrassée de toute forme de criminalité contient la disparition de toute liberté.
(Coll. Sciences criminelles, série Controverses, 15.50 euros, 160 p.)
ISBN : 978-2-343-04666-2, ISBN EBOOK : 978-2-336-36324-0

SEXUALITÉ (LA) À L'ÉPREUVE DU COUPLE
Les révélations d'une avocate
Dalbin Agnès
Dans la majorité des divorces, les difficultés d'ordre sexuel sont souvent pointées du doigt comme une cause majeure de la rupture. S'appuyant sur les confidences recueillies lors de ses entretiens avec les couples qui divorcent, l'avocate Agnès Dalbin tente d'apporter son éclairage personnel sur cette problématique. Ce livre évolue comme une véritable histoire humaine, du mariage au divorce, en passant par la parentalité et l'après-divorce.
(Coll. La justice au quotidien, 13.50 euros, 118 p.)
ISBN : 978-2-343-04938-0, ISBN EBOOK : 978-2-336-36399-8

DROIT (LE) DU HANDICAP ET LA GESTION DU PATRIMOINE CULTUREL
Vers un modèle européen ?
B. Degros Eric
La rencontre entre le droit du handicap et le droit du patrimoine peut conduire à une confrontation d'intérêts contradictoires, nécessitant de trouver un équilibre entre le principe de l'accessibilité et le respect de l'authenticité, en faveur d'une conservation durable du patrimoine culturel. Il apparaît essentiel de trouver un équilibre entre «le droit des gens» et celui «des pierres».
(40.00 euros, 424 p.)
ISBN : 978-2-343-04418-7, ISBN EBOOK : 978-2-336-36269-4

DROIT BANCAIRE ISLAMIQUE
Notions, mécanismes et protections pénales
Jafari Amin
Conçu comme un manuel de droit, l'ouvrage étudie trois thèmes principaux : la notion de finance islamique et son fonctionnement, les instruments bancaires islamiques et enfin la protection du système bancaire dans l'ensemble de ses instruments et fonctionnements. La 3e partie propose un regard classique de droit pénal des affaires en matière de droit bancaire de finance islamique. Les branches chiite et sunnite de la finance islamique ont été distinguées dès le départ, permettant ainsi une comparaison tout au long du livre.
(Coll. Sciences criminelles, 33.00 euros, 326 p.)
ISBN : 978-2-343-04637-2, ISBN EBOOK : 978-2-336-36380-6

DROIT (LE) INTERNATIONAL. ASPECTS POLITIQUES (Volume 1)
Sous la direction de Jacques Bouineau
Textes réunis par Burt Kasparian
Ces contributions invitent à réfléchir sur la recomposition contemporaine de l'espace méditerranéen et sur le droit international qui s'y applique, à partir d'exemples tirés des plus grandes civilisations méditerranéennes aux époques antique et médiévale. Elles invitent le lecteur à s'interroger sur les piliers de la Méditerranée dans le jeu des relations entre les hommes et les institutions, et à découvrir l'essence des réponses juridiques et politiques.
(Coll. Méditerranées, 16.50 euros, 158 p.)
ISBN : 978-2-343-04661-7, ISBN EBOOK : 978-2-336-36366-0

DROIT (LE) INTERNATIONAL. ASPECTS POLITIQUES (Volume 2)
Bouineau Jacques - Sous la direction de Jacques Bouineau
Textes réunis par Burt Kasparian
Ce volume offre une réflexion sur la recomposition de l'espace méditerranéen contemporain à partir de l'histoire ou de l'actualité. L'histoire est traitée de la période qui s'étend de la Renaissance à la fin du XIXe siècle. En ce qui concerne l'actualité, le jeu des emprunts et des modèles juridiques transparaît aussi bien dans la fiscalité internationale actuelle que dans les transpositions constitutionnelles du droit français en Égypte ou dans l'observation du fonctionnement de l'Europe.
(Coll. Méditerranées, 19.00 euros, 184 p.)
ISBN : 978-2-336-30904-0, ISBN EBOOK : 978-2-336-36367-7

SECRETS (LES) DU DROIT
Secret, droit et cinéma
Sous la direction de Stéphane Boiron, Nathalie Goedert et Ninon Maillard
Notre société du visible, pour savoir, exige de tout voir et tout montrer, sans délai, au risque de confondre espaces privés et espaces publics. Parce qu'on l'accusait de dissimuler les abus, de servir l'arbitraire, de diviser les hommes entre initiés et profanes, le secret a été condamné comme contraire au pacte démocratique. Pourtant, c'est aussi au nom de la liberté que, face à une transparence érigée en dogme, certains osent faire l'éloge du secret. C'est pourquoi, il appartient au droit d'orchestrer l'équilibre et de distinguer le bon du mauvais secret.
(Coll. Presses Universitaires de Sceaux, 24.00 euros, 248 p.)
ISBN : 978-2-343-04670-9, ISBN EBOOK : 978-2-336-36326-4

TABLES (LES) DE LA LOI : DE L'ARGILE AU NUMÉRIQUE
La diffusion de la règle de droit à travers les âges
Evrard Sébastien
On parle aujourd'hui de «culture digitale» ou culture numérique et de diminution du papier. Est-ce un bien ou un mal ? Comment les textes, la jurisprudence et toutes les normes juridiques sont-ils diffusés aujourd'hui ? Enfin, quelles sont les spécificités de l'édition dite juridique par rapport à l'édition générale ? Répondre à ces questions nécessite d'envisager l'histoire de la connaissance puis de la diffusion de la règle de droit, ce qui fait l'objet de ce livre.
(Coll. Logiques Juridiques, 13.00 euros, 122 p.)
ISBN : 978-2-343-04478-1, ISBN EBOOK : 978-2-336-36201-4

ARTICULATION (L') DES VOIES DE DROIT DANS LE CONTENTIEUX DE LA COMMANDE PUBLIQUE À L'INITIATIVE DES TIERS AU CONTRAT
Tallet-Preud'homme Laura - Préface de Paul Cassia
Parallèlement à la formation progressive d'un «droit de la commande publique», le contentieux à l'initiative des tiers au contrat a muté, à tel point que le changement de paradigme opéré tend à faire émerger un «contentieux de la commande publique». Diverses voies de droit ont été instituées, engendrant «l'embarras du choix» voire «l'embarras tout court» du tiers concurrent évincé. La complexité de ce contentieux est telle qu'il faut détruire pour reconstruire ce paysage contentieux.
(Coll. Logiques Juridiques, 49.50 euros, 536 p.)
ISBN : 978-2-343-04827-7, ISBN EBOOK : 978-2-336-36265-6

APPRÉHENSION (L') DES PRATIQUES RESTRICTIVES PAR LES AUTORITÉS FRANÇAISES ET EUROPÉENNES DE LA CONCURRENCE
Analyse des pratiques contractuelles abusives entre professionnels à l'épreuve du droit des pratiques anticoncurrentielles
Mallen Guillaume - Préface de Linda Arcelin-Lécuyer
Définies au sens de l'étude comme des comportements contractuels unilatéraux et abusifs dans les rapports commerciaux entre professionnels, les « pratiques restrictives » peuvent être réprimées au titre du droit des pratiques anticoncurrentielles (abus de domination et entente). L'ouvrage permet d'exposer l'office des autorités de concurrence lorsqu'elles sont confrontées à ces pratiques contractuelles abusives et d'envisager des solutions concrètes en vue de perfectionner le droit positif actuel.
(Coll. Logiques Juridiques, 65.00 euros, 874 p.)
ISBN : 978-2-343-04739-3, ISBN EBOOK : 978-2-336-36189-5

PROTECTION (LA) DES MINEURS ET DES MAJEURS EN CURATELLE ET EN TUTELLE EN MATIÈRE PERSONNELLE
Da Silva Valérie
La loi du 5 mars 2007 énonce le principe de l'autonomie du majeur protégé en matière personnelle et exclut tout assistance ou représentation dans la sphère strictement personnelle, quel que soit l'état du majeur concerné. Le recul de l'incapacité en faveur d'une protection non incapacitante se constate également pour le mineur. L'idée de protection et non plus d'incapacité amène à constater le principe de l'incapacité contractuelle et à proposer une réforme du droit de la responsabilité.
(Coll. Logiques Juridiques, 51.50 euros, 574 p.)
ISBN : 978-2-336-30261-4, ISBN EBOOK : 978-2-336-36230-4

DE LA FAUTE AU CRIME
Natures et cultures
Sous la direction de Jean dit Falisse Motte
Ce livre revient sur les liens entre les notions connexes de faute, de délit et de péché et leurs prolongements dans l'expérience humaine de la culpabilité et de la responsabilité ? La philosophie hellénique, la tradition biblique et les commentaires talmudiques, la pensée coranique, les Églises chrétiennes, les conceptions laïques de la Libre Pensée ont donné à cette question de la

transgression et de la faute une signification spécifique et continuent d'animer notre propos et de donner sens à nos actes.
(Coédition ICES (Institut Catholique d'Études Supérieures), Coll. Criminologie, 35.00 euros, 346 p.)
ISBN : 978-2-343-04377-7, ISBN EBOOK : 978-2-336-35994-6

CRÉANCE (LA) DE SALAIRE
Pallantza Dimitra
Si la créance du salarié porte sur la réception d'une prestation, la dette de l'employeur ne se limite pas au versement du salaire mais s'étend également au respect des obligations accessoires, c'est-à-dire des dispositions légales, contractuelles et conventionnelles afférentes à la fixation de son montant et de son paiement. Ce livre approfondit cette figure juridique opaque à cause de son cadre juridique fluctuant et de sa position à un carrefour interdisciplinaire.
(Coll. Thèses et Travaux universitaires, 61.00 euros, 776 p.)
ISBN : 978-2-343-04256-5, ISBN EBOOK : 978-2-336-36025-6

ÉTAT ET JEUX D'ARGENT
Les jeux sont-ils faits ?
Sous la direction de Jean-Baptiste Vila
Au terme d'un processus à la fois législatif, réglementaire et jurisprudentiel, les jeux sont entrés et demeurent aujourd'hui sous l'égide de la *res publica*. Pouvait-il en être autrement ? L'État pouvait-il et devait-il consacrer un principe général d'interdiction des jeux d'argent et de hasard sans, dans le même temps, instituer un droit aux jeux mais organisé à son seul profit ? Les externalités négatives de ce marché sont-elles ainsi toutes maîtrisées ? Ces divers éclairages contribuent à un état des lieux des différents régimes juridiques.
(38.50 euros, 388 p.)
ISBN : 978-2-343-03632-8, ISBN EBOOK : 978-2-336-36144-4

DROIT DE L'INFORMATIQUE (nouvelle édition)
Éléments de droit à l'usage des informaticiens
Bismuth Yves
À travers l'étude des grands thèmes du droit de l'informatique (protection des logiciels et des données, contrats informatiques, protection des libertés, gestion du risque informatique), cet ouvrage permet au lecteur d'établir lui-même un diagnostic juridique des problèmes rencontrés à l'occasion de la mise en place d'un système informatique. Il est complété par des extraits de code, une bibliographie, un index et un lexique, et est à jour des dernières lois et décrets intervenus en la matière.
(46.00 euros, 464 p.)
ISBN : 978-2-343-04784-3, ISBN EBOOK : 978-2-336-36120-8

UN ART, UN DROIT, UNE QUESTION
Triptyque juridico-artistique
Boustani Diane, Chabri Dalida, Combe Marion, Farhi Sarah, Lasserre Marie-Cécile
Sous la direction d'Yves Strickler
Cet ouvrage présente des contributions de juristes, tous de droit privé et sciences criminelles, intéressés par la transposition à leur champ de recherches de questions liées à un art déterminé. Les arts explorés sont à la fois «classiques», tels la peinture, la musique, le cinéma ou la littérature, d'autres sont plus «atypiques», tels l'art urbain, l'art thérapie ou culinaire. Pour chacun d'entre eux, l'auteur s'est saisi de la question de droit qui lui paraît la plus importante dans le domaine étudié.
(Coll. Droit privé et sciences criminelles, 22.00 euros, 212 p.)
ISBN : 978-2-343-04712-6, ISBN EBOOK : 978-2-336-36147-5

L'HARMATTAN ITALIA
Via Degli Artisti 15; 10124 Torino

L'HARMATTAN HONGRIE
Könyvesbolt ; Kossuth L. u. 14-16
1053 Budapest

L'HARMATTAN KINSHASA
185, avenue Nyangwe
Commune de Lingwala
Kinshasa, R.D. Congo
(00243) 998697603 ou (00243) 999229662

L'HARMATTAN CONGO
67, av. E. P. Lumumba
Bât. – Congo Pharmacie (Bib. Nat.)
BP2874 Brazzaville
harmattan.congo@yahoo.fr

L'HARMATTAN GUINÉE
Almamya Rue KA 028, en face
du restaurant Le Cèdre
OKB agency BP 3470 Conakry
(00224) 657 20 85 08 / 664 28 91 96
harmattanguinee@yahoo.fr

L'HARMATTAN MALI
Rue 73, Porte 536, Niamakoro,
Cité Unicef, Bamako
Tél. 00 (223) 20205724 / +(223) 76378082
poudiougopaul@yahoo.fr
pp.harmattan@gmail.com

L'HARMATTAN CAMEROUN
BP 11486
Face à la SNI, immeuble Don Bosco
Yaoundé
(00237) 99 76 61 66
harmattancam@yahoo.fr

L'HARMATTAN CÔTE D'IVOIRE
Résidence Karl / cité des arts
Abidjan-Cocody 03 BP 1588 Abidjan 03
(00225) 05 77 87 31
etien_nda@yahoo.fr

L'HARMATTAN BURKINA
Penou Achille Some
Ouagadougou
(+226) 70 26 88 27

L'HARMATTAN SÉNÉGAL
10 VDN en face Mermoz, après le pont de Fann
BP 45034 Dakar Fann
33 825 98 58 / 33 860 9858
senharmattan@gmail.com / senlibraire@gmail.com
www.harmattansenegal.com

L'HARMATTAN BÉNIN
ISOR-BENIN
01 BP 359 COTONOU-RP
Quartier Gbèdjromèdé,
Rue Agbélenco, Lot 1247 I
Tél : 00 229 21 32 53 79
christian_dablaka123@yahoo.fr

630331 - Novembre 2015
Achevé d'imprimer par

1livre.com
du rêve à la réalité !

www.ingramcontent.com/pod-product-compliance
Lightning Source LLC
LaVergne TN
LVHW011313061026
849535LV00005B/1538